中国科协产业技术路线图丛书
中国科学技术协会 / 主编

U0879526

煤炭清洁高效转化
产业技术路线图

中国煤炭学会　编著

中国科学技术出版社
·北　京·

图书在版编目（CIP）数据

煤炭清洁高效转化产业技术路线图 / 中国科学技术协会主编；中国煤炭学会编著 .-- 北京：中国科学技术出版社，2025.5

（中国科协产业技术路线图丛书）

ISBN 978-7-5236-0702-2

Ⅰ.①煤… Ⅱ.①中… ②中… Ⅲ.①清洁煤－技术－研究－中国 Ⅳ.① TD942

中国国家版本馆 CIP 数据核字（2024）第 090133 号

策划编辑	刘兴平 秦德继
责任编辑	杨 丽
封面设计	菜花先生
正文设计	中文天地
责任校对	邓雪梅
责任印制	徐 飞

出 版	中国科学技术出版社
发 行	中国科学技术出版社有限公司
地 址	北京市海淀区中关村南大街 16 号
邮 编	100081
发行电话	010-62173865
传 真	010-62173081
网 址	http://www.cspbooks.com.cn

开 本	787mm × 1092mm 1/16
字 数	299 千字
印 张	16.25
版 次	2025 年 5 月第 1 版
印 次	2025 年 5 月第 1 次印刷
印 刷	河北鑫兆源印刷有限公司
书 号	ISBN 978-7-5236-0702-2 / TD · 53
定 价	98.00 元

（凡购买本社图书，如有缺页、倒页、脱页者，本社销售中心负责调换）

本书编委会

首席科学家

刘　峰　中国煤炭学会理事长，中国煤炭工业协会副会长，研究员

编写组

王　蕾　中国煤炭学会秘书长，高工

王永刚　中国矿业大学（北京）教授

曹俊雅　中国矿业大学（北京）教授

梁鼎成　中国矿业大学（北京）副教授

解　强　中国矿业大学（北京）教授

林雄超　中国矿业大学（北京）教授

张　凯　中国矿业大学（北京）教授

刘淑琴　中国矿业大学（北京）教授

张香兰　中国矿业大学（北京）教授

陈　强　北京煤化客信息科技有限公司董事长

赵　峰　航天长征化学工程股份有限公司高工

郑宏锋　内蒙古伊泰煤基新材料研究院有限公司高工

丁　华　中国煤炭科工集团有限公司研究员

学术秘书组

郭　尧　曹俊雅　张　景　梁鼎成　陈天悦

序

习近平总书记深刻指出，要积极培育新能源、新材料、先进制造、电子信息等战略性新兴产业，积极培育未来产业，加快形成新质生产力，增强发展新动能。产业是生产力变革的具体表现形式，战略性新兴产业、未来产业是生成和发展新质生产力的主阵地，对新旧动能转换发挥着引领性作用，代表着科技创新和产业发展的新方向。只有围绕发展新质生产力布局产业链，及时将科技创新成果应用到具体产业和产业链上，才能改造提升传统产业，培育壮大新兴产业，布局建设未来产业，完善现代化产业体系，为高质量发展持续注入澎湃动能。

中国科协作为党和政府联系科学技术工作者的桥梁和纽带，作为国家推动科学技术事业发展、建设世界科技强国的重要力量，在促进发展新质生产力的进程中大有可为也大有作为。2022 年，中国科协依托全国学会的学术权威性和组织优势，汇聚产学研各领域高水平专家，围绕信息技术、生物技术、先进制造技术、现代交通技术、空天技术等相关技术产业，以及生命健康、新材料、新能源等相关领域产业，开展产业技术路线图研究，研判国内外相关产业的整体发展态势和技术演进变革趋势，提出产业发展的关键技术，制定发展路线图，探索关键技术的突破路径和解决机制，以期引导广大科技工作者开展原创性、引领性攻关，为培育新质生产力奠定技术基础。

产业技术路线图重点介绍国内外相关领域的产业与技术概述、产业技术发展趋势，对产业技术需求进行分析，提出促进产业技术发展的政策建议。丛书整体兼顾科研工作者和管理决策者的需要，有助于科研人员认清产业发展、关键技术、生产流程及产业环境现状，有助于企业拟定技术研发目标、找准创新升级的发展方向，有助于政府决策部门识别我国现有的技术能力和研发瓶颈、明确支持和投入方向。

在丛书付梓之际，衷心感谢参与编纂的全国学会、学会联合体、领军企业以及有关科研、教学单位，感谢所有参与研究与编写出版的专家学者。真诚地希望有更多的科技工作者关注产业技术路线图研究，为提升研究质量和扩展成果利用提出宝贵意见建议。

前 言

《中共中央关于制定国民经济和社会发展第十四个五年规划和二〇三五年远景目标的建议》提出，到 2035 年，我国要“广泛形成绿色生产生活方式，碳排放达峰后稳中有降，生态环境根本好转，美丽中国建设目标基本实现”。以煤为主体能源是基本国情，立足所处发展阶段，审慎研判国际形势，加强煤炭清洁高效利用，不仅可以缓解我国能源供应紧张局面，保障国家能源安全，也是构建我国清洁低碳、安全高效的能源体系的必然选择。

能源资源禀赋决定了煤炭的基础性地位，煤炭是能源安全保障的“压舱石”“稳定器”。煤炭是自主保障最可靠的能源类型，因而长期坚持煤炭清洁高效与可持续开发利用是应有之义。尽管煤炭在一次能源消费中的比重将逐步降低，2023 年降至 55.3%，但在相当长时间内煤炭的主体能源地位不会变化。做好煤炭清洁高效可持续开发利用，是符合当前基本国情、基本能情的选择。

针对以煤为主的能源结构，我国一直将煤炭清洁高效利用作为国家科技计划重点支持方向和煤炭产业发展方向，已形成一批具有自主知识产权的煤炭清洁高效利用技术，培养和汇聚一批高水平创新人才和团队，支撑煤炭产业持续向清洁低碳、安全高效方向发展。我国现代煤化工从“九五”起步，目前无论产业关键技术还是核心装备自主化研制都取得了重大突破。经过几十年的努力，我国已掌握了煤制油、煤制烯烃 / 芳烃、煤制乙二醇等现代煤化工技术，技术产业化也走在世界前列。煤直接液化、煤间接液化等成套关键技术具有自主知识产权，工业示范工程实现了安全、稳定、长期满负荷运行，成为保障我国能源安全的重要战略路径。国内科技领军企业、科研院所和高等院校持续协同攻关，开发了多种具有自主知识产权的高效低成本煤气化技术，彻底摆脱大型煤气化技术对国外进口的依赖；研发建设了世界首套百万吨级煤直接液化商业装置，实现长周期稳定运行；开发了 400 万吨 / 年煤间接液化成套技术，实现商业化运行，截至 2024 年，我国煤制油产能为 206 万吨 / 年；建成了世界首套

60 万吨 / 年煤制烯烃工业化生产装置，首次实现由煤化工向石油化工原料规模转换。

为全面贯彻落实党中央、国务院能源领域战略意图，有效指导煤炭行业转型发展，科学把握煤炭未来清洁高效低碳转型发展方向，加快构建清洁低碳、安全高效能源体系，编写组于 2023 年开始组织《煤炭清洁高效转化产业技术路线图》的编写工作，就煤炭清洁高效低碳转化路径进行探讨，一方面为煤炭相关企业的转型发展提供指导和借鉴，另一方面为加快构建清洁低碳、安全高效的能源体系，实现“双碳”目标提供支撑。

2023 年是全面贯彻党的二十大精神的开局之年，也是煤炭行业发展历程中具有重要里程碑意义的一年。习近平总书记高度重视煤炭在建设新型能源体系中的兜底保障作用。10 月 12 日，习近平总书记在进一步推动长江经济带高质量发展座谈会上指出，“加强煤炭等化石能源兜底保障能力，抓好煤炭清洁高效利用”。习近平总书记的重要讲话和指示批示精神为推动新时代煤炭工业高质量发展指明了前进方向、提供了根本遵循。

全书共 4 章。第 1 章对煤炭清洁高效转化产业技术当前基本情况进行了概述，从总体层面分析本产业与技术发展的国内外情况及现状。第 2 章围绕煤炭清洁高效转化产业技术发展趋势和需求进行了系统分析。第 3 章详细分析了煤炭清洁高效转化产业技术路线图。第 4 章介绍了煤炭清洁高效转化产业技术路线图，包括总体路线图以及各具体领域路线图，并分析了现代煤化工高端发展案例。

中国煤炭学会

目录

第1章
煤炭清洁高效转化产业技术基本情况概述

当前，煤炭仍是我国的主体能源。结合国际形势、地缘政治、我国的基本国情和发展阶段等多重因素，煤炭清洁高效利用是必然选择。长期以来，我国经济社会发展依赖煤炭资源，煤炭成为重要的基础能源与工业原料、可靠的能源保障类型。近年来，煤炭在我国能源消费总量中的占比不断下降，但富煤、贫油、少气的能源资源禀赋和新能源尚未可靠替代传统资源的现状都决定了以煤为主的能源结构在短期内难以改变，煤炭仍将是能源供应的“压舱石”和“稳定器”。面对碳达峰、碳中和（“双碳”）目标，煤炭工业特别是煤炭清洁高效转化需在满足能源安全的基础上，统筹考虑提质增效、有序减量、技术创新等方面的发展要素。以煤为主的能源资源禀赋决定了煤炭安全绿色开采、煤电清洁高效发展是减少煤炭工业碳排放的根本途径。

针对以煤为主的能源结构，我国一直将煤炭清洁高效利用作为国家科技计划重点支持方向和煤炭产业发展方向，已形成一批具有自主知识产权的煤炭清洁高效利用技术，培养和汇聚一批高水平创新人才和团队，支撑煤炭产业持续向清洁低碳、安全高效方向发展。我国现代煤化工从“九五”起步，目前无论产业关键技术还是核心装备自主化研制都取得了重大突破。煤直接液化、煤间接液化等成套关键技术具有自主知识产权，工业示范工程实现了安全、稳定、长期满负荷运行，成为保障我国能源安全的重要战略路径。国内科技领军企业、科研院所和高等院校持续协同攻关，开发了多种具有自主知识产权的高效低成本煤气化技术，彻底摆脱大型煤气化技术对国外进口的依赖；研发建设了世界首套百万吨级煤直接液化商业装置，实现长周期稳定运行。

1.1　煤炭清洁高效转化产业发展历程

能源是国民经济的命脉。近年来，全球均受新型冠状病毒（COVID-19）感染疫情严重影响，经济复苏动力不足，许多国家甚至出现了能源和粮食危机。国内更是深受新冠疫情反复、局部地区自然灾害严重、部分地区电力需求快速增长等因素的影响，能源供需持续偏紧，能源保障任务较为艰巨。此外，富煤、贫油、少气的能源结构特点决定了我国在石油、天然气上的对外依存度一直较高。据统计二者的进口占比分别由2017年的67.4%、38.4%增长至2021年的72%、44.9%。自2021年下半年以来，全球能源供需矛盾突出，能源价格持续攀升，以欧洲国家为代表的多个国家和地区出现能源电力紧缺。

我国的资源禀赋决定了煤炭在能源生产及工业利用中仍将发挥较长期的作用，不仅要起到保障我国能源安全和产业链、供应链稳定的作用，也要注重弥补我国石油不足所造成的结构性缺陷。基于此，煤炭产业当前最重要的是以技术创新促进自身清洁化、低碳化的同时，也要促进相关高能耗工业转型升级。以煤电保电力安全，实现了能源安全保障经济社会稳定运行。2021 年煤炭消费占我国一次能源消费的 56%，煤电以 47% 的装机容量贡献了 60% 的电量，满足了超 70% 的高峰负荷需求。未来较长时期，煤炭仍是我国主体能源，并逐步向基础能源和调峰能源转变，但经过长期高强度开采，现有煤矿持续稳定保供能力面临快速下降。面对碳达峰前后的煤炭保供需求和碳中和阶段能源绿色低碳转型要求，煤炭产业要加强中长期煤炭需求预测和资源保障潜力研究，算清煤炭供需大账，统筹好安全与转型、短期与长期的关系，发挥好煤炭兜底保障作用，为“双碳”目标提供支撑。

煤炭是我国的支柱型能源，燃煤发电在我国电力结构中具有绝对重要的地位，预计到 2030 年燃煤发电占比将达到约 50%。然而大规模、高强度的煤炭开发利用，一方面造成了我国一些重要产煤区水资源与地表生态破坏，另一方面也引发了诸多地区大范围煤烟型空气污染等环境问题。与此同时，我国是全球最大的 CO_2 排放国，其中由燃煤引起的 CO_2 排放占我国化石燃料排放总量的 80% 左右。因此，结合我国能源国情，如何选择高效且清洁的煤炭利用方式尤为重要。煤炭清洁高效转化技术的发展对于促进我国煤基能源的可持续发展、保障国家能源安全、治理大气污染及应对气候变化都具有重要的战略意义。

国外煤炭资源的主要用途为燃煤发电。美国、欧洲、日本、澳大利亚等发达国家和地区均高度重视清洁燃煤发电技术的开发与示范，特别是先进燃煤发电技术及 CO_2 减排技术已成为研究的热点。我国已建成世界上规模最大的清洁高效煤电系统（图 1.1），排放标准世界领先。煤炭清洁利用产业已被确定为“绿色产业”，大力发展煤炭清洁利用与转化技术成为促进我国煤炭产业转型升级的重要途径。随着技术创新能力的提升与能源、环境问题治理的日益凸显，在燃煤发电、煤化工和资源综合利用等诸多领域，煤炭清洁利用与转化技术具有巨大应用前景和市场潜力。目前国内外的煤炭清洁利用与转化技术类型众多，详见表 1.1。

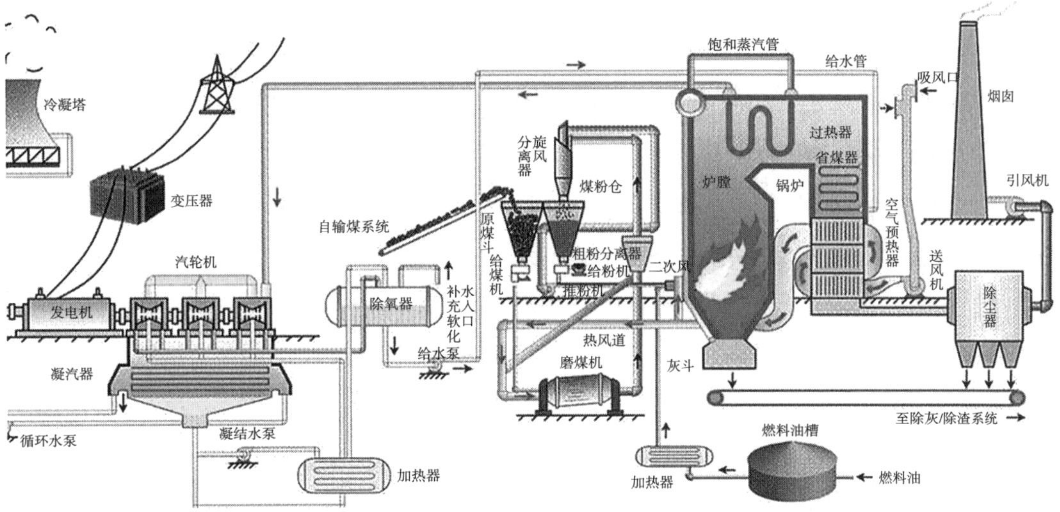

图 1.1　清洁高效煤电系统

表 1.1　煤炭清洁利用与转化技术分类

技术类型	子项主要技术
煤炭加工与进化技术	选煤、洗煤、型煤、水煤浆、配煤技术
煤炭高效洁净燃烧技术	循环流化床燃烧、加压流化床燃烧、粉煤燃烧、超临界发电、超超临界发电、整体煤气化联合循环（IGCC）、整体煤气化燃料电池联合发电（IGFC）、富氧燃烧
煤炭转化与合成技术	气化、液化、氢燃料电池、煤化工、煤制烯烃、分质分级转化技术
污染物控制技术	工业锅炉和窑炉、烟气净化、脱硫、脱硝、除尘、颗粒物控制、汞排放
废弃物处理技术	粉煤灰、煤矸石、煤层气、矿井水、煤泥
碳减排技术	碳捕集与封存（CCS）技术，碳捕集、利用与封存（CCUS）技术
综合利用技术	多联产技术

1.1.1　煤炭清洁利用与转化的意义与目标

煤炭是我国的主体能源，要按照绿色低碳的发展方向，对标“双碳”目标，控制总量、兜住底线，实施有序减量替代，促进煤炭消费转型升级。近年来国家立足经济社会发展全局，强调了以煤为主的基本国情及能源的可靠供给，因而，加快煤炭清洁利用与转化技术发展成为实现国家能源安全自主可控的首选。推进煤炭清洁高效转化是实现煤炭清洁高效利用的重要途径之一。煤炭清洁高效转化，不仅可以缓解我国能源供应紧张局面，保障国家能源安全，也是构建我国清洁低碳、安全高效的能源体系的必然选择。

2014年，习近平总书记在中央财经领导小组第六次会议上明确提出，要“大力推进煤炭清洁高效利用”。国家发布了一系列产业政策文件，如《煤炭清洁高效利用行动计划（2015—2020年）》《能源技术革命创新行动计划（2016—2030年）》等，将煤炭高效清洁利用提升为我国当前能源发展的基本战略。科技部组织专家规划的“科技创新2030—重大项目”更是明确将“煤炭高效清洁利用”作为主要任务之一。

经过多年的科技攻关和技术升级，我国煤炭转化产业逐步实现了由煤炭资源向油气燃料和化学品转化的多产业互通，为发挥我国煤炭能源的优势、保障国家能源安全开辟了新途径。为了提高煤炭作为化工原料的综合利用效能，促进煤化工产业高端化、多元化、低碳化发展，仍需加快关键核心技术攻关，积极研发煤基特种燃料、煤基生物可降解材料。

基于国家提出的“双碳”目标，煤基能源需严格控制总量，实施能源合理替代，促进煤炭消费转型升级。以国家的煤基发电领域为例，“双碳”目标为我国发电领域低碳转型科技创新指明了方向和路径，在全球能源电力行业创新发展的背景下，发电领域向低碳化、清洁化、智能化、电气化、市场化、国际化发展成为必然趋势。今后10～15年是我国煤炭清洁利用与转化技术发展的关键时期。积极发展先进的、颠覆性的煤炭转化与利用技术，大力推进面向2035年的洁净煤技术创新，有利于提升我国煤炭企业和行业的科技竞争力，实现我国煤炭工业的高质量发展，形成引领世界的煤炭清洁高效转化与利用的新兴产业，推动我国构建绿色低碳、安全高效的现代能源体系，支撑能源革命和能源强国建设。

1.1.2 碳减排的意义与目标

目前，常见的CO_2减排方法包括提高能源利用效率、碳捕集与封存（carbon capture and storage，CCS）、清洁能源替代等。针对提高能源效率，大量学者进行了相关研究并提出不同的节能措施，有些节能措施已进入商业应用阶段。碳捕集与封存是一项可实现大规模二氧化碳减排的前沿技术，有望将来在全球应对气候变化行动中发挥重要作用。国际能源署（International Energy Agency，IEA）发布的《能源技术展望2020——CCUS特别报告》，分析了碳捕集、利用与封存（carbon capture utilisation and storage，CCUS）技术的作用，展望了CCUS在通往净零排放道路上的发展潜力。在IEA的可持续发展情景下，到2070年，全球能源系统将实现净零排放。在初期阶段，CCUS的应用重点是改造化石燃料发电厂和工厂，支持低碳制氢。到2030年，超过50%的二氧化碳捕集将来自翻新后的现有资产。到2070年，低碳制氢产量中60%的增长将来自清洁电力电解水，40%的增长将来自配备了CCUS的化石燃料制氢。在可持续发展情景下，CCUS将贡献全球减排总量的近15%。2050—2070年，全球要实现零净排放目标，CCUS的部署需要增加近50%。因此，目前世界各国都在致力于CCS、CCUS的研究开发和技术示范工作。

此外，在全球经济高速增长、传统化石能源耗竭趋势以及温室气体排放超标等背景影响下，生态环境问题日益凸显。生物质能、水电、核电、太阳能、风能和地热能源等可再生能源为解决当今世界所面临的能源供需矛盾和环境问题提供了新的途径，也从侧面反映了未来能源的消费结构变化趋势——从传统化石能源（煤、油、气）体系发展转换成可再生能源（太阳能、核能、生物质能等）为基础的可持续、循环利用的能源体系。但是在目前能源转换过程中，全球的能源消费结构仍然是以油气为主，在煤炭消费逐渐衰落的趋势下，天然气成为替代能源中消费增速最快的能源，水电、核电和太阳能发电等新能源的比重也随之稳步提升，能源的“多极化”时代来临。

实现碳达峰、碳中和，是党中央经过深思熟虑作出的重大战略决策，事关中华民族永续发展和人类命运共同体构建。中国科学院围绕“双碳”目标牵头组织了碳中和重大咨询项目，并提出了能源技术发展路线（图1.2），该路线分为3条主线：①化石能源清洁高效利用与耦合替代；②可再生能源多能互补与规模应用；③低碳化、智能化多能融合。随后，中国科学院制定并实施了“科技支撑碳达峰碳中和战略行动计划”，部署了8项行动、18项重点任务，强调原创性、关键性、颠覆性技术是促进能源结构绿色低碳转型的驱动力。以能源技术革命推动能源产业绿色低碳转型，将引发一场广泛而深刻的经济社会系统性变革。党的十九大确立了我国到2035年跻身创新型国家前列的战略目标。近年来我国不断完善国家创新体系，深入贯彻“消费革命、供给革命、技术革命、体制革命、国际合作”能源安全新战略，加强原创性、引领性科技攻关，在能源技术领域取得了一系列突破性成果。

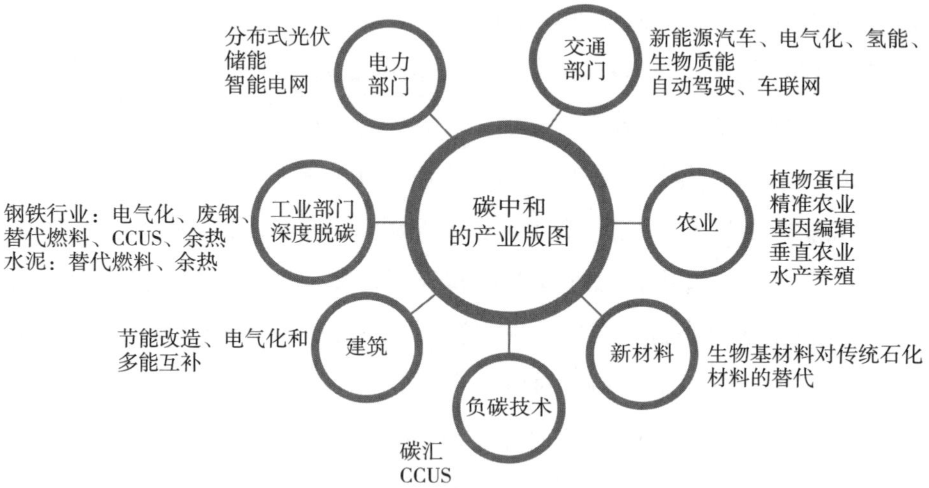

图 1.2　碳中和能源技术发展路线

1.2　国内外煤炭清洁高效转化产业发展现状

煤炭清洁利用与转化技术的发展大致分为“减污染”与“碳减排”两个阶段。“减污染”主要是发展燃烧与污染物控制的洁净煤技术，此阶段的主要引导政策包括美国的“洁净煤技术规范计划”（CCTDP，1984 年）和“洁净煤计划”（CCPI，2002 年），欧盟的“第五框架计划”（1998—2002 年）和“第六框架计划”（2002—2006 年），日本 2000 年提出的“21 世纪煤炭计划”等。近年来，CO_2 的减排和先进发电技术备受各国关注，CCS/CCUS、整体煤气化联合循环 / 整体煤气化燃料电池联合发电（integrated gasification combined cycle/integrated gasification fuel cell combined power generation technology，IGCC/IGFC）等技术越发成熟。相关重要的推动政策有美国的《清洁电力计划》和《碳排放标准》，欧盟提出的“第七框架计划”（2007—2013 年）和“能源 2020”以及日本 2015 年制定的“IGFC 发展规划”等。

1.2.1　煤炭清洁转化技术发展现状

煤炭转化是指采用化学方法将煤炭转化为气体、液体、固体产品或半产品，而后深加工为燃料和化工产品的工艺过程；相关技术按照工艺流程分为热解、气化、液化（直接和间接）等，按照终端产品形式分为煤制燃料、煤制化学品、相关污染物处理等。煤炭转化的发展主要受资源条件、石油价格变动、技术装备水平和政府政策等因素影响。煤炭清洁转化方面国外起步较早，西方发达国家和煤炭主要消费国一直在支持煤炭清洁转化及相关技术的研发，掌握了一系列核心技术。例如：1927 年，德国莱那（Leuna）建成了世界第一套规模为 10 万吨 / 年的煤炭直接液化装置，标志着煤直接液化技术正式实现了工业化；1976 年，美国美孚公司开发成功甲醇生产汽油的 MTG（Methanol To Gasoline）技术；1981 年，联邦德国在北威州建成了煤处理量为 200 吨 / 年的大型集成气压联合循环发电（Injection Gas-Oil Ratio，IGOR）中试厂；1986 年，日本三菱重工和科斯莫（COSMO）石油合作开发的由合成气经二甲醚两段合成油技术（AMSTG），建成了 120 千克 / 天的中间试验装置。虽然国外在煤炭转化利用的基础研究和关键技术研发方面具有一定优势，但总体上仍处于高端技术研发与储备阶段。由于各国能源结构不同，在煤炭清洁转化领域的研发和产业化方面投入力度不同，目前仅有南非和美国等少数国家开展了部分工程示范与商业运行。

2016 年，国家发展和改革委员会与国家能源局联合发布《能源技术革命创新行动计划（2016—2030 年）》，具体给出了面向 2030 年煤炭开采和清洁利用等相关技术的发展路线图。同时，煤炭清洁高效利用已被列入我国“科技创新 2030—重大项目”。

近年来，我国煤炭清洁高效转化利用取得重大进展，一系列示范工程建成投产并实现商业化运行，已成功研发出 4000 吨 / 天水煤浆和干煤粉气化技术并投入商业化运行，100 万吨 / 年煤直接液化示范工程（图 1.3）和 400 万吨 / 年煤间接液化示范工程建成并投产，十多套 60 万吨 / 年甲醇制烯烃工业装置投入商业化运行。经过近 20 年发展，先后建成了 108 万吨 / 年煤直接液化、60 万吨 / 年煤制烯烃、400 万吨 / 年煤间接液化等示范工程，拥有自主知识产权并实现了长周期安全稳定运行。2021 年，我国煤制油总产能为 931 万吨 / 年，已成为石化烯烃重要补充的煤（甲醇）制烯烃总产能为 1672 万吨 / 年，煤制乙二醇总产能为 675 万吨 / 年，煤制天然气总产能为 61.25 亿立方米 / 年。据国家能源局统计，我国煤炭可替代石油消耗约为 3000 万吨 / 年，煤炭清洁转化已成为保障能源安全的重要战略路径之一。

组建于 2008 年的鄂尔多斯煤制油分公司是中国神华煤制油化工有限公司全资公司，隶属于国家能源投资集团，目前拥有一套 108 万吨 / 年的煤直接液化装置、一套 18 万吨 / 年的煤间接液化生产线和一套 10 万吨 / 年的全流程二氧化碳捕集封存示范装置。百万吨煤炭直接液化项目是国家“十五”重点项目之一，也是全球首套且唯一的百万吨级煤直接液化装置。首条生产线 2004 年 8 月开工建设，2008 年年底一次投料试车成功，2011 年步入商业化运营。主要产品为石脑油、柴油、汽油和液化气，副

图 1.3 全球唯一的百万吨级煤直接液化制油示范工程

产品有煤基沥青、粗酚、液氧、液氮和二氧化碳等。项目装置已实现安全、稳定和长周期运行。目前，中国神华煤制油化工有限公司鄂尔多斯煤制油分公司正在推进煤直接液化第二和第三条生产线建设，计划依托第二代工艺技术，建设 2 条 108 万吨 / 年的生产线。以 1134.6 万吨 / 年神东煤为原料，进一步实施产品深加工和油渣综合利用方案，生产军民用煤基产品，新增油品约 232 万吨 / 年，沥青 94 万吨 / 年，硫黄、硫铵等副产品 22 万吨 / 年。全球首套百万吨级煤炭直接液化装置正在不断升级完善生产线。由中国神华煤制油化工有限公司鄂尔多斯煤制油分公司实施的直接液化浓盐水分质结晶技术改造、化学需氧量（chemical oxygen demand，COD）盐水净化处理技术改造和罐区扩容三大新项目正在加快推进，已经在当地工业和信息化局完成备案，项目建设地点位于内蒙古自治区鄂尔多斯市伊金霍洛旗企业厂区内，三个项目计划建设起止时间均为 2023 年 1 月至 2024 年 12 月。

2010 年 8 月 8 日，神华包头煤化工有限责任公司（以下简称神华包头）世界首套 180 万吨煤基甲醇制 60 万吨烯烃装置投料试车一次成功（图 1.4），次年 1 月正式进入商业化运营阶段，创造了巨大的经济效益和社会效益。神华包头煤制烯烃项目包括年产 180 万吨煤基甲醇联合化工装置、年产 60 万吨甲醇基聚烯烃联合石化装置，以及配套建设的热电站、公用工程装置、辅助生产设施和厂外工程等。该工程是世界首套以煤为原料生产聚烯烃的项目，获得 2014 年度国家技术发明奖一等奖。神华包头煤制烯烃项目的建设，开创了我国煤制烯烃大规模工业化生产和煤化工新产业的先河，尤其是项目中采用的具有我国自主知识产权的甲醇制烯烃（Dimethyl ether/Methanol To Olefins，DMTO）技术，标志着我国在煤制烯烃产业化道路上又迈出了关键一步，对发展我国清洁煤化工产业、奠定中国在煤基烯烃工业化生产领域的国际领先地位，无疑都具有里程碑式的意义。2023 年 5 月 25 日，国家能源集团神华包头煤制烯烃升级示范项目聚乙烯装置及聚乙烯（polyethylene，PE）、聚丙烯（polypropylene，PP）项目位于内蒙古自治区包头市九原工业园区，在现有 60 万吨 / 年煤制烯烃工程基础上扩建 70 万吨 / 年煤制烯烃工程。升级示范后，煤制甲醇的产能拟由 180 万吨 / 年增加到 380 万吨 / 年，甲醇制烯烃的产能由 60 万吨 / 年增加到 130 万吨 / 年。

图 1.4　神华包头 60 万吨 / 年煤制烯烃项目

2022 年 7 月 28 日，全球单体规模最大煤炭间接液化项目——国家能源集团宁夏煤业 400 万吨 / 年煤炭间接液化示范项目通过竣工验收（图 1.5）。该项目于 2013 年 9 月 28 日开工建设，截至 2022 年 7 月 25 日，实现污水近零排放、锅炉烟气超低排放，1 吨油品原料煤耗 2.77 吨标准煤、水耗 5.72 吨，均优于国家先进值。项目攻克了大型气化及费托合成关键技术、重大装备及特种材料制造技术，以及工程放大与系统集成技术，实现了核心装备及关键材料的“中国制造”，圆满完成了国家下达的 37 项国产化任务。按照工艺技术、装备台套数统计，项目国产化率达到 98.5%，项目成套技术总体处于国际领先水平。项目投产运行以来，年清洁高效利用煤炭 1961 万吨，推动了煤炭由单一燃料向燃料与原料并重转变，是能源技术革命和煤炭清洁高效利用的重要途径；累计生产油化品 1721 万吨，是能源供给的有益补充；建成投用 C_{12}、C_{14}、轻质白油、α- 烯烃分离等项目，新增 7 类 15 种新产品，实现了由单一油品向多元化产品的转变。项目的建成投产，对增强能源自主保障能力、推动煤炭清洁高效利用、促进民族地区发展具有重大意义，是对能源安全高效清洁低碳发展方式的有益探索，是实施创新驱动发展战略的重要成果。

图 1.5　宁夏煤业 400 万吨 / 年煤炭间接液化示范项目

根据国家产业规划布局，依托 14 个大型煤炭基地、9 个大型煤电基地，构建了内蒙古鄂尔多斯、陕西榆林、宁夏宁东、新疆准东 4 个现代煤化工产业示范区，山西、河南、安徽淮南、贵州毕节、湖北荆州等散状布局点，以东部沿海为外延的集约化产业发展格局。根据国家“十四五”规划纲要，2021 年新增了山西晋北、新疆哈密两个煤制油气基地。目前，园区化、集群化、基地化的产业格局初步形成，多数煤炭转化项目都包含了煤炭开采、煤炭转化等上下游关联产业，部分项目与石化、电力等行业实现多联产，进一步提高了综合效益。

近年来，煤炭清洁利用与转化技术的关键装备已基本实现了国产化。在气化方向，开发了多种具有自主知识产权的高效低成本煤气化技术，如华东理工大学“四喷嘴”、清华大学“晋华炉”、航天长征化学工程股份有限公司“航天炉”等，摆脱了相关技术的进口依赖。在液化方向，中国神华煤制油化工有限公司建成了世界首套煤直接液化装置并实现安全稳定和长周期运行，装备国产化率超过98%；国家能源集团宁夏煤业有限责任公司建成的煤间接液化示范工程已经达产400万吨/年，其中的关键技术、设备和材料的综合国产化率达到98.5%，涵盖合成油费托合成及油品加工成套技术、干煤粉气化技术、大型空分成套技术、特种泵阀、特种材料等。关键设备国产化方面的突破，保障了煤炭清洁高效利用产业链、供应链的安全稳定和经济可靠。

在煤气化、煤液化、煤制烯烃等方面，我国总体上处于世界领先水平，但还需进一步降低水耗和能耗，实现产品的灵活调变；在煤热解及多联产、煤制天然气、煤制芳烃和含氧化合物等方面，需要进一步突破关键技术，形成成套工艺技术，开展工业示范。

1.2.2　碳减排技术发展现状

1896年，瑞典科学家斯万特（Svante Ahrrenius）首次提出碳排放可能会导致全球变暖。然而，直到20世纪70年代，随着科学家们逐渐深入了解地球大气系统，他的这一论断才引起大众的广泛关注。20世纪80年代末90年代初，为了响应越来越多的科学认识，这期间举行了一系列以气候变化为重点的政府间会议。

国际应对气候变化相关文件从最开始即对碳排放和碳减排的评价提出了要求并不断进行强化。《联合国气候变化框架公约》通过制定有关条款保证缔约方应对气候变化行动及其效果的透明度。《京都议定书》则对缔约方明确提出了以公开和可核查的方式报告温室气体减排措施。《巴厘岛路线图》更加强调了发达国家的强制性义务，同时要求发展中国家在可持续发展框架下，在得到发达国家提供的资金、技术和能力建设支持的情况下，根据“三可”（可报告、可监测、可核实）原则报告国内减缓行动，极大地促进了国际碳排放和碳减排评价制度的发展。《哥本哈根协议》则对发展中国家自主减缓活动的核查问题做了进一步安排。《巴黎协定》为2020年后全球应对气候变化行动作出了安排，各国通过国家自主贡献方案，自主承担减排责任。

2006年以来，联合国政府间气候变化专门委员会（IPCC）、国际能源署（IEA）等部门已多次通过发布报告等形式，指出了降低CO_2排放量的迫切性和必要性。目前，能够达成2030年“碳达峰”、2060年“碳中和”目标最为有利的举措，是将排

放烟气中的 CO_2 进行捕集、封存（CCS），或者捕集、利用和封存（CCUS），把 CO_2 转化成化工产品或永久性封存到地下，降低 CO_2 对环境的影响。

在 2006 年，CCS 被列为我国控制温室气体排放和减缓气候变化的技术重点之一，并增加了研发资金进行技术攻关，先后组织了一系列的 CCS 科技攻关与示范活动，与国外同行开展了广泛的国际交流和项目合作。根据全球碳捕集与封存研究院（GCCSI）统计，截至 2022 年 9 月，全球共有 196 个 CCS/CCUS 项目，其中 30 个处于商业运营阶段，11 个处于在建阶段，153 个处于高级开发阶段。处于不同发展阶段的商业 CCS 项目的 CO_2 总捕集能力可达 2.44 亿吨 / 年。根据国际能源署数据，2022 年全球宣布新增 CCS/CCUS 项目 140 余个，计划开发 CCS/CCUS 的国家总数增至 45 个，计划碳储存能力提高 80%、碳捕集能力提高 30%，全球 CCS/CCUS 领域布局出现飞跃式增长。由于 CCS 项目对 CO_2 进行的捕集与封存是一种纯粹的投入行为，不带来直接的经济效益，因而项目运行的持续性会受到影响。为了解决项目的经济性问题，现在的 CCS 项目更多地综合考虑 CO_2 捕集后的利用问题，以创造项目的经济价值。例如，目前全球 CCS 项目利用 CO_2 驱油的 CCS + EOR 项目越来越多。我国一直高度重视和支持 CO_2 资源化利用的创新行为，提出了 CCS 向 CCUS 方向转变的思路，得到国际同仁的认同。2012 年 2 月 15 日，我国在“十二五”规划的发展目标中明确指出，将在发电与输配电技术领域内掌握火电机组大容量 CO_2 捕集技术、在燃煤电厂大容量 CO_2 捕集与资源化利用技术方面组织相关的 CCUS 科技攻关和项目示范，进一步强化了 CO_2 资源化利用的重要性和现实性。

CCUS 技术可以说是在 CCS 技术的基础上发展起来的。CCS 技术是对工业活动中产生的 CO_2 进行捕集和封存，若不对捕集后的碳加以利用，在此技术上的经济投入可能是纯耗费的行为。但是若能对其加以资源化利用，可创造额外的经济和环境效益。因此，CCUS 技术也应运而生，受到格外的关注，特别是在现阶段碳捕集、封存费用十分高昂的背景下。CCUS 技术即碳捕集、利用与封存技术（图 1.6），从名称即可知，与 CCS 相比，CCUS 技术多了“利用”的过程，即可以将 CO_2 资源化，具体来说就是把排放的 CO_2 进行提纯捕集后，将其作为一种副产品，视为原辅材料投入到其他新的生产过程中，实现循环再利用，而不是简单地封存，从而产生经济效益，让这项技术更具有现实操作性。因此，CCUS 技术相比 CCS 技术更能获得青睐，但也有学者认为两者没有本质的差别。

国际社会上日益重视 CCUS 技术的规划、研发与应用，美国、英国、澳大利亚、

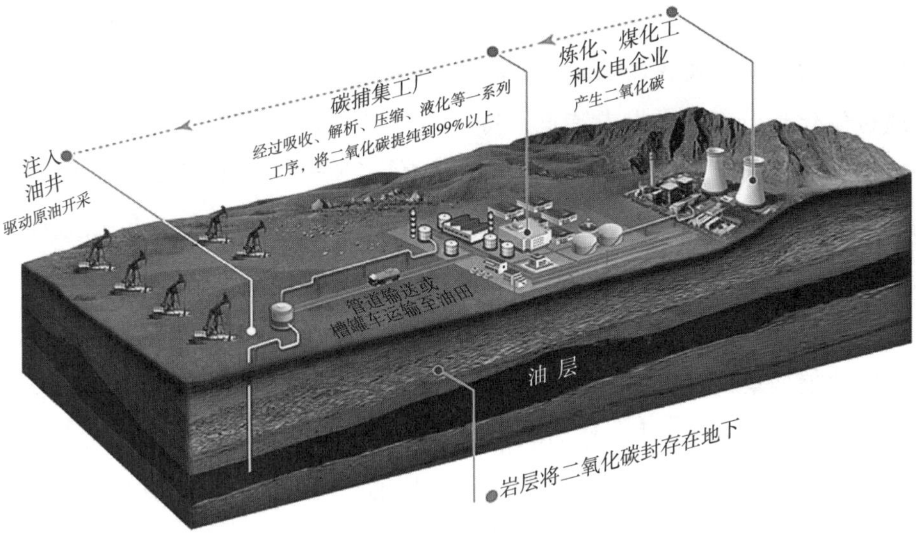

图 1.6 CCUS 技术示意图

加拿大等国家不仅将 CCUS 视为推动传统产业结构调整和优化的重大减排技术，更瞄准该技术未来的市场效益。目前，全球约有 40 个 CCS/CCUS 集群正在开发中，包括 HyNet、Net Zero Teesside、Northern Lights/Longship、Porthos、Ravenna CCS 等，这些项目的封存规模较大，每年可实现 CO_2 封存量百万吨至千万吨不等。目前全球最大的 CCUS 产业集群为“休斯敦航道 CCS 创新区”，预计建成后在墨西哥湾附近每年可封存 CO_2 约 1 亿吨。集群化发展是降低 CCS/CCUS 项目成本的必然趋势。

CCS/CCUS 技术是缓解日趋严重的气候问题的有效措施，其中 CO_2 捕集是 CCS/CCUS 技术中的关键环节。燃烧前捕集是一种相对成本低、效率高的碳捕集方法。该方法主要通过将化石燃料与水经过造气、变换等过程转化成以 H_2 和 CO_2 为主要成分的混合气体，然后将混合气体通过分离纯化获得 CO_2 产品。整体煤气化联合循环（IGCC）是最为典型的燃烧前捕集技术，具体是把高效的燃气－蒸汽联合循环发电系统结合起来，在现有技术水平下，发电净效率可达 43%～45%，污染物排放仅为传统煤电的 1/10，水耗也仅为传统发电的 1/3～1/2，对于环境保护具有重大意义。

世界上第一座 IGCC 电站于 1972 年在联邦德国北威州建成。而公认的第一座实现长周期稳定运行的 IGCC 电站是美国的 CoolWater 电站，于 1984 年 5 月在美国加州建成。以上两个项目的成功运行，为 20 世纪 90 年代 IGCC 技术研究和电站规划布局提供了参考，基于此，包括 Tampa、DEMKOLEC、ELOGAS、Wabash River 等多个更大规模的示范或商业项目在北美和欧洲落地。

经过多年的运行，IGCC 发电技术积累了丰富的运行经验，但也面临着诸多问题，使得部分已规划的项目被搁置或推迟。未来，IGCC 趋于向多联产、多原料方向发展。一方面通过优化整合气化和发电装置，将气化装置合成气产品用于炼油和化工生产，并结合发电为炼油和化工过程供冷、供热、供电；另一方面是结合炼油、化工生产中副产的石油焦、渣油等作为气化原料，降低发电成本。IGCC 发电项目 CO_2 捕集应当与多联产相结合，充分利用内部蒸汽、电能等公用工程资源降低整体成本，并通过提高捕集过程 H_2 纯化能力，为炼化和化工生产提供高品质 H_2。

对于燃烧前捕集、煤化工装置等高压、高 CO_2 浓度的气源可选用吸收能力较弱的物理吸收剂。在燃烧后烟气中，作为氧化剂的空气会带入大量 N_2、惰性气体和未反应的 O_2，燃烧后烟气中 CO_2 浓度和压力都较低，从烟气进入吸收剂驱动力较弱。化学吸收法使用碱性吸收剂，吸收过程吸收剂通过与 CO_2 形成结合力更强的化学键，更有利于低压低浓度 CO_2 捕集。

化学吸收法中，乙醇胺（MEA）是最早实现工业化、获取应用经验最多的吸收剂。MEA 是一种强碱性有机物，对酸性气体（H_2S、CO_2、SO_2 等）具有吸收速度快、吸收能力强、吸收剂价格低等优点，适用于低压混合气中 CO_2 捕集。MEA 用于 CO_2 捕集最早主要应用于天然气净化、合成氨装置等。在燃烧后捕集方面，美国 DOW 化学公司基于 MEA 开发了 Econamine FG 工艺，于 2000 年在马里兰州 Warrior Run 燃煤电厂开展了 150 吨 / 天规模的示范。壳牌康索夫公司基于 MEA 开发了 DC-103 吸收剂，并在加拿大 Boundary Dam 百万吨级捕集装置上进行应用，该装置目前仍是世界范围内在运行规模最大的燃烧后捕集装置。

与国际形势同步，自 2006 年起，我国陆续发布了 30 多项涉及 CCS/CCUS 的国家政策，强调了 CCS/CCUS 在应对气候变化领域的重要性，并积极推动 CCS/CCUS 技术的推广和示范项目建设。主要措施包括国家和地方政府开展顶层设计、推动 CCS/CCUS 技术融合、加大财税金融政策支持力度、加快推进碳捕集与封存减排量认证和市场准入机制、成立 CCS/CCUS 跨产业联合体、加快全产业链关键技术联合攻关、推进百万吨级至千万吨级示范工程建设等。由于不同工业装置排放烟气中 CO_2 含量差异较大，因此结合待处理烟气的压力、工厂现有可利用的公用工程条件等因素，发展了包括燃烧前、燃烧中和燃烧后等一系列 CO_2 捕集技术。此外，包括天然气净化、合成氨、制氢、煤化工等其他大型工业装置也开展了 CO_2 捕集技术研究和装置建设。

目前，我国 CCS/CCUS 项目的数量和规模快速增长，其中也不乏集群化项目。例如，2022 年 6 月，中国海洋石油集团有限公司（以下简称中国海油）、广东省发展和改革委员会、壳牌（中国）和埃克森美孚（中国）共同签署大亚湾区 CCS/CCUS 集群研究项目谅解备忘录，标志着我国首个海上 CCS/CCUS 集群研究项目正式启动。同年 11 月，中国石油化工集团有限公司与壳牌、中国宝武钢铁集团有限公司、巴斯夫股份公司在上海签署合作谅解备忘录，四方将开展合作研究，在华东地区共同启动我国首个开放式千万吨级 CCUS 项目。此外，中国海油于 2023 年 6 月 1 日宣布中国首个海上 CCS 示范工程项目正式投用（图 1.7）。该项目为恩平 15–1 油田群的减碳配套项目。据悉，项目可捕集处理油田伴生的二氧化碳，并回注到海底约 800 米深处的咸水层中封存，实现二氧化碳的零排放。该项目的成功投用标志着中国海油已拥有海上油气田的二氧化碳捕集、处理、注入、封存和监测的全套技术和装备体系，填补了中国海上二氧化碳封存技术的空白。现阶段我国 CCS/CCUS 集群项目的推动面临着技术、成本、政策、法规、商业模式等诸多挑战，亟待解决。

图 1.7　我国首个海上二氧化碳封存示范工程示意图

与国际比较，我国在 CCUS 技术研究方面起步较晚，但通过近几年国内外广泛的技术合作与转让、工程示范，认识和掌握了一些关键技术。CCUS 示范规模由小变大，与国际知名企业的项目合作愈加频繁，工艺技术逐步走向国际前沿，具备了一定的技术发展基础。我国对 CCUS 技术也给予了积极的关注和高度重视。2006 年 4—5 月，在北京香山会议第 276 次、第 279 次学术讨论上，与会专家提出碳捕集、利用与封存（CCUS）概念。国家层面也逐渐重视 CCUS 技术，《中国应对气候变化科技专项行动》《国家“十二五”科学和技术发展规划》等科技政策文件中均明确提出要将 CCUS 技术开发作为控制温室气体排放和减缓气候变化的重要任务；先后发布了《“十二五”国家碳捕集利用与封存科技发展专项规划》《关于推动碳捕集、利用和封存试验示范的通知》及《能源技术革命创新行动计划（2016—2030 年）》等鼓励 CCUS 技术发展的文件。近年来，我国在 CCUS 技术的研发与示范方面的投入力度也在持续加大，包括国家重点基础研究发展计划（“973 计划”）、国家高技术研究发展计划（“863 计划”）、国家科技支撑计划等，支持范围也从单一环节的技术研究和中试转向支持工业规模的全流程技术示范。尽管起步较晚，但由于受到国家层面的重视，在政府的指导下，企业、科研单位和高等院校等的共同参与下，当前我国 CCUS 技术也取得了一些重要的进展。

目前在国内比较有影响的 CCUS 示范项目有：华能“绿色煤电计划”北京热电厂项目、上海石洞口电厂项目、天津开发新区 IGCC 电厂项目、中石化与胜利油田共同开展的 CO_2 捕集与驱油项目、中石油在吉林油田开展的天然气生产的 CO_2 捕集与驱油一期和二期项目、中联煤层气在山西的深煤层注入 / 埋藏 CO_2 开采煤层气项目、大唐集团在大庆油田和东营开展的电厂富氧燃烧与 CO_2 捕集项目、神华集团在鄂尔多斯开展的煤制油捕集 CO_2 地质封存项目、山西国际能源集团电厂富氧燃烧与碳捕集建设项目等。表 1.2 汇总了我国碳捕集项目。

华能高碑店电厂捕集项目位于北京，这是中国首个碳捕集装置，其年捕碳量约为 3000 吨，该装置由华能集团独立设计和建造，捕集的 CO_2 实现了资源化利用。装置投运以来，CO_2 回收率大于 85%，纯度达到 99.99%，各项指标均达到设计值。装置运行可靠度和能耗指标也都处于国际先进水平。项目捕集并用于精制生产的食品级 CO_2 可实现再利用，以供应北京碳酸饮料市场。

2023 年吉林油田建成了国内首个 CO_2 捕集埋存与提高采收率（Carbon Capture, Utilization and Storage-Enhanced Oil Recovery，CCUS-EOR）全流程示范项目，该项目包括 5 个 CO_2 驱油与埋存示范区，年产油能力 10 万吨，年埋存能力 35 万吨（相当于每年植树 280 万棵）。目前吉林油田正全力推进 20 万吨 CCUS 开发方案落地实施，规划建设百万吨 CCUS 示范区。这项技术实现了自主化研发、创新化驱动、成熟化应用、规模化推广，是全球正在运行的 21 个大型 CCUS 项目中唯一位于中国的项目，也是亚洲最大的 EOR 项目。油田是实现温室气体有效埋存和大规模利用的理想场所，吉林油田通过构建全流程 CCUS 产业链，快速推进规模化工业应用进程。预计

表 1.2　我国已有的部分碳捕集项目情况

序号	项目名称	捕集工业类型	捕集规模 /（万吨 / 年）
1	齐鲁石化－胜利油田 CCUS 项目	CO_2 驱油	100
2	中石油吉林油田 EOR 项目	CO_2 驱油	35
3	大庆油田 EOR 项目	CO_2 驱油	10
4	延长石油榆林煤化公司 30 万吨 / 年 CO_2 捕集装置项目	煤制气	30
5	中石化华东油气田 CCUS 全流程示范项目	化工厂	10
6	克拉玛依敦华石油－新疆油田 CO_2–EOR 项目	甲醇厂	10
7	长庆油田 CO_2–EOR 项目	甲醇厂	5
8	安徽海螺集团水泥窑烟气 CO_2 捕集纯化项目	水泥行业	5
9	华能石洞口电厂捕集示范项目	燃煤电厂	12
10	华能绿色煤电 IGCC 电厂捕集项目	燃煤电厂	10
11	华中科技大学 35 兆瓦富氧燃烧示范项目	燃煤电厂	10
12	连云港清洁能源动系统研究设施	燃煤电厂	3
13	国电集团天津北塘热电厂	燃煤电厂	2
14	华润电力海丰碳捕集测试平台	燃煤电厂	2
15	中电投重庆双槐电厂碳捕集示范项目	燃煤电厂	1
16	华能高碑店电厂捕集项目	燃煤电厂	0.3
17	华能长春热电厂燃烧后捕集项目	燃煤电厂	0.1
18	北京琉璃河水泥窑尾烟气碳捕捉及应用项目	水泥厂	0.1

“十四五”期间，吉林油田可实现减碳规模与自身排放碳抵消；到“十五五”末，吉林油田油气业务与绿色能源生产及服务将各占比 50%，真正实现能源企业绿色低碳转型发展。

安徽海螺集团在世界水泥行业开先河，建成了万吨级以上水泥窑烟气 CO_2 捕集纯化环保示范项目（图 1.8），年可回收 CO_2 5 万吨。这一项目由海螺集团与大连理工大学联合研发，投资 5500 余万元，从 2018 年 10 月 22 日开始运营。在烟气洗涤塔旁，一条管道连接着两个大大的金属球，水泥窑烟气去除粉尘等杂质后，到达吸收塔内被吸附剂吸收形成富液，再通过加热析出 95% 纯度的 CO_2，最后精馏到 99.9% 工业级纯度和 99.99% 食品级纯度的 CO_2 产品，从而完成碳捕集，控制碳排放。

图 1.8　安徽海螺集团水泥窑烟气 CO_2 捕集纯化环保示范项目

经过多年发展，以 MEA 为代表，以及在此基础上发展起来的多氨基胺、位阻胺、离子液体等化学胺吸收碳捕集技术逐渐成熟，此类技术已开展或正在进行大型试验或工业示范。

1.3　煤炭清洁高效转化产业关键技术

加强煤炭清洁化转化和低碳化利用，能推动现代煤化工生产、运输、消费全链条最大限度降低碳排放；加强煤炭清洁高效转化、生态环境保护、污染综合治理协同管控，可最大限度降低现代煤化工对生态环境造成的负面影响。切实提高煤炭开采、转化和利用全生命周期效率，通过技术革新和工艺优化，可实现最大可能的节能降耗，还可以进一步发挥煤炭缓解油气对外依存度的战略作用，为石油安全提供应急保障，为国家能源安全提供支撑。

1.3.1　煤炭转化与利用技术

煤炭转化与利用技术是用化学方法将煤炭转变为气体、液体和固体产品或半产品，而后进一步加工成能源和化工产品。目前，煤炭清洁高效转化利用方式主要分为气化、热解、液化（直接液化和间接液化）等。现在发展的煤化工主要是以传统煤化工为基础，以煤炭的清洁利用和高效转化为目标的现代煤化工。

现代煤化工根据国家政策定义是指以煤为原料，采用新型、先进的化学加工技术，使煤转化为气体、液体或中间产品的过程，主要包括以煤气化、液化为龙头生产合成天然气、合成油、化工产品等的能源化工产业。具体包括煤制油、煤制天然气、低阶煤分质利用、煤制化学品以及多种产品联产等领域，不包括传统煤化工产业（图 1.9）。

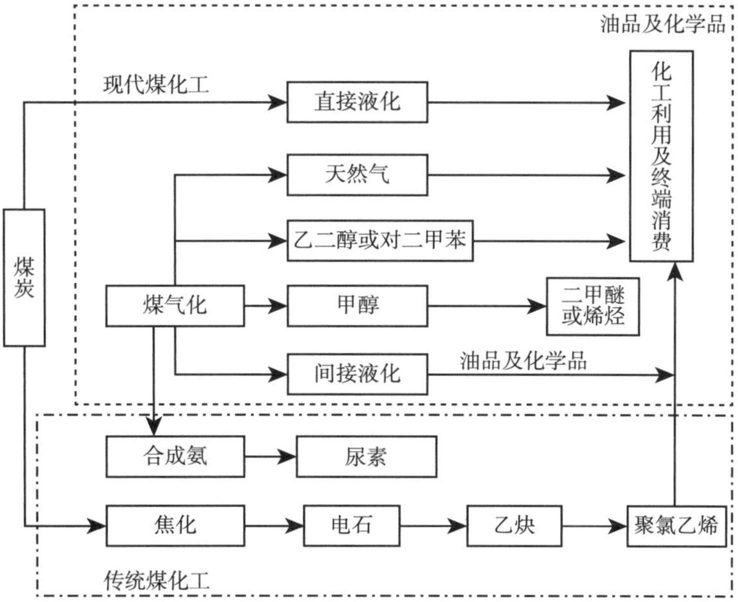

图 1.9　现代煤化工与传统煤化工

1.3.1.1　煤气化技术

作为煤炭清洁高效利用的重要组成部分，现代煤气化技术发展迅速，气化工艺呈现多样性发展态势，即煤气化工艺具有多样性和适应性。煤气化技术是将经过处理的煤炭放置气化炉之内，煤炭在气化炉里经过一定的化学反应而转化为气体。当前煤气化技术在我国是非常普遍的应用，是煤气行业发展的重要支撑技术。相比于煤热解技术，煤气化技术对于环境保护也有一定的支持作用。目前煤气化技术应用的领域也相当之广，并且其气化的工艺种类多，整个煤气化技术实施过程中所花费的时间和经费相对而言比较少，有助于煤炭清洁高效转化过程的成本节约，因此，煤气化技术是煤炭清洁高效转化的重要技术之一（图 1.10）。

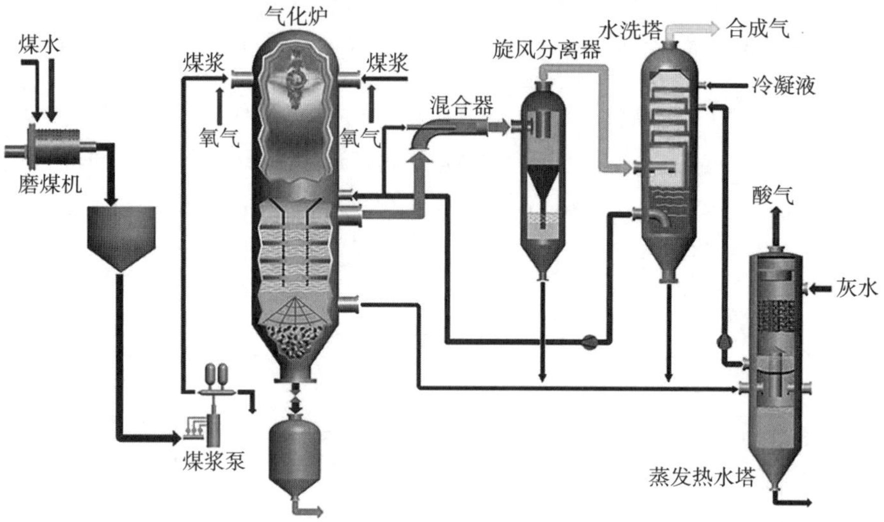

图 1.10　水煤浆气化工艺

煤气化技术涉及复杂的传热、传质、两相流动、化学反应过程。根据不同的工艺条件、应用场景、处理原料、气化介质性质、反应器结构，形成了数百种气化技术，真正在用的也有数十种技术。我国是拥有煤气化炉技术数量和种类最多的国家，几乎主流气化技术在国内均有应用，国内也在积累丰富运行经验的基础上开发了大量具有自主特色的煤气化技术，也形成了良好的推广应用态势。从 20 世纪 80 年代开始，我国陆续引进了多种煤气化技术，主要有德国鲁奇技术、美国德士古技术、荷兰壳牌技术、德国 GSP 技术等。但这些技术在本土化过程中存在运行不稳定、投资偏高以及对国内的煤种适应性差等缺点。

现阶段，我国已成功研究开发出具有自主知识产权的干煤粉气化技术、水煤浆气化技术、灰融聚气化技术等关键技术，一批大型煤气化技术与装备相继进行示范和投入工业化运行。多喷嘴水煤浆气化技术取得突破性成果，国内有约 15 家企业 40 台气化炉装置在运行，其性能指标达到世界先进水平；航天炉已签约 61 个项目共计 144 台气化炉，市场占有率大于 50%，覆盖 18 个省。这些煤气化技术均适合未来装置大型化、高效运行的需要。我国自主创新的煤气化炉更适合我国国情和煤种，具体煤气化技术见表 1.3。

表 1.3　中国自主创新煤气化技术

气化技术	开发单位	特点
四喷嘴水煤浆加压气化	华东理工大学	粗煤气中有效气（$CO+H_2$）最高可达 84%，碳转化率 99%，比煤耗低
水煤浆加压气化	清华大学、北京达立科公司、山西阳煤丰喜肥业有限公司	煤种适应性广，粗煤气中有效气（$CO+H_2$）≥ 81%，碳转化率 98%，比煤耗低
多元料浆加压气化	西北化工研究院	原料多样化，粗煤气中有效气（$CO+H_2$）最高可达 83%，碳转化率 96% ~ 98%
航天炉粉煤加压气化	航天长征化学工程股份有限公司	煤种适应性广，粗煤气中有效气（$CO+H_2$）≥ 90%，碳转化率 99%，比氧耗低，比煤耗低
灰融聚流化床气化	中国科学院山西煤炭化学研究所	煤种适应性广，操作温度适中，稳定运行周期长，比氧耗低
二段炉粉煤加压气化	华能集团清洁能源技术研究所	粗煤气中有效气（$CO+H_2$）＞ 92%，碳转化率＞ 98.5%，比氧耗低，比煤耗低
神宁炉粉煤加压气化	神华宁夏煤业集团、中国五环工程有限公司	粗煤气中有效气（$CO+H_2$）＞ 92%，碳转化率＞ 98.5%，比氧耗低，比煤耗低

煤气化技术在生活及化工业方面应用相当之广。以工业燃气为例，钢铁、食品和纺织等领域都应用到了工业燃气，采用气化炉直接加热各种产品进行煤气的冶炼；以民用煤气为例，一般将热值控制在 1100 ~ 1350℃，采用鲁奇炉直接对煤炭粉进行气化，以供居民日常生活使用，为环境保护以及安全作出了重要保障，达到了社会效益与经济效益的统一。除此之外，煤气化技术在发电方面也有卓越贡献。

以气流床气化为例，在科技部的支持下，兖矿集团有限公司和华东理工大学承担了国家“十三五”重点研发计划项目，已成功建设了单炉日处理煤 4000 吨超大型多喷嘴对置式水煤浆气化炉。工业示范点选在内蒙古荣信化工有限公司，该公司一期项目成功实现了单炉日处理煤 3000 吨气化装置建设与运行，在此基础上，该公司二期项目成功建设了 3 台单炉日处理煤 4000 吨多喷嘴对置式水煤浆气化装置，气化炉直径为 4.0 米，气化压力为 6.5 兆帕。该装置设计最大产气量 247500 标准立方米 / 时（$CO+H_2$），是目前国际在运行单炉最大产气量的气化炉。

随着我国“双碳”目标的提出，煤炭的清洁高效利用是节能减排的首要任务。现代煤化工企业核心装置气化炉的大型化是提高能源利用效率、降低项目总投资的有效途径之一。自 2005 年首套多喷嘴对置式水煤浆气化千吨级示范装置运行至今，华东理工大学在气化装置大型化方面的研究与开发始终走在国际前列，先后实现了从单炉日处理煤1000吨级到2000吨级、3000吨级、4000吨级和5000吨级的跨越。截至2024年，已累计推广应用69个项目、205台气化炉，有力推动了我国能源化工的转型升级，为助力“双碳”目标的早日实现奠定了技术基础。

目前，我国的多喷嘴对置式水煤浆气化技术已形成以单炉规模、压力等级、气化炉尺寸等为基准的气化装置系列化，包括以单炉日处理煤1000吨、1500吨、2000吨、3000吨、4000吨等规模的系列化；以操作压力6.5兆帕、4.0兆帕（含4.2兆帕）、1.5兆帕等压力等级的系列化；以气化炉金属壳体内径2.8米、3.2米、3.4米、3.6米、3.88米、4.0米、4.2米等尺寸的系列化。

在实现多喷嘴对置式水煤浆气化装置系列化的同时，其所包含的各子工段也已逐步形成独立的模块化技术（图1.11），如复合床高温煤气冷却洗涤技术、高效节能的塔盘式闪蒸－换热一体化技术等单元模块技术。基于过程强化和装置扩产、增效需求，上述单元模块技术已在山西丰喜、兖矿鲁化、兖矿国宏、兖矿榆林能化等公司气化装置改造上成功应用。

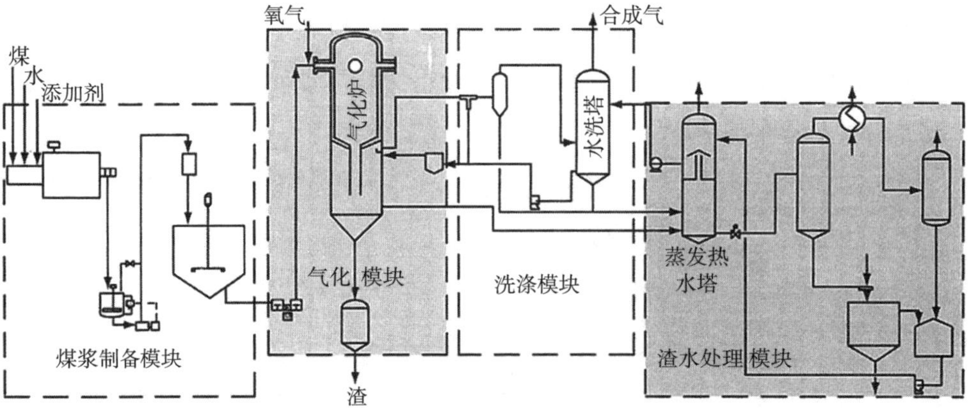

图1.11　水煤浆气化模块化流程示意图

1. 主流煤气化技术

（1）固定床气化技术

固定床气化技术是最早开发的气化技术。在气化炉的下部有炉箅子，用以支撑气化炉内的煤层。固定床气化中，原料煤自气化炉的顶部加入，依靠自身的重力逐步向下缓慢移动，依次经过干燥层、干馏层、气化层和燃烧层。气化剂则是自气化炉下部进入，并逐渐自气化炉下部向气化炉上部流动，与煤层呈逆流接触的形式。

固定床气化炉以 5～50 毫米的块煤为原料，气化后剩余的灰渣从气化炉底部排出，排渣的碳含量较低。由于气体和煤层的逆流接触，煤气在流出气化炉前，被原料煤冷却，煤气在出口的温度一般为 400～500℃，煤在热煤气的作用下进行热解反应，生产的煤气中含有较高的甲烷含量，同时煤气中夹带着有大量的焦油、酚类以及氰化物等物质，导致后续的煤气净化及水处理系统工艺复杂、设备多。

（2）鲁奇（Luigi）气化技术和 BGL 加压气化技术（固定床）

由德国鲁奇公司开发的鲁奇炉加压气化技术是煤化工行业最早应用的工业化气化技术之一，其结构如图 1.12（a）所示。由于鲁奇炉后期处理复杂、生产流程长且在选择气化用煤时对煤的灰熔点和反应性要求较高，难以大规模推广应用。1975—1981 年，英国燃气公司和联邦德国鲁奇公司为了提高生产能力和减少蒸汽消耗，成功将一台直径为 1.8 米的鲁奇气化炉改造成液态排渣的熔渣鲁奇炉（BGL 或 SlaggingLurgi），其结构如图 1.12（b）所示，其处理能力为 300 吨 / 天，操作压力 2.5 兆帕。两种相关固定床气化炉煤质指标如表 1.4 所示。

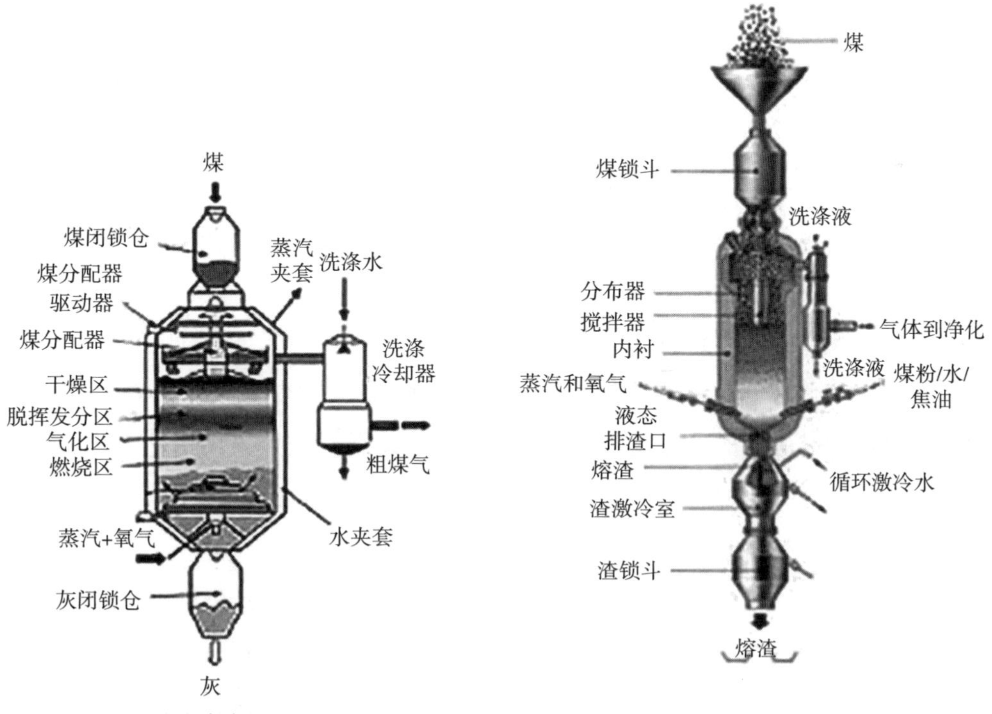

（a）鲁奇炉　（b）BGL气化炉

图 1.12　不同气化结构图

表 1.4 鲁奇炉和 BGL 炉煤质指标

炉型	灰分 /%	灰熔点 /℃	内水 /%	挥发分 /%	低位发热量 /（兆焦 / 千克）	硫分 /%	粒度 / 毫米
鲁奇炉	10 ~ 30	1250	≤ 6	≥ 10	—	≤ 1.5	5 ~ 50
BGL 炉	≤ 20	1450	≤ 20	≥ 28	24.70 ~ 25.33	—	6 ~ 50

2. 流化床气化技术

流化床气化炉底部有一气体分布板，进行反应时，气化剂自分布板之下进入分布板上面，分布板上面的反应煤层中的粉煤在气化剂的作用下呈悬浮状态，在一定温度、压力条件下与气化剂反应生成煤气。流化床气化以碎煤为原料（一般小于 6 毫米），煤气中几乎不含焦油、酚和烃类，流化床反应器的混合特性有利于传热、传质及粉状原料的使用，传统流化床为降低排渣的碳含量，必须保持床层物料的低碳灰比；而在这种高灰床料工况下，为维持稳定的不结渣操作，传统流化床必须控制在较低的操作温度（低于 950℃），因而只适用于高活性的褐煤或次烟煤。为克服传统流化床气化技术的缺点，开发了灰熔聚流化床粉煤气化技术。灰熔聚流化床粉煤气化技术根据射流原理，设计了独特的气体分布器和灰分离装置，在气化炉内形成局部的高温区（1200 ~ 1300℃），并采用选择性排渣提高了床内碳浓度，降低了结渣风险，从而提高了操作温度（可达 1100℃），使其可气化的煤种由褐煤、次烟煤等高活性煤种，拓宽到烟煤甚至无烟煤等低活性的煤种。流化床气化技术工艺操作温度适中，投资较低，原料适应性宽，因此越来越受到重视。

（1）灰熔聚煤常压气化技术（流化床）

流化床煤气化可在高速气化剂气体的吹动下使原料煤形成流态化床层而进行气化反应，流态化的形成可以使床层固体物料混合更加均匀。灰熔聚煤气化工艺虽然具有煤种适应范围宽、气化温度适中、流程简单等优点，但其处理能力小，管路易堵塞和腐蚀，气化装置运行周期较短。

流化床和气流床粉煤气化相比，最大的特点是可以将灰熔点大于 1500℃的原料煤气化。但是，如果原料煤的黏结性较强或容易粉化，采用流化床气化时难以形成均匀的流态化分布，在操作方面存在着较大的问题，而且产生的合成气中 CO_2 和 CH_4 含量较高、含尘量大，对该技术的大规模推广应用存在着较大的制约。

（2）温克勒煤气化技术

温克勒煤气化技术属于典型的传统流化床煤气化技术，最早用于工业生产，气化原料煤的粒度范围较宽，气化炉的结构简单、造价低。温克勒气化炉为常压操作，这种炉型的缺陷是仅适用于褐煤、次烟煤等反应活性高的煤种，气化温度低，排渣含碳量高，飞灰带出物造成的碳损失大，致使碳利用率低，煤耗高。针对这些问题开发了高温温克勒气化技术（HTW）。相较于温克勒气化技术，高温温克勒气化技术提高了操作压力和温度，增加流化床带出细粉循环入炉系统，从而提高了气化炉的气化强度和碳转化率，煤气中甲烷含量相较于温克勒气化技术有所降低。但高温温克勒气化技术原料煤种依然局限于褐煤等高活性煤种。

（3）ICC灰熔聚流化床气化技术

ICC灰熔聚流化床气化技术属于典型的改进型的流化床气化技术。由中国科学院山西煤炭化学研究所开发的ICC灰熔聚流化床气化技术低压工业装置，目前已经投入生产运转，成功应用于工业合成项目和工业燃料气项目。ICC灰熔聚流化床气化技术的煤种适应性强，可以气化褐煤等高活性煤种，也可气化无烟煤，甚至石油焦等低活性煤种，对应高灰、高灰熔点、高硫等劣质的三高煤也可以实现很好的气化。ICC灰熔聚流化床气化技术工业装置在工业燃料气项目中表现出了良好的应用业绩，但在应用于工业合成项目时，其操作压力有待进一步提高，相对于气流床气化技术，单台气化炉的处理能力也需要进一步提高。

3. 气流床气化技术

气流床气化技术在进行煤气化过程中，在气化炉内气化剂夹带着原料煤粉一起流动，气化剂和煤粉呈并流流动的状态。气流床气化技术原料细煤粉的粒径必须达到小于0.1毫米的要求，且以液态排渣的方式排渣。气流床气化操作压力高，气化操作温度高，可达1500℃，煤气中不含焦油、酚和烃类，甲烷含量很少，气化强度高，但同时投资高，氧耗量高，由于以液态排渣方式排渣，必须采用较低灰熔点和低灰含量的煤作原料，否则需加助熔剂而进一步增加氧耗，这对我国近50%的高灰熔点和高灰煤是非常不利的。

气流床气化技术根据进料时原料细煤粉进料形态的不同，又可细分为两种，具体为以干细煤粉为原料的干法气流床气化技术或者干粉进料气流床气化技术，以细煤粉制备的水煤浆为原料的水煤浆气化炉气化技术或者湿法进料气流床气化技术。德士古（Texaco）气化技术、多喷嘴对置式水煤浆气化技术、多原料浆气化技术等属于水煤浆气化技术，壳牌（Shell）气化技术、GSP 气化技术等属于干粉气化技术。

（1）GE 水煤浆加压气化技术（气流床）

1978 年推出的 GE 气化技术来源于德士古水煤浆气化，气化炉的结构为顶喷式布置烧嘴，垂直安装在气化炉顶部，烘炉烧嘴和煤浆烧嘴共同使用一个安装位置，在运行过程中根据不同需求更换不同的烧嘴。虽然水煤浆相比粉煤气化工艺具有输送优势明显、生产能力较大、煤种适应性宽的特点，但是水煤浆气化技术在高浓度水煤浆制备、喷嘴磨损、耐火材料寿命以及废热锅炉易腐蚀等方面存在较大的问题。

（2）GSP 干煤粉加压气化技术（气流床）

1975 年民主德国 GDR 燃料研究所开发出 GSP 气化工艺，GSP 气化炉采用单喷嘴下喷式加压气流床液态排渣结构和水激冷流程，由于直接用水冷代替了余热回收锅炉，因此相比 Shell 气化炉的投资较低，其结构如图 1.13 所示。虽然 GSP 气化炉有效合成气组分高、冷煤气效率高，且具有采用水激冷流程投资低的优势，但其在运行过程中渣口磨损较大、维修频率高且合成气中含灰量较大，导致下游工段难以稳定运转。另外，煤烧嘴和气化炉反应室匹配不佳，导致在运行过程中气化炉膜式水冷壁烧损较严重。

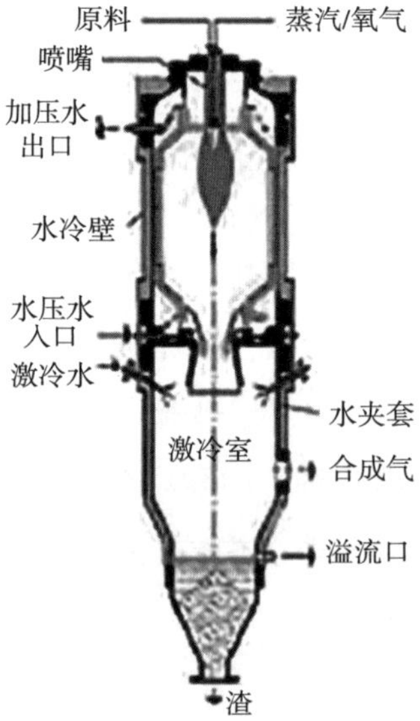

图 1.13　GSP 气化炉结构图

（3）壳牌（Shell）干煤粉加压气化技术（气流床）

1993 年在荷兰推出用于燃气发电的壳牌气化工艺，干煤粉从气化炉底部进入，属于多烧嘴上行制气，采用废热锅炉冷却回收煤气的显热，其结构如图 1.14 所示。Shell 气化技术可将次烟煤、无烟煤、高硫煤及低灰熔点的劣质煤等用作原料煤使用，即使含灰量在 30% 左右也能在 Shell 气化炉内成功进行气化反应。Shell 炉运行过程中具有煤种适应性宽、碳转化率高、运转周期长和环境效益好的特点。但其投资和能耗较大，系统中使用的废热锅炉、高温高压陶瓷过滤器和激冷循环气压缩机等设备价格昂贵，用于激冷的循环合成气需要进一步加压，造成能耗较大。

（4）科林炉（CCG）干煤粉加压气化技术（气流床）

科林粉煤加压气化工艺的发展始于 1979 年，其结构如图 1.15 所示。2007 年，贵州开阳化工合成氨 50 万吨 / 年的项目中采用了 2 套投煤量为 1500 吨 / 天的科林粉煤加压气化炉（CCG）。科林气化技术为贵州当地甚至全国三高劣质煤的综合高效利用开创了先例。科林炉和 Shell 炉相比采用了全激冷流程、水冷壁盘管中使用水进水出，循环后的热水在废锅内经过与锅炉给水换热后可副产低压饱和蒸汽，去掉了 Shell 炉造价昂贵的对流废锅、陶瓷过滤器和循环气压缩机。且在炉顶采用多喷嘴顶置下喷、同向布置可克服对置喷嘴互相磨蚀，保证粉煤在反应空间分布均匀。

主要工业化粉煤加压气化炉相关参数见表 1.5。

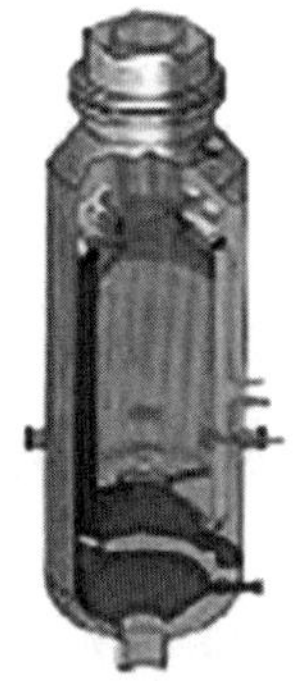

图 1.14　Shell 气化炉结构图

图 1.15　科林炉结构图

（5）德士古（Texaco）气流床气化技术

德士古气流床气化技术属于典型的水煤浆气流床气化技术。德士古气流床气化技术是在重油气化的基础上发展而来的，是一种率先实现工业化的气化技术，其进料方式简单，工程问题较少，具有大的气化能力，近些年来得到了长足的发展。德士古气化炉使用的典型煤浆质量分数是 60% ~ 70%，由于煤浆具有液体的特性，加压进料容

表 1.5 主要工业化粉煤加压气化炉煤质要求及主要气化参数

气化技术	BGL 炉	Shell 炉	GSP 炉	科林炉	灰熔聚煤常压气化技术	GE 气化技术
排渣特征	液态排渣	液态排渣	液态排渣	液态排渣	灰团聚	液态排渣
气化温度 /℃	1400 ~ 1600	1300 ~ 1700	1300 ~ 1500	1400 ~ 1700	1000 ~ 1300	1300 ~ 1400
气化压力 / 兆帕	2.5 ~ 7.0	4.2	4.2	2.5 ~ 4.4	常压	6.0
气化剂	氧气 + 蒸汽	氧气 + 蒸汽	氧气 + 蒸汽	氧气 + 蒸汽	氧气或空气	氧气
碳转化率 /%	＞ 99	98 ~ 99	99	＞ 99	＜ 90.6	96
比氧耗 / 立方米	230 ~ 300	360 ~ 370	360 ~ 370	≤ 360	≤ 590	≤ 410
比煤耗 /（千克 / 立方米）	＞ 520	＞ 700	—	≤ 580	＞ 460	≤ 660

易，所以可以实现更高压力（8 ~ 10 兆帕）操作。其操作温度一般在 1350 ~ 1450℃，当所用煤种的灰熔点和灰熔融流动温度较高时，需要添加助熔剂。

1.3.1.2 煤热解技术

煤热解技术是煤炭清洁高效转化的有效技术之一。煤热解是指将煤炭加热使其成分进行化学分解，最后有效提取出煤炭当中含有的化学原料以及其他有效的液体燃料等，并针对其进行加工，最后获得化工领域需要的重要能源。煤热解技术有利于对煤炭当中有用的成分进行开采，是使煤炭发挥所有潜在效益的重要技术之一，而其对于环境保护的要求比较高，使用该技术必须对环境保护有所措施，在适宜的地区进行才能达到高清洁、高利用的目标。目前许多国家都采取这种煤热解技术进行能源的高效转化，因此煤热解技术是一项重要的煤炭清洁高效转化技术。目前煤热解技术的主要类型见图 1.16。

通过煤热解技术可以得到煤焦油、热解干气以及热解半焦。煤热解以发生裂解反应和缩聚反应为主，目前被广泛接受的热解机理为自由基反应机理，随着热解温度上升，煤中大分子有机物化合物的弱共价键如侧链、桥键、不稳定官能团等发生断裂及分解，产生大量自由基碎片；自由基继续重组、分解以及缩聚等反应，最终生成热解挥发分和半焦。煤不同热解阶段的主要反应及产物见表 1.6。煤焦油具有广泛的用途，不仅可以制取高品质的航空喷气燃料，还可以制取 BTX（苯、甲苯和二甲苯）；热解干气可以直接用作燃料气，也可以通过分离与富集制取合成气；半焦可以被加工为活性炭、炭质还原剂、水煤浆以及型焦等产品，也可用作民用与工业用燃料。

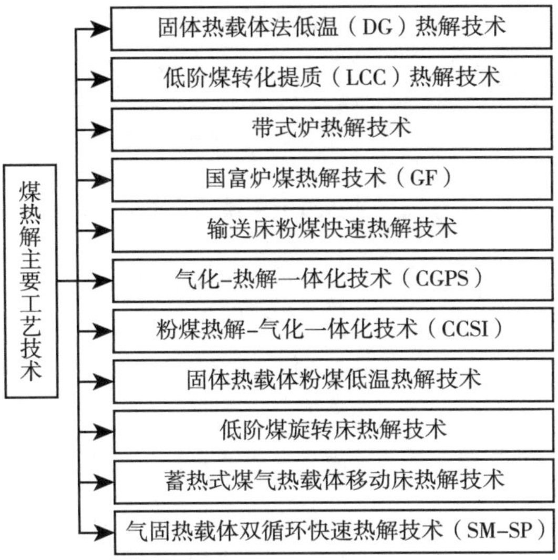

图 1.16 煤热解的主要工艺技术

表 1.6 煤不同热解阶段的主要反应及产物

阶段	温度 /℃	主要反应	主要产物
1	室温 ~ 300	脱水、脱气、脱羧脱羟	水、CO_2 等
2	300 ~ 600	链断裂、脂肪断裂、芳香环断裂	CO、CO_2、CH_4、H_2、C_2H_4、焦油、半焦等
3	600 ~ 1000	缩聚反应、挥发分二次反应	焦炭、H_2、CH_4 等

20 世纪 70 年代能源危机后，煤热解技术受到各国学者的广泛重视，许多研究者对煤热解工艺的改进进行了深入研究，并开发出多种热解新技术和新工艺。国内外先后开发了美国托斯考（Toscoal）工艺、德国鲁奇鲁尔煤气（Lurgi-Ruhrgas，LR）工艺、大连理工大学固体热载体工艺（简称 DG 工艺）、煤炭科学研究总院的多段回转炉（MRF）工艺以及半焦 - 油 - 能 - 联合开发工艺（char oil energy development process，COED）等，并且在 20 世纪中期就已经工业化，为此后煤热解工艺的发展奠定了坚实的基础。但是，这些工艺存在后续分离困难、装置热效率低以及煤粉颗粒黏结在热载体表面等问题。近年来，国内研发了内构件移动床碎煤热解工艺、内旋式移动床煤热解新工艺、固体热载体粉煤热解工艺以及双循环固体热载体工艺。为提高煤热解经济性，研究者们也开发了多种煤热解过程增油技术。我国是世界上对煤热解技术研发最活跃、投入最多的国家，我国比较典型的煤热解技术见表 1.7。

表 1.7 中国典型煤热解技术

工艺技术	开发单位	项目名称	主要用途
褐煤热解新工艺	神华集团	神华集团 6000 吨 / 年褐煤热解中试装置	热解提质
低阶煤转化提质技术	大唐华银电力公司、中国五环工程有限公司	新疆庆华煤炭分质综合利用多联产	热解多联产
固体热载体法低温热解技术	大连理工大学	呼伦贝尔东能实业 500 万吨 / 年褐煤低温热解项目	热解多联产
褐煤干燥成型及热解多联产技术	浙江大学等	华电呼伦贝尔 2×600 万吨 / 年褐煤热解多联产	干燥成型和热解多联产
煤拔头工艺	中国科学院山西煤炭化学研究所	陕西府谷建设的处理量为 10 吨 / 小时中试	热解提质
SJ- Ⅳ低温干馏炉工艺	神木三江煤化工公司	兴安盟辰龙能源集团 200 万吨 / 年洁净煤	干燥和低温干馏
多段回转炉热解技术	北京煤炭化学研究所	内蒙古海拉尔 5.5 万吨 / 年示范	干燥和低温干馏

1. 我国煤热解技术发展现状

我国煤热解技术的研究起始于 20 世纪 50 年代，目前基础研究、技术开发和工艺放大等已世界领先，为中低阶煤高效合理利用提供了重要技术保证。

近年来，浙江大学和中国科学院多个研究所分别研发了集成半焦燃烧的循环流化床热、电、气、焦油多联产技术，完成了 120 ~ 240 吨 / 天中试试验。北京神雾集团开发无热载体旋转床热解技术，完成了 72 吨 / 天中试验证，2012 年通过国家能源局组织的成果鉴定。陕西煤业化工集团 2015 年建成 2 万吨 / 年低阶粉煤气固热载体双循环快速热解技术（SM-SP）工业试验装置，累计运行时间超过 2000 小时，2016 年通过国家科技成果鉴定。2016 年下半年，陕西延长石油集团自主研发的煤提取煤焦油与制合成气一体化（CCSI）技术万吨级工业试验装置，实现 144 小时连续平稳运行，煤焦油产率达 16.23%、合成气有效气大于 35%（空气气化）。

在热解工艺放大技术方面，大连理工大学与陕西煤业化工集团合作建设了 2000 吨 / 天 DG 固体热载体工业示范装置。浙江大学建成与国电小龙潭电厂 300 兆瓦循环流化床发电锅炉配套的 960 吨 / 天工业示范装置，2011 年完成 72 小时运行考核。大唐华银电力股份公司引进开发美国 LFC 技术，2011 年建成内蒙古锡林郭勒 1000 吨 / 天 LCC 工业示范装置并试车投运。北京低碳清洁能源研究所在 LFC 工艺基础上进一步研发，已开发完成百万吨级煤分级炼制技术工艺包。

在催化热解或加氢热解技术方面，大连理工大学采用 CO_2 催化重整甲烷与平朔煤热解耦合技术，热解温度 750℃时的焦油收率高达 33.5%，是氢气气氛下的 1.6 倍、氮气气氛下的 1.8 倍。中国科学院过程工程研究所将煤热解一次产物二次催化裂解，可使焦油中轻质焦油含量和产率显著提高，并抑制积炭。太原理工大学开发了低阶煤催化解聚新技术，热解焦油收率可增加 1.3 ~ 2.17 倍。

在有关基础研究和关键技术开发方面，北京化工大学研究提出抑制挥发物二次反应的关键因素。中国科学院过程工程研究所构建了多层流化床和内构件移动床两种新型热解反应器，可减低挥发物温升幅度，减少焦油二次裂解反应，抑制重质组分生成，提高轻质油气产率和品质。煤炭科学技术研究院有限公司研发了一种针对粒径小于 13 毫米的移动床热解器，已实现装置连续 72 小时稳定运行，干煤处理量 50 千克 / 时，热解温度 550 ~ 750℃，焦油收率达到格金分析的 75% 以上，焦油含尘量小于 1%。

2. 国外典型的煤热解工艺

国外煤中低温热解技术主要经历了 20 世纪初至中叶的初期工业化和 20 世纪 60—90 年代末的深入研究两个阶段。

20 世纪 20 年代，德国以褐煤为原料进行热解，并将热解产物煤焦油加氢生产汽油、柴油，其实质就是煤热解 – 燃料油多联产技术的应用。

20 世纪 50 年代，鲁奇和鲁尔公司联合开发了 LR 热解工艺，此热解工艺的热载体是固体热载体半焦，将煤粉与循环热半焦在热解反应器中充分混合，从而热解煤粉，经过净化回收得到煤气和煤焦油。20 世纪 60 年代，采用该技术在多斯腾（Dorsten）建成了煤处理量 260 吨 / 天的煤热解工厂，连续运行时间达 200 小时。

20 世纪 60 年代，美国原煤炭研究局（现能源部）与美国食品机械和化学公司（FMC）合作，进行半焦 – 油 – 能 – 联合开发工艺（即 COED 工艺）研究，该工艺使用气化产生的煤气作为热解的流化气和热载体，工艺流程示意图如图 1.17 所示。

粉煤按照一定顺序通过 4 个反应器，原料煤先被氧化成半焦，在最后一个反应器中的 O_2 和水蒸气的作用下，对中间反应器产生的半焦进行部分气化，得到的煤气可作为热源为粉煤热解反应提供反应初始所需要的热量。1974 年建成 COED 中试装置并稳定运行，同时采用固定床加氢工艺对焦油进行加氢处理。此工艺的优点是对煤实现分级利用，降低了能耗；二次反应受负压状态影响，发生率下降，热效率高。缺点是设备数量多，投资高；工艺复杂、难以控制，大量粒径较小的半焦颗粒混在焦油中，

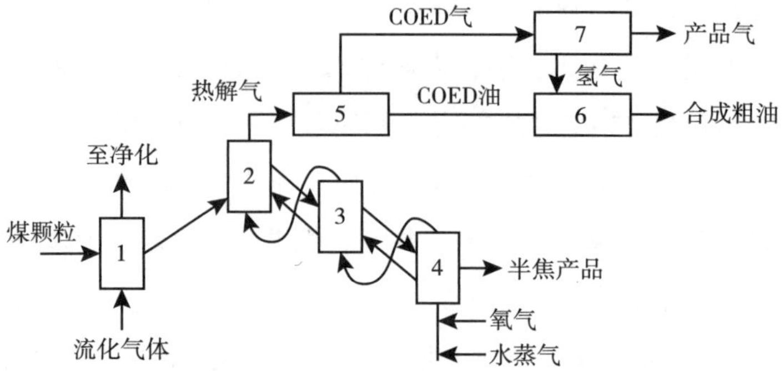

1—Ⅰ级反应器　2—Ⅱ级反应器　3—Ⅲ级反应器　4—Ⅳ级反应器
5—回收过滤工段　6—固定床加氢工段　7—气体洗涤加工工段

图 1.17　COED 煤热解工艺流程示意图

给焦油处理带来困难。

20 世纪 70 年代，美国油页岩公司（Oil Shale Corp.）与 Rocky Flates 研究中心开发出了 Toscoal 低温热解工艺，其使用固体瓷球作为热载体，工艺流程示意图如图 1.18 所示。该工艺用烟煤为原料，陶瓷球作为热载体在过程中循环加热使用，避免了煤气被烟气稀释，但需要对瓷球反复加热升温。20 世纪 70 年代，利用此工艺建立了处理量为 25 吨 / 天的中试装置，80 年代建成了处理量为 6.6 万吨 / 天的工业化装置。该工艺的优点是由于回转窑热解器的特点，使得加热速率快，焦油产率高，硫排放量低；但设备投资消耗大，瓷球需要反复加热，热效率低。

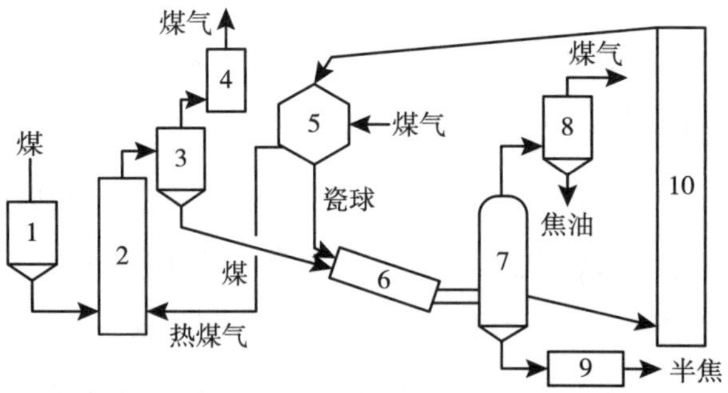

1—煤仓　2—预热提升管　3—旋风分离器　4—洗涤器　5—瓷球加热器
6—回转窑热解器　7—回转筛　8—油气分离器　9—熄焦器　10—瓷球提升管

图 1.18　Toscoal 低温热解工艺流程示意图

20 世纪 70—80 年代，澳大利亚、苏联、日本、波兰等国家还先后开发了流化床快速热解技术、固体热载体粉煤热解技术、煤炭快速热解技术、流化床粉煤热解技术。

1.3.1.3 煤直接液化技术

煤炭液化技术是一种将煤炭转化为液体燃料的过程，通过化学反应将煤炭中的碳、氢等元素转化为液体燃料。煤炭液化技术是实现煤炭清洁高效转化的重要手段之一，本节将详细阐述煤炭液化技术的方法和应用。

煤直接加氢液化技术是煤与氢气在催化剂作用下通过加氢裂化，直接转化成液态油品。煤直接液化制油产品可以作为军民航空飞机、火箭以及装甲车辆的油品，满足我国日益增加的特种油品需求。1973 年后，因石油危机，西方各国相继开发出煤液化工艺，但仅处于实验室研究及中试开发阶段。神华集团自“十五”期间开始研发煤直接液化制备燃料技术，并于 2010 年建成投产了世界上第一座百万吨级的液化装置，成为煤直接液化产业化领跑者，先后突破“煤直接液化核心工艺放大”“超大型设备制造和安装”“首套工业化示范装置的安全稳定长周期运行”三大世界性技术难题，并先后获得美国、日本、俄罗斯、澳大利亚、加拿大、乌克兰、印度、印度尼西亚等 9 个国家的专利授权。目前该液化技术仍存在氢耗量大、产品轻质化、溶剂油不平衡和油品收率低等问题，有待通过长期的稳定运行来进一步优化提升。

煤炭直接液化技术的研究和发展历史已经十分悠久，故而其技术已经相对完善且成熟，具有实施的基础和保障。煤炭直接液化技术可以采取的方法相对而言比较多，在国外的实行例子也非常多，都可以作为煤炭直接液化技术实施的参考典例，并且这项技术操作起来也比较简单，需要运用到的成分也较少，由此可见，煤炭直接液化技术是当前煤炭清洁高效转化工作的重要技术之一。

埃克森供氢溶剂法是煤炭直接液化的重要技术，操作方法为：首先，将原料进行调和，再通过氢溶剂与煤炭相结合进行化学反应，也就是将煤和氢溶剂融合，要掌控好温度和压力进行化学反应的配合；其次，在展开实践之前必须建立其化学反应的化学装置；最后，除了反应过后的残油，其他将加入另一个反应器进行反应再形成液体。溶剂精炼煤法也是煤炭直接液化技术的方法之一，该方法与埃克森供氢溶剂法有些操作相似：对于化学反应溶剂的选择，可以先利用石油的重质油，以其作为溶剂形成煤浆，之后和氢气混合、预热，进入溶解器进行反应；经过上一过程，形成了液体、残渣、气体等产物，对其进行分离，将气体和液体进行提取，排除残渣；对于排除的气体可以进行馏分油提取。除此之外，氢煤法也是煤炭直接液化的重要技术之一，该技术利用温度和催化剂进行直接液化，煤在氢高温高压作用下分解成有效的液体燃料。

我国现已建成百万吨煤直接液化示范工程，取得一系列技术和工程成果，包括催化剂制备关键技术、煤制油关键技术和工艺、直接液化工程技术。“百万吨级煤直接液化关键技术及示范”成果已经鉴定，达到世界领先水平，我国成为世界唯一掌握百万吨级煤直接液化技术的国家。该工艺已经在美国、俄罗斯、澳大利亚、乌克兰、加拿大等国获得专利。神华集团鄂尔多斯煤直接液化项目于2004年开工。该项目是世界上首个煤直接液化项目，于2008年12月30日投产。该项目的建成，开创了煤直接液化生产化工品的序幕。神华煤直接液化示范工程为单条生产线，规模为日处理洗精煤（干基）6000吨，年生产成品油108万吨，其中70%为高标号柴油，20%为高潜芳烃石脑油，10%为液化石油气（liquefied petroleum gas，LPG）。神华集团煤直接液化示范项目采用的煤直接液化核心技术是由神华集团联合国内科研院所开发的具有自主知识产权的中国神华煤直接液化工艺。该工艺是在充分借鉴、消化、吸收国外煤直接液化工艺技术的基础上，结合国家“863”高效合成煤直接液化催化剂，完全依靠自己的技术力量开发形成的煤直接液化工艺。该项目于2011年上半年已经开始盈利。神华煤液化工艺流程如图1.19所示。

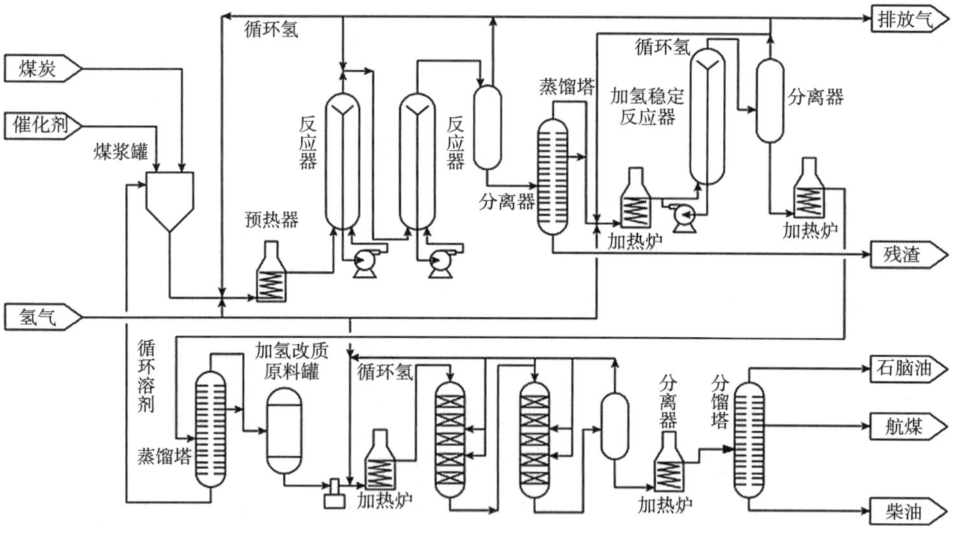

图1.19 神华集团煤直接液化工艺流程图

煤直接液化重点围绕节水、环保、碳减排和产品增值等方面，开展工艺技术及设备、智能化及数字化控制、特殊机泵、阀门、低温/高温材料以及特种油品的研发与升级示范，持续完善技术装备水平和提升项目经济效益。

1.3.1.4　煤间接液化技术

煤间接液化技术是先将煤炭在气化炉内气化得到合成气，合成气通过费托（F–T）合成反应得到分子量分布很宽的液体产物，最后通过对液体产物蒸馏、加氢、重整等精炼过程，得到合格的液体燃料和化学品等。煤间接液化合成油技术生产的燃料油无氮、无硫、无重金属，芳烃含量低，该技术还能副产诸多化学品（如润滑油、烯烃、蜡、含氧化学品等）。因此，煤间接液化技术是促进煤炭高值、高效、高质利用的重要途径，是发挥我国资源优势、保障能源供应安全和稳定供给、促进经济可持续发展的重要战略举措。

1. 发展概况

煤间接液化工艺主要包括煤气化、煤气净化、费托合成反应以及产物分离精制等过程，反应器、催化剂、操作条件以及产品方案不同，间接液化工艺技术不同。目前，国外实现工业化的间接液化工艺有南非沙索（Sasol）公司的费托合成技术、荷兰Shell公司的中间馏分油工艺（SDMS）以及美国Mobil公司开发的甲醇制汽油（MTG）合成技术。近年来，国外相关公司也开发了许多煤间接液化工艺技术，如丹麦Topsoe公司的Tigas工艺、美国Exxon公司开发的AGC–21工艺以及Mobil公司开发的STG技术等，虽然这些工艺技术先进，但都未实现商业化应用。

我国于20世纪50年代开始对费托合成进行初步研究，但由于大庆油田的发现，费托合成研究中断了30年。20世纪80年代，由于经济快速发展，油品需求量增大，国内相关科研单位和企业重新开始对费托合成进行研究。经过几十年的努力，由中国科学院、山西煤炭化学研究所、伊泰集团、神华集团、潞安集团、徐州矿务集团公司设立的中科合成油技术有限公司（Synfuels China）对我国的自主技术进行了实用化。我国成为世界上唯一实现煤直接液化及煤间接液化商业化的国家。中国科学院山西煤炭化学研究所开发了铁基、钴基催化剂和超细粒子铁、锰催化剂以及浆态床反应器，形成了多种煤间接液化工艺，并实现了百万吨级产业化。兖州矿业集团开发出新型催化剂、固定床和流化床反应器，形成了成套的高低温费托合成工艺技术，并实现了百万吨级产业化。

目前工业上应用的煤间接液化工艺众多，按照费托合成温度，可划分为低温间接液化和高温间接液化工艺。低温费托合成工艺操作条件易控制、油品收率高，但其柴油产品密度低、反应器内传质阻力较大、副产的低品位蒸汽难以利用，导致能量转化效率低。因此，开发高活性催化剂、优化反应器设计、加强低品位蒸汽的高效利用是低温煤间接液化工艺未来发展的方向。高温煤间接液化油品质量好，产品中高附加值烯烃含量高，能量转化效率高，但甲烷选择性高、油品收率低、催化剂易碳化。研制低甲烷选择性、良好抗磨性能的催化剂，设计和控制适合高温运行的反应器是高温煤间接液化工艺优化和完善的技术关键。截至 2022 年年底，我国已经建成的煤炭间接液化项目共 10 个，其中最大单体规模为 400 万吨 / 年，总产能超过 900 万吨 / 年，且间接液化煤制油产能占整体产能的 90% 以上，详见表 1.8。

表 1.8　我国已建成投运的煤间接液化工业化示范项目

项目名称	企业	产能（万吨 / 年）	地点
延长石油榆林煤化费托合成示范项目	陕西延长石油榆林煤化有限公司	15	陕西榆林
伊泰鄂尔多斯 16 万吨煤间接液化项目	内蒙古伊泰煤制油有限责任公司	16	内蒙古鄂尔多斯
山西潞安煤间接液化项目	山西潞安煤基合成油有限公司	16	山西长治
神华鄂尔多斯煤间接液化项目	中国神华煤制油化工有限公司	18	内蒙古鄂尔多斯
山西潞安 100 万吨 / 年煤炭间接液化合成油项目	山西潞安矿业集团有限责任公司	100	山西长治
兖矿陕西未来能源煤间接液化项目	陕西未来能源化工有限公司	100	陕西榆林
山西潞安高硫煤综合利用间接液化项目	山西潞安煤基清洁能源公司	108	山西长治
内蒙古伊泰鄂尔多斯煤间接液化项目	内蒙古伊泰集团有限公司	120	内蒙古杭锦旗
神华宁煤宁东煤间接液化项目	神华宁夏煤业集团有限责任公司	400	宁夏宁东

煤间接液化重点是优化提升催化剂性能和提高特定产品收率。适时开展高温费托技术示范，开展新型铁基、钴基费托合成催化剂工业试验。进一步提高费托合成核心技术指标，提高烯烃、含氧化合物等化学品产率，实现清洁油品与高附加值精细化学品联产、能化结合示范。

我国的甲醇制汽油（MTG）也取得积极进展。MTG 技术于 20 世纪 70 年代由美国美孚石油公司（Mobil）发明并成功工业化。在煤炭燃烧引起的大气污染及能源安全问题越来越严重的今天，MTG 技术重新引起了人们的兴趣。MTG 技术使用的原料甲醇可由煤制得，所得产品是可以直接使用的高辛烷值汽油。2006 年，山西晋城无烟煤矿业集团有限责任公司（简称晋煤集团）引进MTG技术（图1.20），建成世界第一套10万吨设计规模的煤基甲醇合成油装置。此装置包括煤气化装置和甲烷装置，基础设计由伍德（Uhde）公司完成，由赛鼎工程有限公司设计整个装置。煤气化采用伍德公司的PRENFLO工艺，主要以晋城矿区廉价的三高煤（硫含量、灰分、灰熔化点高的低品位煤）为原料生产甲醇。通过MTG装置处理甲醇可生产汽油及少量的液化石油气，此外还可生产副产品四甲基苯。与其他煤液化工艺相比，Mobil公司的MTG工艺汽油产率高，所生产的汽油辛烷值（RON）达到92，一般可直接作为普通汽油使用，在生产效率、成本等方面也优于其他煤液化工艺。因为Mobil公司的MTG工艺无需精制设备，所以晋煤集团采用了此工艺。云南先锋化工有限公司与中国科学院山西煤炭化学研究所及中国化学工程集团赛鼎工程有限公司共同开发了MTG工艺。该工艺采用固定床一段法，催化剂由山西煤炭化学研究所开发，除可生产汽油外，还可生产各种石油产品及苯酚等石化产品。除了晋煤集团、云南先锋化工有限公司、成都天成碳一化工有限公司，近几年还有许多公司公布了MTG项目。

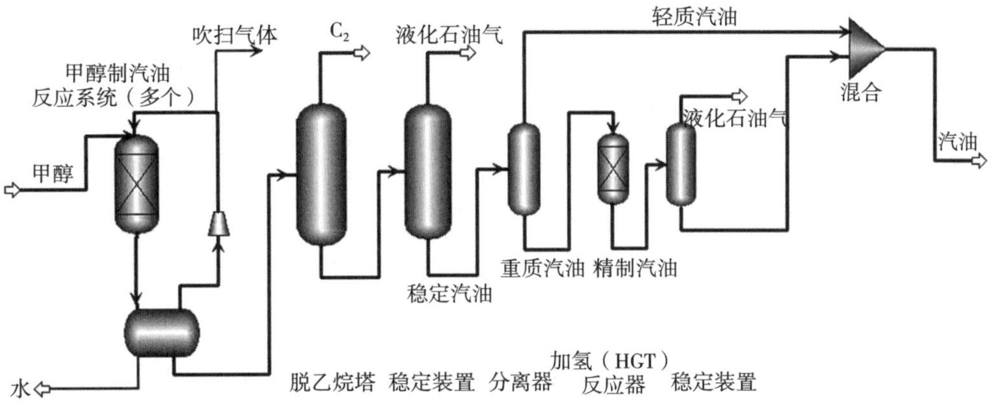

图1.20 Mobil的MTG工艺

2. 国内煤间接液化工艺

（1）中国科学院山西煤炭化学研究所间接液化制油工艺

中国科学院山西煤炭化学研究所从20世纪80年代开始进行煤炭间接液化技术研究及工程开发，开发出高活性的铁基、钴基费托合成催化剂，并在催化剂研发、中试装置验证的基础上，开发了固定床间接液化工艺（MFT）以及浆态床和固定床结合的两段间接液化工艺（SMFT）。MFT工艺将传统费托合成与沸石分子筛相结合。该工艺中，净化处理后的合成气，先进入一段反应器中与铁基催化剂作用，生成C_1～C_{40}的宽馏分烃类产物，之后进入装有择形分子筛催化剂的二段反应器中，再进行烃类催化转化反应，最终转化为 C_5 ~ C_{11} 的汽油馏分。

SMFT 工艺是浆态床 – 固定床两段法工艺。该工艺中，合成气首先进入装有超细粒径铁基催化剂的反应器中，获得烃类产物，烃类产物在 ZSM–5 分子筛上转化为高辛烷值汽油。SMFT 工艺显著提高了费托合成过程的效率和液体燃料组分的收率。

2006 年，山西煤炭化学研究所和其他企业联合成立了中科合成油技术有限公司。2008 年，中科合成油公司研制出高温浆态床费托合成铁基催化剂，并进行了中试装置试验验证和工艺条件优化，形成了成熟的高温浆态床合成油工艺技术。2009 年，利用高温浆态床费托合成工艺，分别为山西潞安集团、内蒙古伊泰集团、神华集团建成了 3 套 16 万 ~ 18 万吨 / 年的工业示范装置。2016 年，神华宁煤 400 万吨 / 年、内蒙古伊泰 120 万吨 / 年、山西潞安 100 万吨 / 年的煤间接液化工业示范装置建成投产，实现了中科合成油公司的高温浆态床费托合成工艺的百万吨级工业化应用，达到国际领先水平。

（2）兖矿集团的煤间接液化制油工艺

兖矿集团从 1998 年开始进行煤间接液化制油技术的基础研究和工艺开发，研发重点为低温铁基浆态床技术和高温铁基固定流化床技术。2002 年，兖矿集团组建了上海兖矿能源科技研发有限公司（简称兖矿能源公司），从事煤间接液化技术的开发及工程化。

兖矿能源公司研制了低温费托合成铁基催化剂，研发了煤间接液化制油全过程模拟软件和三相浆态床反应器。在此基础上，建成了百吨级催化剂中试装置和千吨级费托合成中试装置，获得了优化的工艺操作条件和工程设计基础数据，形成了低温浆态床煤间接液化工艺（图 1.21）。该工艺采用铁基催化剂和三相浆态床反应器，工艺流

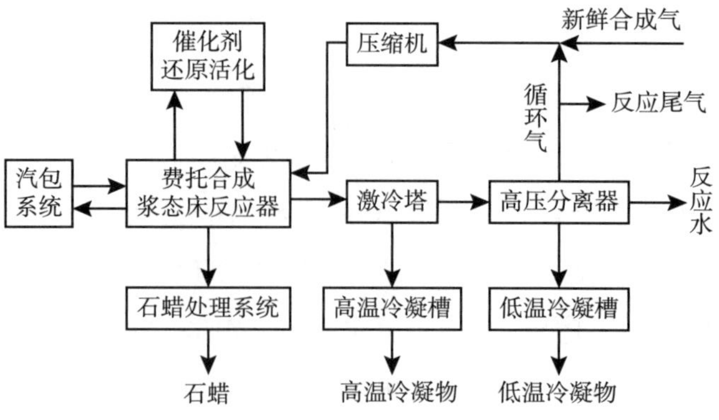

图 1.21　兖矿能源公司低温煤间接液化工艺流程

程主要包括催化剂前处理、费托合成及产品分离三部分。2015 年，兖矿陕西未来能源 100 万吨 / 年煤间接液化项目建成投产，采用兖矿能源公司研发的低温浆态床间接液化成套工艺，该项目至今运转情况良好。

兖矿能源公司还开发了高温煤间接液化工艺（图 1.22）。该工艺中，净化的合成气进入固定流化床反应器，在 340～360℃条件下与沉淀铁催化剂作用，进行费托合成反应。费托合成生成烃类化合物，经冷却、分离、加氢提质后得到汽油、柴油等产品。该工艺轻质烃产率较高，并经过了千吨级的中试装置工艺验证和长周期考察。

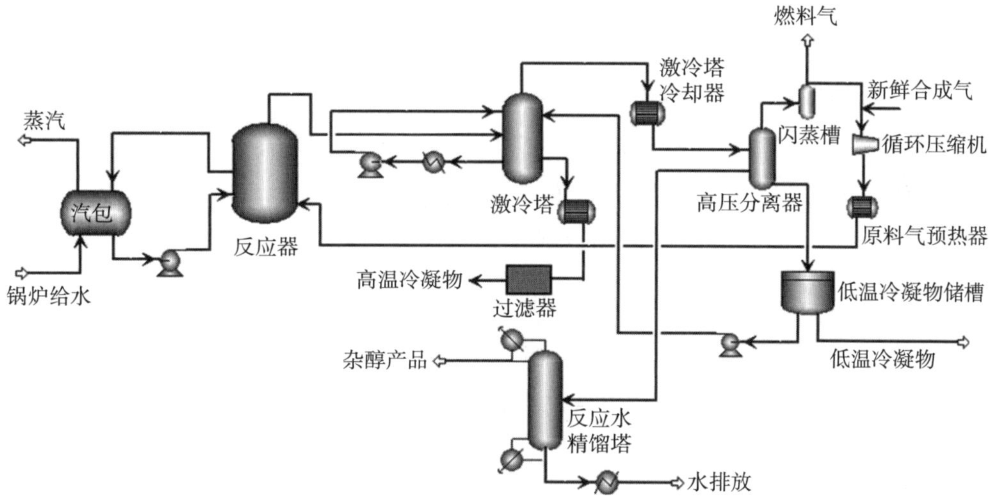

图 1.22　兖矿能源公司高温煤间接液化工艺流程

1.3.1.5　煤制化学品和含氧化学品

煤制化学品和含氧化学品是煤炭清洁高效转化的一个重要方向，它涉及将煤炭转化为各种化工产品，如合成氨、甲醇、烯烃、乙二醇等。这些化工产品不仅是重要的工业原料，还可以进一步转化为燃料，如煤制油、煤制天然气等。通过煤制化学品，煤炭的附加值得到显著提升，而且可以减少对传统石油资源的依赖，有助于保障能源安全。

“十三五”以来，我国现代煤化工产业一批关键技术装备打破了国际垄断，达到或接近世界先进水平；相继攻克了大型先进煤气化、合成气变换、大型煤制甲醇、煤制油、煤制烯烃、煤制乙二醇、煤制乙醇等一大批世界级技术难题，并实现了关键技术装备的产业化，走在了世界煤化工产业创新发展的最前列。

现代煤化工主要以洁净能源和精细化学品为目标产品，包括煤制油、煤制气、煤制甲醇、煤制二甲醚、煤制烯烃、煤制乙二醇等，以及煤化工独具优势的特有化工产品，如芳烃类产品。传统煤化工主要指“煤－电石－PVC”“煤－焦炭”“煤－合成氨－尿素”三条产业路线，涉及焦炭、电石、合成氨等领域。

从技术上看，目前我国现代煤化工已经形成了包括煤制气、煤制油和煤制化工品的现代煤化工技术体系。我国现代煤化工从“九五”起步，目前无论产业关键技术还是核心装备自主化研制都取得了重大突破，以煤制油、煤制烯烃、煤制乙二醇、煤制气为主的现代煤化工技术均打通了工艺流程，先后开发了“多喷嘴对置式水煤浆气化”“航天粉煤加压气化”等先进技术，成功研发出“航天炉”“神宁炉”“晋华炉”等先进装置；自主研发了煤直接液化技术，成功运行了世界首套108万吨煤直接液化示范工程；中温浆态床费托合成煤间接液化技术，实现了世界单体规模最大的400万吨煤间接液化项目运行；以低温浆态床费托合成技术为核心的100万吨煤间接液化示范项目成功投产；甲醇制烯烃两代工业化技术成功应用，13套工业装置成功投产；甲醇制丁烯联产丙烯技术完成万吨级装置工业性试验。

开发煤炭资源的高效清洁利用是我国重点发展方向，煤气化产生的合成气（CO和H_2）可以经过羰基化合成DMO。DMO通过连续加氢反应能够得到具有高附加值的含氧化学品（图1.23），如乙醇酸甲酯（MG）、乙二醇（EG）、乙醇（EO），其中，MG可以进一步合成聚乙醇酸（PGA），EG通过加成聚合制备聚乙二醇（PEG），而EO可以通过催化脱氢制备醋酸乙酯（EAC）等下游产品。因此，这一技术路线具有广泛的应用前景。

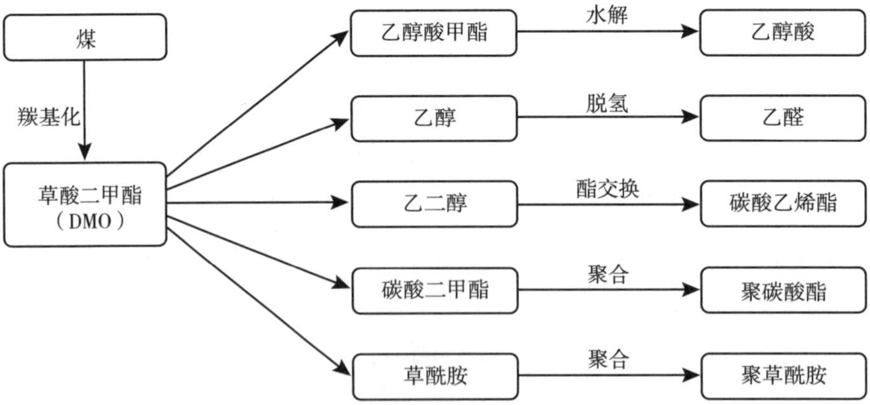

图1.23　煤经草酸酯制高价值含氧化学品技术路线图

陕西榆林50万吨煤基低碳环氧树脂全产业链项目将打造以煤基甲醇为龙头的环氧树脂以及下游应用的全产业链。项目首次采用新一代甲醇制丙烯（DMTP）技术、双氧水法制环氧氯丙烷技术，并配套建设国内首套可再生能源融合精细化工装置及CO_2捕集封存与综合利用示范装置。项目建成后，将填补榆林乃至西部地区精细化工项目的空白，有效促进西部地区煤化工产业向高端化、精细化转型，助力西部地区产业结构升级。

“双碳”背景下，煤化工行业要从物质、能量、排放去分析，找准最适合以煤为原料的产品。芳烃和含氧化合物用氢少，特别是含氧化合物，产量大，这是现代煤化工发展的一个非常重要的方向。煤制含氧化合物将为我国现代煤化工高质量发展提供新的产品路径及创新思路。榆林煤基低碳环氧树脂项目在技术高端化、多元化、低碳化的创新上大胆开展了一些重大前沿探索，是具有重大意义的尝试，是煤化工向含氧化合物延伸产业链的实践，采用了一批高技术，具有引领性。

1. 煤制烯烃

煤制烯烃通过利用煤炭作为原料生产乙烯、丙烯等烯烃。烯烃是化工行业的重要原料，广泛应用于塑料、合成橡胶、纤维、医药品原料、农药、涂料等领域。传统的烯烃生产主要依赖石油加工，但我国富煤、贫油、少气的国情决定了我们不能完全依赖石油制烯烃。因此，煤制烯烃技术具有重要意义。

煤制烯烃路线可部分替代石油为原料制取乙烯、丙烯，缓解原油需求的压力。中国乙烯产能近年来增长迅猛，但仍无法满足下游市场的需求。国内市场上烯烃类产品供不应求，对外依存度增强，巨大的市场空间引发了投资者对煤制烯烃的关注。

然而，煤制烯烃行业仍面临一些挑战，如投资大、融资难度大，原材料及能耗大，水耗高等问题。因此，今后煤制烯烃行业需要努力提高技术水平，降低能耗，实现绿色可持续发展。

（1）煤制烯烃行业的发展状况

技术路线：煤制烯烃的生产技术主要包括煤气化、煤液化和甲醇制烯烃（MTO）等。煤气化是将煤转化为气体，再经过一系列化学反应得到烯烃；煤液化是将煤直接转化为液态燃料或化工原料；MTO 技术则是以煤为原料生产甲醇，再通过甲醇制取烯烃。

市场情况：随着技术的进步和成熟，煤制烯烃化学品产业在我国已经实现了规模化生产。截至 2023 年，我国煤制烯烃产能已达到一定规模，成为全球烯烃市场的重要参与者。煤制烯烃产品广泛应用于聚乙烯、聚丙烯等高分子材料的生产，以及涂料、黏合剂、润滑油等众多领域。

产业发展趋势：在“双碳”背景下，煤制烯烃化学品产业将继续优化升级，提高能效和降低碳排放。未来，煤制烯烃产业将朝着规模化、绿色化、高端化方向发展，不断提升产业链的附加值和竞争力。

地域分布：我国煤制烯烃产业主要集中在煤炭资源丰富地区，如宁夏、内蒙古、山西等。这些地区具有资源优势和产业基础，为煤制烯烃化学品产业的发展提供了有力支撑。

在国内研发水平方面，我国在煤制烯烃化学品领域已取得显著成就。中国科学院大连化学物理研究所研发的具有自主知识产权的新一代甲醇制烯烃（DMTO-Ⅱ）技术，在装置规模和技术指标上处于国际领先水平。DMTO 技术包括煤的气化、液化、烯烃化三个阶段，该技术成果荣获 2014 年度国家技术发明奖一等奖。此外，卫星化学股份有限公司（以下简称卫星化学）开发的 α- 烯烃中试技术也在 2023 年通过了科技成果鉴定，达到国际先进水平，尤其是 1- 辛烯纯度指标优于国内外同类产品水平。

在国外研发水平方面，煤制烯烃技术也是国际能源和化学工业的研究热点。国外公司在高性能催化剂、聚合工艺及关键设备等方面具有先进技术，但我国在高碳 α- 烯烃技术方面已经实现了重大突破，具有自主知识产权的技术成果，如卫星化学的乙烯四聚高选择性制高纯 1- 辛烯中试技术。

总体来看，国内外在煤制烯烃化学品的研发上都取得了重要进展，但我国在高碳 α- 烯烃技术方面已经展现出较强的自主研发能力，部分技术已达到或超越国际先进水平。未来，我国应继续加大研发力度，完善产业链，满足市场需求，并进一步推动煤制烯烃化学品的技术创新和产业发展。

（2）煤制烯烃领域产业技术实现可能性

资源优势：我国煤炭资源丰富，煤制烯烃技术可以将煤炭资源转化为高附加值的烯烃产品，提高资源利用效率。

技术进步：近年来，我国在煤制烯烃技术方面取得了显著进展，如 MTO、MTP 等技术已达到国际领先水平。

市场需求：随着我国经济的持续发展，对乙烯、丙烯等烯烃产品的需求不断增长。煤制烯烃技术可以满足国内市场对烯烃产品的需求，减少对进口石油的依赖。

政策支持：我国政府高度重视煤化工产业发展，出台了一系列政策措施，鼓励煤制烯烃技术的研发和产业化。

（3）煤制烯烃技术发展的制约因素

投资成本：煤制烯烃项目投资成本较高，对企业的资金实力和融资能力提出了较高要求。

技术瓶颈：虽然我国在煤制烯烃技术方面取得了进展，但仍然存在一些技术瓶颈，如催化剂性能、反应条件优化等。

环保压力：煤制烯烃生产过程中会产生一定的废水、废气和固体废物，对环境造成一定压力。随着环保法规的日益严格，企业在环保方面的投入和成本将增加。

市场竞争：煤制烯烃产品面临来自石油基烯烃和可再生能源基烯烃的竞争。在市场竞争中，煤制烯烃产品需要具备一定的成本优势和质量优势。

产业链配套：煤制烯烃产业的发展需要完善的产业链配套设施，如煤炭供应、交通运输、产品销售等。产业链配套设施不完善可能会影响煤制烯烃产业的顺利发展。

2. 煤基醛类

煤基醛类化学品是以煤炭为原料，通过化学合成工艺制得的一类有机化合物，这类化学品在我国的能源和化学工业中占据重要地位，是我国重要的基础能源和化工原料。在煤化工领域，醛类化学品的生产主要依赖于煤气化技术，煤气化产生的合成气在催化剂铜、银、铂等的作用下，经过一系列化学反应，生成甲醇、乙醇等醇类化合物，将上述醇类化合物进行氧化、提纯最终生成醛类化合物。

常见的煤基醛类化学品包括甲醛、乙醛、丁醛等。这些化合物在化工行业中有着广泛的应用。甲醛常用作防腐剂、消毒剂，也是制造胶黏剂、涂料、染料等的重要原料。乙醛具有刺激性气味，主要用于生产醋酸、乙酸乙烯等化工产品，也是制药和染料工业的重要原料。丁醛主要用于生产丁酸和丁酸酯，也用于制备某些聚合物和用作调味剂。

（1）煤基醛类行业的发展状况

随着我国经济的持续增长，对醛类化学品的需求也在不断增加。醛类化学品在化工、建筑、医药、食品等多个领域有着广泛的应用，这为煤基醛类化学品的发展提供了良好的市场环境，同时我国在煤气化、醇类化合物合成和醛类化合物氧化等关键技术方面不断取得突破，开发出了一批具有自主知识产权的催化剂和工艺。这些技术的成功研发，不仅提高了生产效率，降低了生产成本，还减少了环境污染。在优化产业结构方面，一些传统的高污染、高耗能的生产方式正在逐步被淘汰，取而代之的是更加环保、高效的生产技术。同时，我国政府也在加大对煤基醛类化学品产业的扶持力度，鼓励企业研发新技术、新产品，推动产业升级和转型。

在国内方面，我国已经掌握了煤基醛类化学品的生产技术，能够利用煤制合成气（CO、H_2）等原料通过一系列化学反应合成醛类化学品。同时，我国在催化剂的研制上也取得了突破，开发出了一系列高效的催化剂，提高了反应的转化率和选择性。此外，我国煤基醛类化学品已经实现了一定规模的工业化生产，并且产品的质量和性能均达到或接近国际先进水平。

在国外方面，一些发达国家，如德国、美国、日本等，在煤基醛类化学品的研究和开发上也有着较高的水平。他们在催化剂研发、反应工艺优化、产品应用研究等方面取得了很多重要成果。同时，一些国外公司已经实现了煤基醛类化学品的规模化生产，并在国际市场上占据了较高的份额。

总的来说，国内外煤基醛类化学品的研发都取得了显著的进展，但各自在某些方面还存在一定的差距。我国在产业化方面有一定优势，而国外在催化剂研发和产品应用研究方面相对较为领先。未来，国内外在煤基醛类化学品领域还需要进一步加强交流与合作，共同推动技术进步和产业发展。

（2）煤基醛类领域产业技术实现可能性

资源优势：煤是一种丰富的化石能源，我国煤炭储量丰富，为煤基醛类化学品的生产提供了充足的原料保障。

技术进步：随着科学技术的不断发展，煤化工技术取得了显著进步，已经能够实现煤制合成气、甲醇、醛等化学品的生产。同时，催化剂研发和反应工艺的优化也为煤基醛类化学品的生产提供了技术支持。

市场需求：随着经济的发展，醛类化学品在化工、医药、农药等领域得到了广泛应用，市场需求不断增长。煤基醛类化学品作为一种替代产品，具有良好的市场前景。

（3）煤基醛类技术发展的制约因素

环保压力：煤基醛类化学品的生产过程中会产生一定的废水、废气和固体废物，对环境造成一定的影响。随着环保法规的日益严格，企业在生产过程中需要投入更多的资金和精力用于环保治理。

能源消耗和成本：煤基醛类化学品的生产过程中需要消耗大量的能源，导致生产成本较高。此外，煤炭价格波动也会影响企业的生产成本和利润。

技术瓶颈：虽然我国已经掌握了煤基醛类化学品的生产技术，但在催化剂研发、反应工艺优化等方面仍存在一定的技术瓶颈，需要进一步加强研究和开发。

市场竞争：煤基醛类化学品市场竞争激烈，企业需要不断提高产品质量和技术水平，以降低生产成本、提高市场竞争力。

3. 煤基胺类

煤基胺类化学品是以煤为原料，通过煤的气化或液化得到合成气，然后通过化学合成工艺，如催化合成、氢化、胺化等反应，最终得到的一类含有氮元素的有机化合物，一般包括甲胺、甲酰胺、二甲基酰胺等。这类化学品在工业上具有广泛的应用，如用来制造聚氨酯泡沫、弹性体和涂料等。聚氨酯材料具有良好的耐热性、耐寒性和耐化学腐蚀性，广泛应用于保温、家具、汽车和电器等领域。煤基胺类化学品中的某些化合物可以作为肥料使用，提供植物所需的氮元素，促进农作物的生长。部分煤基胺类化学品可以用于制造染料和颜料，这些染料和颜料具有良好的耐光性、耐水性和耐热性，广泛应用于纺织、印染和涂料等行业。煤基胺类化学品还可以用于生产清洁剂，如洗涤剂、清洁剂等，这些产品在家庭和工业清洁中都有广泛应用。

（1）煤基胺类化学品发展状况

生产技术：煤基胺类化学品的生产技术主要包括煤气化、合成氨、甲醇合成和胺类化合物的合成等环节。近年来，我国在这些环节都取得了显著的技术进步，实现了产业化应用。

产业规模：近年来，我国煤基胺类化学品产业规模不断扩大。根据不完全统计，我国煤基胺类化学品产能已达到数百万吨，产品种类包括一元胺、二元胺、三元胺等。

市场需求：随着国民经济的持续发展，我国对胺类化学品的需求不断增长。煤基胺类化学品在满足国内市场需求的同时，还具有一定的出口潜力。

环保政策：煤基胺类化学品生产过程中会产生一定的废水、废气和固体废物，对环境造成一定影响。因此，我国政府对煤基胺类化学品产业实施严格的环保监管，促使企业加大环保投入，提高清洁生产水平。

产业布局：我国煤基胺类化学品产业主要集中在煤炭资源丰富和交通便利的地区，如山西、内蒙古、陕西等地。这些地区具备发展煤基胺类化学品的优势，有利于降低生产成本和运输成本。

发展趋势：在环保政策的推动下，煤基胺类化学品产业将继续向清洁、高效、绿色方向发展。未来，煤基胺类化学品产业将加大对新技术、新产品的研发投入，提高产品附加值，拓展国内外市场，实现可持续发展。

在国内方面，煤基胺类研发在技术创新和实际应用方面取得了一系列突破。例如，准能集团研发的煤基纳米碳氢硝铵炸药，以煤基纳米碳氢添加剂替代柴油，被鉴定为国际领先水平。此外，煤基纳米碳氢燃料在火力发电等方面的应用也取得了突破。同时，改性煤基活性炭在吸附对硝基苯酚等环保领域的应用也取得了研究进展。

在国外方面，煤基胺类技术也有一定的发展。例如，煤基锂离子电池石墨负极材料快充性能达到同类产品国际领先水平。此外，煤基活性炭在净水处理等方面的应用也取得了实际成果。

总体来看，煤基胺类研发水平在国内外都有一定的发展，但在国内方面，煤基纳米碳氢燃料等领域的应用相对更为广泛。煤基胺类技术在国内外都具有较大的发展潜力，未来有望在更多领域得到应用。

（2）煤基胺类领域产业技术实现可能性

资源丰富：煤是一种丰富的化石燃料，含有大量的碳和氢元素，可用于制备胺类化合物。利用煤作为原料可以降低生产成本，并提高资源利用率。

技术创新：近年来，国内外研究者已经在煤基胺类领域取得了一系列技术创新，包括煤基纳米碳氢燃料、煤基活性炭等。这些技术创新为实现煤基胺类领域产业技术提供了基础。

应用广泛：煤基胺类化合物具有广泛的应用前景，包括作为燃料添加剂、环保吸附剂、锂电池负极材料等。随着煤基胺类技术的不断成熟，其在各个领域的应用将得到进一步拓展。

（3）煤基胺类技术发展的制约因素

技术瓶颈：虽然煤基胺类领域已经取得了一定的技术进展，但在实际应用中仍面临一些技术瓶颈，如生产过程中催化剂的选择和优化、产品的纯化和分离等。

环保法规：煤基胺类化合物的生产过程中可能会产生一些有害物质，如废水、废气等。随着环保法规的日益严格，如何有效处理这些有害物质，实现绿色生产，是煤基胺类领域产业技术发展的一个重要制约因素。

市场竞争：煤基胺类领域产业技术面临来自其他替代技术的竞争，如石油基胺类化合物、生物质基胺类化合物等。在市场竞争中，煤基胺类领域产业技术需要不断提高性能、降低成本，以增强竞争力。

产业化应用：虽然煤基胺类化合物具有广泛的应用前景，但在实际产业化应用过程中，还需要解决产品质量稳定性、生产规模扩大等问题，以实现产业化应用。

4. 煤基有机酸

以煤为原料通过化学合成或生物技术可得到有机酸类化合物，主要以甲酸、乙酸、乙酸乙烯等为主，这些化学品在化工、医药、食品等领域具有广泛的应用。煤基有机酸化学品的制备方法主要包括煤焦油酸解法、煤气化法、煤酶解法、煤电合成法。

煤基有机酸产品在部分领域有着重要的作用，可用作催化剂、溶剂、表面活性剂、水处理剂，用于制备药物中间体、药物载体，作为食品添加剂、调味品，以及作为植物生长调节剂、农药。

传统的煤基有机酸制备方法往往存在工艺复杂、能耗高、污染严重等问题。近年来，研究者们开发了一些新型的煤基有机酸制备方法，如微波辅助合成、超声波辅助合成、离子液体催化等，这些方法具有反应速度快、收率高、污染小等优点。改进制备方法和技术后，煤基有机酸化学品的性能得到了提高。改进后的煤基有机酸具有更高的纯度、稳定性和生物降解性，可以满足更加严格的应用领域需求。除了传统的精细化工、化学合成等领域，煤基有机酸化学品在环保、食品、农业、新材料等领域得到了广泛应用。

（1）煤基有机酸行业发展状况

技术路线：煤基有机酸化学品的生产主要依托于煤气化技术，通过将煤气化得到的 CO 和 H_2 转化为有机酸。此外，煤热解和焦油加氢等技术也是生产有机酸化学品的途径。

产品种类：煤基有机酸化学品包括醇类化学品、醛类化学品、胺类化学品、有机酸类化学品、酯类化学品、醚类化学品、甲醇卤化化学品和烯烃化学品等。这些产品广泛应用于化工、医药、农业等领域。

市场情况：随着技术的进步和环保要求的提高，煤基有机酸化学品的市场需求逐年增长。根据相关规划，预计未来市场规模将进一步扩大。

产业发展：中国的煤基有机酸化学品产业经过多年的发展，已经取得了一系列技术突破，实现了产业化应用。目前，国内有多家企业和研究机构从事相关产品的研发和生产。

环保和绿色发展：在环保和绿色发展的背景下，煤基有机酸化学品产业也在努力降低生产过程中的能耗和污染物排放，提高资源的利用效率。

在国内，煤基有机酸化学品的研究和开发取得了一定的成果。一些研究机构和高校，如清华大学、天津大学、北京化工大学等，都在煤基有机酸化学品领域开展了大量的研究工作。这些研究主要集中在合成方法、反应条件优化、产品提纯等方面。此外，国内企业，如神华集团、兖矿集团等，也在煤基有机酸化学品的生产和应用方面取得了一定的进展。

在国外，煤基有机酸化学品的研究也备受关注。一些发达国家，如美国、德国、日本等，在煤基有机酸化学品的合成方法、催化剂、反应机理等方面取得了重要成果。同时，一些国际化工企业，如美国的ExxonMobil、德国的BASF等，也在煤基有机酸化学品的生产和应用方面进行了大量研究。

总体而言，国内外在煤基有机酸化学品的研究和开发方面都取得了一定的成果。然而，由于煤基有机酸化学品的生产成本较高，且存在一定的环境问题，目前国内外在煤基有机酸化学品的产业化应用方面仍面临一定的挑战。未来，随着煤化工技术的进一步发展和环保要求的提高，煤基有机酸化学品的研究和开发仍将具有一定的前景。

（2）煤基有机酸领域产业技术实现可能性

资源优势：煤是一种丰富的化石能源，以煤为原料生产有机酸化学品具有资源优势。

技术进步：随着煤化工技术的不断进步，煤基有机酸化学品的生产方法逐渐成熟，为实现产业化提供了技术支持。

市场需求：有机酸化学品在农业、医药、食品、环保等领域具有广泛的应用，市场需求较大。

政策支持：我国政府鼓励煤化工产业技术创新和产业发展，为煤基有机酸化学品产业提供了政策支持。

（3）煤基有机酸技术发展的制约因素

生产成本：煤基有机酸化学品的生产成本相对较高，市场竞争优势较弱。

环境问题：煤基有机酸化学品的生产过程中会产生一定的废水、废气和固体废物，环境治理成本较高。

技术瓶颈：虽然煤基有机酸化学品的生产技术取得了一定进展，但仍然存在一些技术瓶颈，如催化剂活性、产品纯度等。

产业化应用：煤基有机酸化学品在产业化应用方面仍面临一定的挑战，如市场需求、产品品质、生产规模等。

国际竞争：国际市场上已有一些成熟的有机酸化学品生产企业，煤基有机酸化学品在市场竞争中面临一定压力。

5. 煤基酯类

以煤为原料，通过化学合成得到的含有酯基的有机化合物为煤基酯类化学品，这些化学品在化工、医药、食品、农业等领域具有广泛的应用。煤基酯类化学品的制备通常涉及两个主要步骤：先通过煤的气化或液化得到合成气或甲醇等基础化工原料；再通过合成气或甲醇的催化氧化、羰基化等反应，生成含有羧酸或羧酸衍生物的中间体，最后通过酯化反应得到目标酯类化学品。

煤基酯类化学品包括但不限于以下几种：①煤基甲酸酯，如甲酸甲酯、甲酸乙酯等，可用作溶剂、农药和医药中间体等。②煤基乙酸酯，如乙酸甲酯、乙酸乙酯等，广泛用于香料、调味品、涂料等领域。③煤基丙酸酯，如丙酸甲酯、丙酸乙酯等，可用作溶剂、调味品等。④煤基脂肪酸酯，如硬脂酸甲酯、油酸乙酯等，主要用于制备表面活性剂、润滑剂等。

（1）煤基酯类行业发展状况

产业规模：近年来，煤基酯类化学品产业规模不断扩大。我国煤炭资源丰富，为煤基酯类化学品的生产提供了充足的原料。同时，随着煤化工技术的进步，煤基酯类化学品的产能和产量不断提高。

技术水平：煤基酯类化学品的生产技术不断优化和升级。新型催化剂的研制成功提高了酯化反应的效率和选择性，降低了能耗，减少了副产品的生成。此外，产品的提纯和分离技术也得到了深入研究，提高了产品的纯度和收率。

产品种类：煤基酯类化学品的产品种类日益丰富，包括甲酸酯、乙酸酯、丙酸酯、脂肪酸酯等。这些产品具有不同的性能和应用领域，满足了市场的多样化需求。

产业链拓展：煤基酯类化学品的发展不仅限于生产领域，还涉及下游应用领域的拓展。例如，生物降解材料、医药、农药等高附加值产品的研发和生产，为煤基酯类化学品产业提供了更广阔的市场空间。

环保和可持续发展：煤基酯类化学品的发展有助于实现煤资源的清洁、高效利用，减少对环境的污染，符合我国绿色、可持续发展的战略要求。

在国内，煤基酯类化学品的研发已经取得了一定的进展。一方面，我国在煤基酯类化合物的合成方法、催化剂开发和工艺优化方面取得了一系列的成果。例如，我国已经成功开发出了一系列高效的催化剂，用于煤基酯类化合物的合成，提高了产物的收率和选择性。另一方面，我国在煤基酯类化合物的应用研究上也取得了一定的进展，例如在涂料、胶黏剂、油墨等领域的应用。

与国际水平相比，我国的煤基酯类化学品研发水平还存在一定的差距。在技术水平上，我国煤基酯类化学品的合成方法、催化剂和工艺与国际先进水平相比还有一定的差距，例如在产物的收率和选择性、催化剂的稳定性等方面；在产业化应用上，我国煤基酯类化学品的应用领域还相对较窄，与国际先进水平相比还有一定的差距。

总之，煤基酯类化学品产业呈现出规模扩大、技术水平提高、产品种类丰富、产业链拓展和环保可持续发展等特点。随着技术的不断进步和市场需求的变化，煤基酯类化学品产业的发展前景十分广阔。

（2）煤基酯类领域产业技术实现可能性

由于石油资源的日益枯竭和环境污染问题日益严重，煤基酯类产品的开发受到越来越多的关注。

资源优势：我国煤炭资源丰富，利用煤作为原料制备酯类产品可以降低对石油资源的依赖。

技术进步：近年来，煤化工技术取得了显著进步，如煤气化、煤液化等技术已实现商业化应用，为煤基酯类产品的制备提供了技术支持。

市场需求：随着环保政策的日益严格，煤基酯类产品具有广阔的市场前景，可以替代部分石油基产品。

（3）煤基酯类技术发展的制约因素

投资成本：煤基酯类产品生产过程复杂，需要投入大量的资金用于研发、设备购置和生产线建设。

技术瓶颈：虽然煤化工技术取得了进步，但煤基酯类产品的制备过程中仍存在一些技术难题，如催化剂的选型、反应条件的优化等。

环保问题：煤基酯类产品的生产过程中会产生一定的废水、废气和固体废物，处理这些废物需要投入额外的资金和技术。

市场竞争：煤基酯类产品面临来自石油基产品的竞争，需要降低生产成本和提高产品性能以增强市场竞争力。

6. 煤基醇类

煤基醇类化学品是以煤为原料，通过化学加工过程得到的醇类化合物。这些化合物包括甲醇、乙醇、丙醇等多种醇类。煤基醇类化学品的生产工艺主要包括以下几个步骤：煤的气化、合成气的净化和变换、醇的合成、醇的精制。煤基醇类化学品在化工、医药、涂料、燃料等领域有着广泛的应用。

（1）煤基醇类应用领域

化工领域：醇类化学品在化工领域中被广泛用作溶剂、反应原料和催化剂等。例如，甲醇可用于生产甲醛、醋酸等化学品，乙醇可用于生产乙醛、乙酸等化学品。

医药领域：醇类化学品在医药领域中被用作溶剂、消毒剂和药物原料等。例如，乙醇可用于制备药膏、口服液等，丙醇可用于制备止痛药、镇静药等。

涂料领域：醇类化学品在涂料领域中被用作溶剂和改性剂等。例如，醇类化学品可用于制备醇酸树脂涂料、丙烯酸涂料等。

燃料领域：醇类化学品在燃料领域中被用作清洁能源和替代能源。例如，甲醇和乙醇可作为生物燃料，用于替代传统的石油燃料。

农业领域：醇类化学品在农业领域中被用作农药和肥料。例如，醇类化学品可用于制备生物农药和有机肥料。

日用消费品领域：醇类化学品在日用消费品领域中被用作清洁剂、消毒剂等。例如，醇类化学品可用于制备洗手液、消毒液等。

（2）煤基醇类行业发展状况

原料来源：煤是一种丰富的化石能源，储量巨大，为煤基醇类化学品的生产提供了充足的原料保障。

生产工艺：煤基醇类化学品的生产工艺主要包括煤的气化、合成气的净化和变换、醇的合成以及醇的精制等步骤。随着技术的不断进步，煤基醇类化学品的生产工艺得到优化，产能和效率不断提高。

市场需求：煤基醇类化学品在化工、医药、涂料、燃料等领域具有广泛的应用，市场需求较大。随着我国经济的持续发展，对醇类化学品的需求也在不断增加。

产业化发展：我国煤基醇类化学品产业已经取得了显著的发展成果。在政策支持和市场需求推动下，煤基醇类化学品产业规模不断扩大，技术水平不断提高，已经形成了若干具有竞争力的产业集群。

环保和绿色发展：煤基醇类化学品的生产过程相对环保，污染排放较低。同时，醇类化合物作为一种清洁能源，可以替代传统的石油燃料，有助于减少环境污染和温室气体排放，符合绿色发展的要求。

在煤基醇类化学品的研发方面，我国已经成功开发出了一系列以合成气、甲醇、甲醛为原料的有机化工产品，包括醇类化学品、醛类化学品、胺类化学品、有机酸类化学品、酯类化学品、醚类化学品、甲醇卤化化学品和烯烃化学品。这些产品的研发不仅满足了国内市场的需求，还具有一定的国际竞争力。然而，与国际水平相比，我国在煤基醇类化学品的研发和生产方面仍存在一定的差距。一方面，我国的研发能力和技术水平在某些领域尚未达到国际领先水平，需要进一步加强基础研究和关键技术攻关。另一方面，我国在煤基醇类化学品的产业化应用方面与国际先进水平相比仍有一定差距，需要加大产业化推进力度，提高产品的市场竞争力。

总体而言，煤基醇类化学品产业在我国具有较好的发展前景。在技术创新、政策支持和市场需求的共同推动下，煤基醇类化学品产业将继续保持良好的发展势头。

（3）煤基醇类领域技术实现可能性

成熟的煤气化技术：煤气化技术是煤基醇类领域的关键技术之一，可以将煤转化为合成气（CO 和 H_2 的混合气体），为后续的醇类产品生产提供原料。

先进的醇类合成技术：随着科学技术的进步，已经开发出多种先进的醇类合成技术，如甲醇合成、乙醇合成等。这些技术为煤基醇类领域的发展提供了技术支持。

催化剂技术：催化剂技术在煤基醇类领域发挥着重要作用，可以提高醇类产品的产率和选择性。近年来，我国在催化剂研发方面取得了突破，为煤基醇类领域的发展奠定了基础。

（4）煤基醇类技术发展的制约因素

环保问题：煤基醇类生产过程中会产生大量的废气、废水和固体废物，处理不善会对环境造成严重污染。因此，环保问题是制约煤基醇类领域发展的一个重要因素。

能耗和成本：煤基醇类生产过程中能耗较高，且设备投资和运行成本较高。这使得煤基醇类产品在市场竞争中处于劣势，限制了其应用范围。

技术与市场推广：虽然我国在煤基醇类领域取得了一定的技术成果，但与国外先进水平相比仍有一定差距。此外，市场推广力度不足，导致煤基醇类产品在市场上的普及程度有限。

政策因素：政府对煤基醇类领域的政策支持程度会影响其发展。目前，政府对新能源、环保等领域的支持力度较大，但对煤基醇类领域的支持相对较少，这也制约了煤基醇类领域的发展。

总之，煤基醇类领域产业技术在实现可能性方面具有一定的基础，但仍面临诸多制约因素。要实现煤基醇类领域的可持续发展，需要进一步加强技术创新、提高环保水平、降低成本、加大市场推广力度，并争取更多政策支持。

7. 含氧化学品

含氧化学品包括醇、酮、酸、酯、醚等多种化合物。这些化合物通常具有较高的化学活性和反应性，因此可以作为重要的化工原料和溶剂。

（1）含氧化学品应用领域及发展状况

含氧化学品在许多领域都有广泛应用，主要包括以下几个方面：①石油化工：含氧化学品在石油化工行业中扮演着重要角色，例如醇、酮、酸、酯等化合物可以用作溶剂、反应中间体和燃料添加剂等。②医药和农药：含氧化学品在医药和农药行业中具有广泛应用，如醇、酮、酸等化合物可以作为药物和农药的活性成分或溶剂。③涂料和胶黏剂：含氧化学品在涂料和胶黏剂行业中具有重要应用价值，如酮、酯、醚等化合物可以作为涂料和胶黏剂的溶剂或基料。④日用化学品：含氧化学品在日用化学品领域也有广泛应用，例如醇、酸等化合物可以用作清洁剂、化妆品和保健品等。⑤食品和饮料：含氧化学品在食品和饮料行业中也有一定的应用，如醇、酸、酮等化合物可以作为调味品、香水和饮料添加剂等。⑥其他领域：含氧化学品还应用于电子、纺织、皮革、造纸等行业，如用作溶剂、反应中间体、表面活性剂等。

在含氧化学品的研发水平方面，国内外的研究机构和公司都在不断努力提高研发能力，竞争激烈。以下是国内外在含氧化学品研发方面的一些表现。

国外研发水平：国外的研发机构和企业在含氧化学品领域具有较强的研发实力和技术储备。例如，美国的埃克森美孚、英国的石油公司、德国的巴斯夫等公司在石油化工、涂料、胶黏剂等领域具有较高的研发水平。同时，国外的制药公司，如辉瑞、阿斯利康等，在医药领域也有显著的研发成果。

国内研发水平：近年来，我国在含氧化学品领域的研发水平不断提高，一些国内企业和研究机构已经取得了显著的成果。例如，中国石油化工股份有限公司、中国石油天然气股份有限公司等在石油化工领域具有较高的研发能力。此外，一些国内制药企业，如恒瑞医药、复星医药等，在医药领域的研发水平也逐步提高。

国内外在含氧化学品的研发水平上都有较高的表现，但国外在技术储备和产业规模上相对较强。不过，随着国内研发实力的不断提升，国内企业在含氧化学品领域的竞争力也在逐步提高。

（2）含氧化学品领域产业技术实现可能性

技术基础：含氧化学品领域的技术基础较好，许多化合物和反应已经在实验室和工业生产中得到验证。这为产业技术的实现提供了可能性。

市场需求：含氧化学品在石油化工、医药、涂料、胶黏剂等领域具有广泛应用，市场需求较大。这为产业技术的实现提供了动力。

技术创新：随着科学技术的不断发展，新材料、新反应和新技术不断涌现，为含氧化学品领域产业技术的实现提供了新的可能性。

跨学科合作：通过化学、材料科学、生物学、计算机科学等多个学科的合作，可以加速含氧化学品领域产业技术的实现。

（3）含氧化学品领域产业技术实现的制约因素

资源和环境问题：含氧化学品的生产过程中可能产生废弃物和污染物，对环境和资源造成影响。这可能会限制产业技术的实现。

技术瓶颈：虽然含氧化学品领域的技术基础较好，但在某些方面仍存在技术瓶颈，如高效催化剂的研制、新反应的开发等。这可能会制约产业技术的实现。

竞争和合作：含氧化学品领域的竞争激烈，企业之间需要加强合作，共同推动产业技术的发展。缺乏合作可能会限制产业技术的实现。

法规和政策：法规和政策对含氧化学品领域的产业技术实现具有重要影响。不利的法规和政策可能会制约产业技术的实现。

人才和资金：优秀的人才和充足的资金是推动含氧化学品领域产业技术实现的关键因素。人才短缺和资金不足可能会限制产业技术的实现。

1.3.1.6 煤基特种燃料

2022 年 11 月，在中国煤炭工业协会组织召开的技术成果鉴定会上，国家能源准能集团研发的煤基纳米碳氢燃料工业化制备和煤基纳米碳氢燃料火力发电两大技术体系被鉴定为“国内外首创、达到国际领先水平”。

煤基纳米碳氢燃料是由煤、水和少量添加剂经先进的纳米化处理工艺，制成的一种基本颗粒粒度为纳米级、具有较高表面活性的液态煤基特种燃料。这种燃料表面上与水煤浆类似，但它是一种全新的煤基液态燃料，且与水煤浆性质完全不同。水煤浆浓度在 65% 左右，且要添加一部分稳定剂，如果浓度进一步降低就很难成浆。碳氢燃料因为是纳米级，表面活性高，所以在较低浓度下也可以表现出稳定性和成浆性。

国内研制煤基纳米碳氢燃料是以内蒙古准格尔煤田丰富资源为基础的。内蒙古准格尔煤田拥有 267 亿吨煤炭地质储量，伴生的氧化铝资源储量达 35 亿吨，镓资源保有储量 85.7 万吨，氧化硅资源保有储量 26 亿吨，是国家重要的能源基地，也是粉煤灰提取氧化铝的优质原材料储备区。为了充分发挥煤炭资源价值，准能集团一直致力于低碳循环经济模式下的高铝煤炭资源利用，曾首创粉煤灰“一步酸溶法”提取氧化铝新技术，获得国内外多项专利。2021年，准能集团转变粉煤灰提取氧化铝技术思路，开展了煤基纳米碳氢燃料制备试验。而以煤基纳米碳氢燃料替代煤炭高效发电后获取的粉煤灰活性更强，在同等条件下，粉煤灰中氧化铝溶出率可提高10%。同时，准能集团矸石发电厂两台150兆瓦及两台330兆瓦机组发电煤耗达到347克/千瓦时。而按照国家要求，“十四五”末发电煤耗要达到300克/千瓦时以下。降低煤耗、转型发展迫在眉睫。

2021年3月1日，我国煤基油品领域第一个国家军用标准《地面装备煤基通用柴油》正式生效，为煤基燃料进入军事领域应用打通了技术通道，已有多个牌号高端新型燃料通过了中央军委后勤保障部组织的技术认证。未来，煤基航空燃料的研发与创新应用也应是我国现代煤化工产业创新发展的重要方向。

1.3.1.7　煤基生物可降解材料

现代煤化工的清洁发展应立足民生需求，充分发挥煤炭原料属性，积极培育煤基生物可降解材料等技术及产业优势。2020年1月，国家发展改革委和生态环境部联合发布了《关于进一步加强塑料污染治理的意见》，要求逐步禁止、限制部分塑料制品的生产、销售和使用；塑料行业随之遭遇严重危机，煤制烯烃项目受到较大冲击；相应的，国内对生物可降解材料的需求激增，市场空间巨大。当前生物法和石油化工法生产生物可降解材料存在成本高、规模小、生产流程过长等弊端，而现代煤化工技术工艺则能更好地适应生产含氧化合物生物可降解材料的需求，具备显著的成本竞争优势。国家能源集团正在榆林建设的全球首套5万吨/年生物可降解塑料聚乙醇酸（PGA）自主技术示范项目（图1.24），吨产品投资与煤制烯烃相当，原料煤耗仅为煤制烯烃的1/2、工艺CO_2排放不到煤制烯烃的1/3，具有显著的经济效益与环境效益。

1.3.1.8　新型炭素材料

由于煤含有丰富的含碳有机物质，被称为“工业的粮食”。煤是以芳环、脂环、杂环为基本结构单元，并带有各种侧链（如甲基、酚烃基、羧基等）和活性官能团的缩合芳香体系，富含大稠环有机化合物，含碳量高。长烟煤含碳量超过80%，无烟煤含碳量高达90%以上，经过高热裂解，几乎变为全碳物质。根据其成分、结构特点，煤不仅是一种储量丰富且价格低廉的工业原料，也可能成为生产先进炭素材料的重要碳源。炭素材料是指以碳元素为主要成分的材料。传统的炭素材料指从无定形碳到石

图 1.24　首套 5 万吨 / 年生物可降解塑料聚乙醇酸自主技术示范项目

墨、金刚石结晶的一大类物质形成的材料。先进炭素材料是区别于传统炭素材料的一系列新型炭素材料的总称，包括纳米炭材料（纳米炭管、笼状炭和富勒烯炭等）、多孔炭材料（活性炭、介孔炭等）、炭复合材料、石墨烯等。新型炭素材料具有更独特的结构、更优异的性能和更广阔的应用，更能体现材料设计概念的灵活运用，是目前炭素材料科学研究的前沿。以多孔炭材料、纳米炭、炭复合材料、石墨烯、炭石墨电极等为代表的高附加值新型炭素材料正得到越来越广泛的应用，在世界范围内掀起研究热潮。

通过碳原子外层电子的 sp^n 杂化，碳元素可形成许多结构和性质完全不同的同素异形体，不同的碳同素异形体在不同的物化条件下又能相互转化。根据这一原理，人们可通过不同的碳源，用不同的方法制造各种先进炭素材料。在所有碳源物质中，煤的储量最为丰富、价格最低廉。作为典型的重质碳资源，煤被称为“工业的粮食”。

但与人们赖以生存的粮食不同，煤属于不可再生资源。我国煤的生产和利用付出代价大、回报小。事实上，煤不仅是廉价能源，作为一种碳资源，有可能制成先进的炭素材料。用煤做原料制备先进炭素材料，能够使煤这种天然资源得到高效利用，最终，不仅能够拓展煤的非燃料利用空间，同时，也能够扩大一些高附加值先进炭素材料产品的原料来源，降低其原料成本，有重要的科学价值和巨大的应用潜力。

高的含碳量，以及丰富的多孔结构，使煤经过破碎加工就可能直接用作助滤材料。对煤进行高温炭化处理，可以制备活性炭；在煤中添加金属催化剂，采用电弧放电等方法，可以制备富勒烯炭；改变预处理、工艺条件，可以制备纳米炭管等纳米炭；高碳煤可以用来制备炭石墨电极。对高碳煤进行化学热解，可制备石墨烯。在高温处理过程中，煤中的小分子挥发物以气态形式析出，经过发泡、炭化处理，用煤和煤系物可以制备出泡沫炭。将煤粉与有机物混炼压制可制备聚合物/煤复合材料，通过分级萃取，可以得到的一系列组成不同的沥青质萃取物，作为基体前驱体，制备碳质复合材料。采用煤制备先进炭素材料，是煤深加工的重要途径，通过这种煤的综合利用方式，可获得性能良好、成本低廉的高性能先进炭素材料，具有重要科学意义和广阔的应用前景。

新型炭素材料由于其优良的力学、电学、热力学等性能，被广泛用于航空航天、储能储氢、电子电器、生物化工等领域，但我国高端市场仍大量依赖进口，“卡脖子”问题凸显。煤液化沥青作为芳香度高、易聚合交联的原料，可以深度加工为高性能碳纤维、超级活性炭等炭素材料。我国现代煤化工产业应努力加强相关科技攻关，推进煤直接液化制备高级沥青等产品的产业化，迅速抢占国际相关新兴材料产业的制高点。

1.3.2　煤炭行业碳减排技术

要实现“双碳”目标，需采取包括能源结构调整、产业结构转型、能源利用效率提升、低碳技术加速研发推广、低碳发展体制机制健全、生态碳汇增加等措施。低碳技术是减少温室气体排放的新技术，涉及电力、交通、建筑、冶金、化工、石化等部门和行业。CCUS 技术就是当前备受关注的低碳技术。

CCUS 技术是将 CO_2 从生产过程中（化工、电力、钢铁）分离出来，投入到新的生产过程加以循环再利用，并将多余的 CO_2 进行地质封存。CCUS 是一项将 CO_2 资源化、实现化石能源的低碳利用、减缓 CO_2 排放的重要技术。从 CCUS 技术的整个流程来看可分为碳排放源—捕集—压缩—运输—利用/封存这五个单元，如图 1.25 所示。

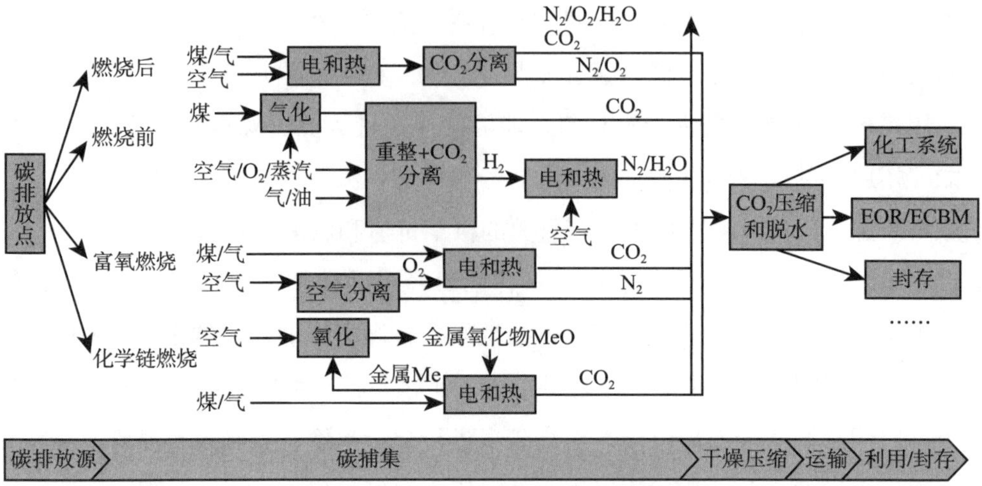

图 1.25　CCUS 技术全流程网络图

1.3.2.1　碳捕集技术

碳捕集技术主要应用于大量排放 CO_2 的工厂，不同生产过程其技术水平和集成程度是不一样的。一般来讲，碳捕集技术主要有以下四种：燃烧前捕集、燃烧后捕集、富氧燃烧和化学链燃烧（CLC）。通过化学反应将碳从燃料中分离。

燃烧前捕集技术以 IGCC 技术为基础，先将煤炭气化成清洁气体能源，从而把 CO_2 在燃烧前就分离出来，不进入燃烧过程。但传统电厂无法直接应用这项技术，需要重建专门的 IGCC 电站。燃烧后捕集是指采用吸收、吸附、膜分离、低温分离等方法在燃烧设备（锅炉或燃气轮机）后从烟气中脱除 CO_2 的过程，可以直接应用于传统电厂，其中化学吸收法被认为市场前景最好。富氧燃烧技术是利用空分系统制取富氧或纯氧气体，然后将燃料与氧气一同输送到专门的纯氧燃烧炉进行燃烧，生成主要成分是 CO_2 和水蒸气的烟气。燃烧后的部分烟气重新回注燃烧炉，一方面降低燃烧温度，另一方面进一步提高尾气中 CO_2 的质量浓度。化学链燃烧的基本思路是：采用金属氧化物作为载氧体，同含碳燃料进行反应；金属氧化物在氧化反应器和还原反应器中进行循环。还原反应器中的反应相当于空气分离过程，空气中的氧气同金属反应生成氧化物，从而将氧气从空气中分离，这样就省去了独立的空气分离系统。燃料和氧气之间的反应被燃料与金属氧化物之间的反应替代，相当于从金属氧化物中释放的氧气与燃料进行燃烧。

我国近些年在碳捕集技术方面也主要围绕低能耗吸收剂、不同技术路线捕集工艺等关键技术开展研究，已开发出可商业化应用的胺吸收剂，建成了燃煤电厂 CO_2 捕集

10 万吨 / 年以上规模的工业示范。2023 年，我国首期“10 万吨 / 年二氧化碳捕集与利用示范工程”完成机械竣工，进入调试、试生产阶段，除预计可取得良好的经济效益外，每年可减排二氧化碳 10 万吨，相当于植树近 90 万棵；同时，可通过周缘油田预计实现原油采收率提升 20% 以上，预计未来 15 年实现增油 50 万吨以上，并实现节水 300 万吨以上。该工程作为 CCUS 项目的示范性代表，兼备研究、经济、社会等多重效益，行业意义深远。

1.3.2.2　碳运输技术

捕集后的碳需要运输至封存地或资源利用的地方，因此 CCUS 技术也包含了运输技术。运输技术主要包括管道、船舶、铁路和公路等方式。当前国内 CO_2 陆路车载运输和内陆船舶运输已进入商业应用阶段，主要应用于规模 10 万吨 / 年以下的运输，成本分别为 1.0 ~ 1.2 元 /（吨 · 千米）和 0.30 ~ 0.50 元 /（吨 · 千米）。管道输送具有规模应用的优势。我国借鉴油气管输经验，已开展了低压 CO_2 运输工程应用，而在高压、低温和超临界 CO_2 运输方面正处于研究阶段。CO_2 陆地管道运输方面，我国已建成累计长度 70 千米的管网，而美国已建成超过 7600 千米的管网，存在较大的差距；同时我国已具备大规模管道设计能力，已完成多条 50 万 ~ 100 万吨 / 年输送能力的管道项目设计。输送能力 50 万吨 / 年的气相 CO_2 陆地输送管道，当前输送成本为 1.0 元 /（吨 · 千米）。CO_2 海底管道运输技术在国内外均处于概念研究阶段，预测输送成本约为 4.0 元 /（吨 · 千米），成本较高。

1.3.2.3　碳资源化利用技术

CO_2 的资源化利用技术方向较多，目前研究较多的是应用于油田驱油提高原油采收率、合成可降解塑料等，另外，还可应用于烟丝膨化、焊接保护气、化肥生产、食品保鲜和储存、改善盐碱水质、超临界 CO_2 萃取、饮料添加剂、灭火器、粉煤输送和培养海藻等，即现有工业生产中需使用 CO_2 的地方都是不错的应用方向。我国在碳利用方面，目前也正围绕 CO_2 驱油（图 1.26）、驱煤层气、CO_2 生物转化和化工合成等不同利用途径开展理论和关键技术研究。

CO_2 驱油方面已有工业应用，陕西延长石油（集团）有限公司开展提高石油采收率（EOR）技术的研发和示范，已在 10 口井进行试验，累计注入 CO_2 约 11 万吨，其中在靖边区块约 10 : 1 的换油率（注入 10 吨 CO_2 换出 1 吨原油），吴起区块约 5 : 1。

我国已建成 CO_2 制可降解塑料生产线，微藻制生物柴油技术也有突破性的进展。在 CO_2 制塑料方面可以说我国已经处于世界领先地位，江苏中科金龙早于 2007 年就

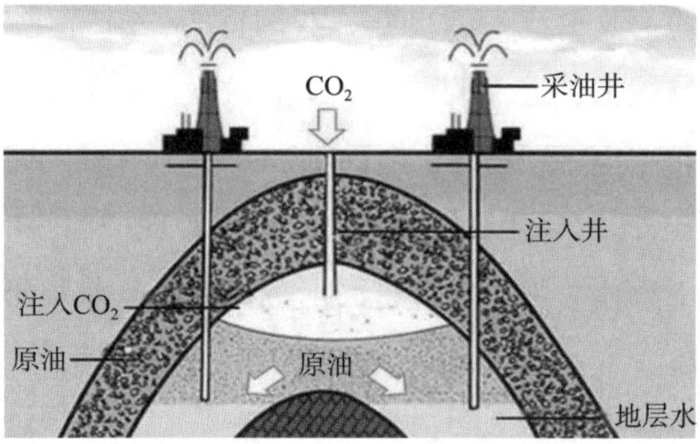

图 1.26 CO_2 驱油示意图

形成了 2.2 万吨 / 年的 CO_2 树脂生产能力，并开发了 CO_2 树脂在涂料、保温材料、薄膜等多个领域的应用。另外，我国 CO_2 利用在转化为食品或饲料方面已实现大规模商业化：转化为食品和饲料技术的 CO_2 利用量约 0.1 万吨 / 年，产值约 0.5 亿元 / 年；转化为生物肥料技术的 CO_2 利用量约 5 万吨 / 年，产值约 5 亿元 / 年；转化为化学品技术的 CO_2 利用量约 1 万吨 / 年，产值约 0.2 亿元 / 年；气肥利用技术的 CO_2 利用量约 1 万吨 / 年，产值约 0.2 亿元 / 年。

1.3.2.4 碳封存技术

碳封存是将捕获的碳进行安全存储，避免向大气排放，目前研究较多的方向为深海封存和地质咸水层封存，原理均为利用海水中和咸水层中丰富的钙、镁等离子和 CO_2 生成固态物质，从而进行封存。另外，枯竭油田、气田封存也是碳封存的重要研究方向。在碳封存研究方面，我国已进行全国 CO_2 地质储存潜力评价，研究结果表明我国 CO_2 地质储存主要空间类型为深部咸水层，潜力可观，陆上地质利用与封存技术的理论总容量为万亿吨级。工业规模化的咸水层封存项目也已启动，并完成了 10 万吨 / 年陆上咸水层 CO_2 地质封存示范。同时，CO_2 驱油与封存开展了多个工业试验，累计注入 CO_2 超过 150 万吨。海底咸水层封存及枯竭油田、枯竭气田封存技术也已完成中试设计。CCS 核心是碳封存，但 CCS 存在的最大问题是建设和运行成本较高。据已运行项目分析，全球商业化运营的 CCS 项目成本为 60 ~ 90 美元 / 吨碳，因此，直接封存将付出巨大经济代价。我国一次能源结构中化石能源消费占比高，如果不采用 CCUS 技术，要实现长期气候目标需要完全关闭燃煤及天然气发电，而我国经济正处在发展阶段，这将给经济社会发展造成更加巨大的影响。

近年来，全球各国正积极推进 CCUS 技术的发展和应用。2018 年，配有碳捕集与封存装置的美国 Petra Nova 煤电厂正式投运（装机容量为 240 兆瓦，年减排 100 万

吨 CO_2），成为首家实现碳减排的商业化电厂。同年，美国提出 CO_2 捕集与封存获得税收抵免 50 美元 / 吨，CO_2 驱油与封存获得税收抵免 35 美元 / 吨的优惠政策以推动 CCUS 技术发展。在 CO_2 清洁高效转化与利用方面，德国等国家在固体氧化物电解池（SOEC）技术方向上已取得一定的进展，其技术方案是利用可再生能源电力电解水和 CO_2 制取合成气、天然气以及液态燃料。我国也十分重视低碳技术，不断加快推进 CCUS 示范项目，如 2017 年陕西延长石油（集团）有限公司开展了 36 万吨 / 年 CO_2 捕集、管输、驱油和封存一体化示范，2018 年华润电力（海丰）有限公司开始施工建设碳捕集测试平台，陕西国华锦界能源有限责任公司燃煤电厂 15 万吨 / 年 CO_2 捕集装置等。陕西国华锦界能源有限责任公司燃煤电厂 15 万吨 / 年 CCS 示范项目，于 2019 年 11 月 1 日开工建设，2021 年 1 月安装建设完成，并通过 168 小时试运行，连续生产出纯度 99.5% 的工业级合格液态 CO_2 产品，成功实现了燃煤电厂烟气中 CO_2 大规模捕集，成为目前国内规模最大的燃煤电厂燃烧后 CO_2 捕集与驱油封存全流程示范项目。该项目依托锦界电厂 1 号 600 兆瓦亚临界机组，集成新型吸收剂、增强型塑料填料、降膜汽提式再沸器、超重力再生反应器、高效节能工艺等新技术新工艺，开展先进的燃煤电厂化学吸收法 CO_2 捕集技术研究，形成了适用于我国燃煤电站烟气 CO_2 高效低能耗捕集的新技术体系。

与国外相比，中国 CCS/CCUS 技术起步较晚，还处在发展初期阶段，技术发展相对不平衡，在 CCUS 技术的研发和应用上还存在一些问题，如图 1.27 所示。同时，

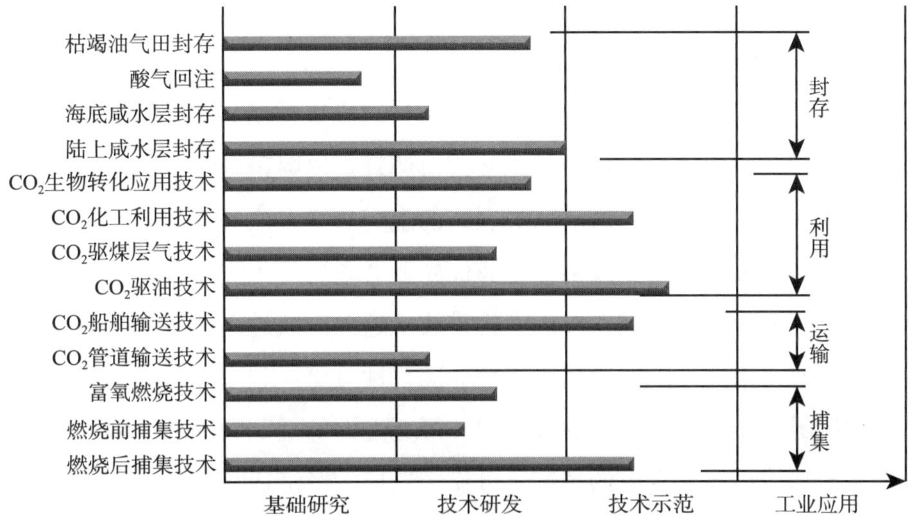

图 1.27　中国 CCUS 各环节技术发展水平

CCUS 技术在缺乏相关政策的支持下，其应用将会存在较大的经济风险。现有 CCUS 技术付出的能耗代价将使热转功效率下降 6%～15%，成本增加约 30%，而 CO_2 回收利用的方式存在规模偏小，不能满足当前 CO_2 大规模减排的迫切压力的弊端。优化碳排放源—捕集—压缩—运输—利用 / 封存全工艺流程，减少 CO_2 捕集能耗，提高系统能量利用效率，降低 CO_2 捕集成本，是推动 CCUS 技术从研发到应用的必要环节。

综上，世界各国在 CO_2 捕集、CO_2 驱油、CO_2 封存和 CO_2 利用等方面取得了进展，但在商业化方面仍存在一定困难。

1.4 煤炭清洁高效转化技术发展对策与建议

未来 20 年，我国仍将是全球煤炭资源开发利用大国，但煤炭在能源消费结构中的比重将持续降低，煤炭消费总量将步入平台期，燃煤发电将成为主要的用煤领域。受地区和企业间洁净煤技术发展不平衡、核心技术自主创新能力短板、管理机制与政策环境不完善、科技投入与人才培养有待加强等多重因素制约，当前我国尚未实现煤炭的清洁高效利用，但在部分洁净煤技术的研发、装备制造和工程示范等方面已取得全球领先水平，特别是在 700℃超超临界发电技术、先进 IGCC/IGFC 技术以及煤炭深加工技术产业化方面已具有一定的国际竞争力，因此，亟待面向 2035 重点发展洁净煤前沿技术。

1.4.1 煤炭清洁高效转化技术发展对策

1. 加快调整用煤结构与产业，前瞻规划洁净煤技术与煤炭产业的长远发展

加强国家中长期煤炭发展的顶层设计，保持洁净煤技术相关政策的连续性和有效性，规范技术创新的周期性与煤炭能源政策协调管理。财税政策需向用煤结构优化与节能提效方面倾斜，开展煤炭清洁高效利用的配套法律、法规、政策及环保激励机制研究，建立完善的市场激励手段引导企业优先发展和运用先进洁净煤技术。持续提升发电用煤效率，逐步管控燃煤发电污染物排放从超低排放进入近零排放时代。建立清洁高效利用产业“用煤”的行业技术选择标准，针对煤炭利用与转化效率、污染物排放和碳排放情况建立洁净煤技术的备选库、可行性评价规范和补贴标准，通过规范化技术管理实现洁净煤技术发电的持续、可靠、达标、经济运行。基于碳市场交易、碳排放的政策引导，将 CCUS 技术成本转移至最终消费端，提升 CCUS 技术的经济可行

性。积极引导先进煤化工、煤炭分质分级利用，研究“低阶煤制氢”“煤基燃料电池发电”（图 1.28）等技术，为未来煤炭的更大规模充分利用提供可能。

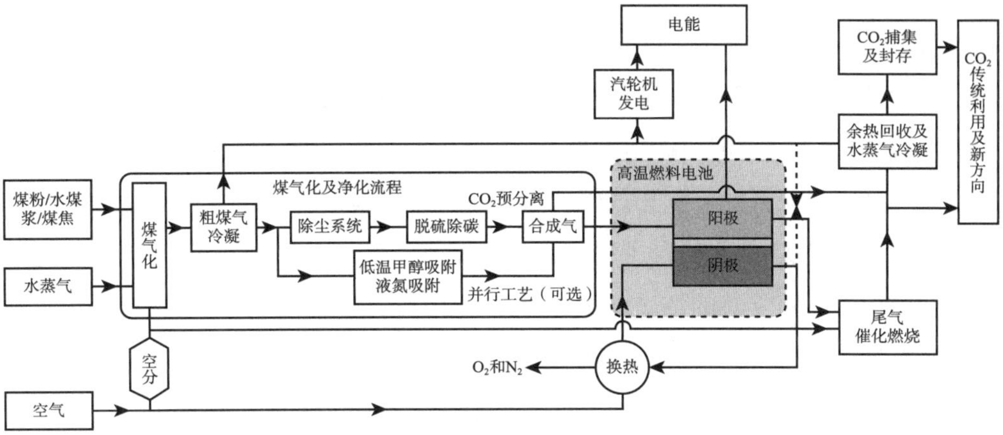

图 1.28 煤基燃料电池发电流程

2. 优先发展适应国情的煤炭深加工技术路线，科学布局现代煤化工产业

提高煤炭深加工用煤质量，降低燃料用煤比例；优先发展适应中国国情的煤炭分级利用技术，深入研究煤质与气化炉的适用性，开展低阶煤提质、煤炭气化、新型催化剂等关键技术攻关；建立现代煤化工产业合理布局的评价体系，对建成示范的煤制油、煤制烯烃、煤制气等技术方案开展综合评价，优化深加工技术及产业发展路径，淘汰污染大、效率低的落后煤化工项目。协调地方政府加强监管力度，完善现代煤化工标准规范和环境审批流程。对具有自主知识产权的煤化工技术、装备研发和示范情况开展科学评估，特别是开展对成套技术装备的向外输出潜力分析，推动煤炭深加工产业“走出去”，开拓国外煤炭资源与市场。

3. 依托重大科研项目，积极部署颠覆性技术研发与工程示范

加强清洁高效燃煤发电、低污染物排放和碳减排等洁净煤技术研发的政策扶植，明确煤炭清洁高效转化与利用技术的重点发展方向，鼓励企业与研究机构联合开展煤炭清洁高效发电技术研发与工程示范。加快开展燃煤电站超低排放、IGCC/IGFC、700℃超超临界、CCUS 等先进技术的研发和示范，并在产业政策上给予支持。设立洁净煤技术发展专项基金，集中攻关一批制约煤炭清洁利用和低碳转化的基础性问题。建立国家洁净煤技术研发清单，制定合理的研发目标和分阶段实施的研发计划，引导企业加强洁净煤技术研发，基于技术发展、装备研发规律，建立企业洁净煤技术研发

的扶植和激励政策。

4. 提升全产业链煤炭清洁高效利用水平，加强技术创新的人才制度保障

建立以绿色煤炭资源为基础的煤炭资源精准开发利用模式，制定绿色煤炭资源评价相关行业技术标准。通过提升绿色矿区煤炭资源基数和产量比重，从投入端开始，实现全产业链用煤质量和煤炭清洁高效利用水平提升。通过前端绿色煤炭资源安全高效开发及洗选加工来保障后端利用清洁。探寻依托煤炭资源优势，降低煤炭清洁利用成本，同时减少煤炭开发、利用或转化过程对环境影响的煤炭工业发展优化路线。加强对洁净煤技术创新人才的自主培养，通过行业、企业、院校合作，形成本科－硕士－博士连续性、跨学科的洁净煤工程科技人才培养通道，以适应煤炭新兴产业技术创新引领发展需求为培养目标，鼓励有煤炭背景的大专院校设立煤炭清洁高效利用工程基础研发与科研管理相关的专业方向，采取优先录取和专业学费减免的政策，并充分发挥大型企业在洁净煤新技术研发、应用和推广的主体作用与资源集聚优势，与大专院校合作，为相关企业定向、联合培养洁净煤领域的专业技术人才。

1.4.2　煤炭清洁高效转化技术发展建议

能源是人类社会赖以生存和发展的物质基础。我国油气资源严重不足，原油和天然气对外依存度不断攀升、煤炭清洁高效转化利用势在必行，这种能源结构和现状决定了我国未来必须发展煤制油、煤制天然气、煤制烯烃、煤制芳烃、煤制乙二醇等现代煤化工技术。本书在坚持创新、坚持示范、坚持合作、科学发展的煤清洁高效转化原则基础上，提出 3 个方面具体建议。

1. 国家政策方面

政府应该明确发展的战略定位，加强煤炭清洁利用政策支持力度；通过优势科技资源整合，加强自主创新平台建设，建立“政产学研用”一体化的科技创新模式；加强基础研究和技术攻关，加大对关键共性技术的支持力度，促使企业真正成为技术创新、研发投入和成果转化的主体，促进有利于创新发展的市场环境形成。

2. 产业化方面

以绿色低碳为方向，着力推进重大技术研究和重大技术装备项目，切实把示范项目作为实现技术国产化、知识产权自主化和市场竞争力的标杆，带动产业升级。

3. 国际合作方面

积极响应国家“一带一路”倡议，努力争取“一带一路”周边国家和地区的优势

资源，加强国际合作和关键技术开发力度，践行“引进来”与“走出去”相结合的战略，推进成果转化和技术输出，开拓国际市场。

1.4.3 CCUS 技术的发展建议

我国 CO_2 减排技术取得重大革新与突破，应把 CCUS 技术作为一项重大的战略性储备技术，加大对 CCUS 技术路线的科技攻关和投入，制定合理的发展战略规划和行动计划，促进其良性发展。为此，建议 CCUS 技术路线的发展可分阶段实施，其战略步骤如下。

第一阶段，搭建国家产学研科技示范平台，组织科技攻关，对主要的大规模 CO_2 矿化利用技术路线进行规模化实验，提出有关技术经济参数，对工程项目进行商业化可行性研究论证。开展对氯化镁和石膏等 CO_2 矿化资源，如分布、数量、品质，进行资源量的调查研究，对高纯度 CO_2 排放源进行资源分布和资源量的调查研究，全面掌握矿化资源与 CO_2 资源的种类、品质、地域分布特点。

第二阶段，组建 CO_2 矿化利用产业联盟，开展技术集成与示范工程。组织跨产业部门的技术集成与工业化 CCUS 技术试验与示范。先从精细化工、煤化工以及天然气开发过程中产生较高纯度 CO_2 的部门开始实施 CO_2 矿化利用工程（图 1.29），进行 CO_2 矿化利用工业示范和商业模式的探讨。

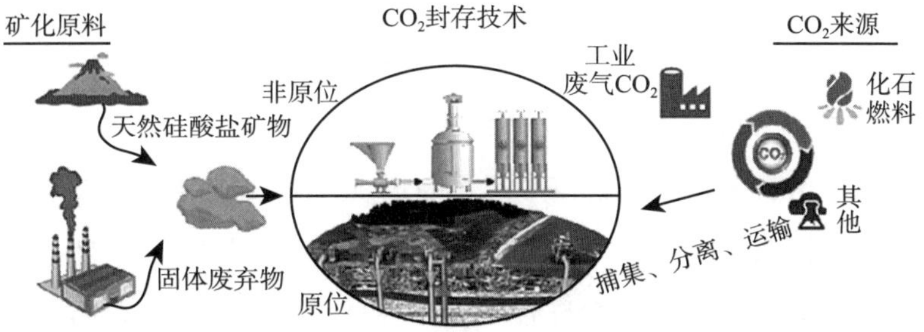

图 1.29 CO_2 矿化利用工程

第三阶段，全面实施工业化的 CO_2 矿化的 CCUS 路线。组织开展燃煤电厂的 CO_2 捕捉工程，逐步延伸到钢铁、水泥、化工等高排放行业，展开全面的工业化的 CO_2 处理提纯、矿化，打造 CCUS 产业链，以更好地实现将 CO_2 作为资源进行高效转化利用并大规模工业化应用。要根据我国 CO_2 排放源和 CO_2 矿化资源总体分布特征，规划我国 CCUS 发展战略的整体布局，在全国范围内科学推广 CO_2 矿化利用技术。

1.5 煤炭与多产业融合发展

“双碳”目标下，现代煤化工产业的绿色、低碳转型要有系统思维，注重多产业融合、协同发展，努力探索以 CO_2 减排为目标的产业新发展、新路径、新模式，包括与石油化工、天然气化工、生物化工、冶金建材等产业耦合发展，发挥差异化特色，实现能耗、物耗最优。例如，钢厂尾气中的 CO 和 H_2 是重要的化工原料气，如果采用煤制乙醇等工艺的现代煤化工企业临近钢厂，就可利用其尾气资源，省略煤气化工段，降低煤化工企业生产成本，并可有效减少 CO_2 排放，取得显著的经济效益和环境效益。

在推动与新能源–氢能产业融合发展方面，现代煤化工应发挥自身优势，打破行业壁垒，积极布局绿电–绿氢–储氢/储能–煤化工一体化发展工业示范基地。随着中央经济工作会议明确“新增可再生能源和原料用能不再纳入能源消费总量控制”后，必将催生“绿电”“绿氢”的实践应用，促进产业系统降低碳排放。一方面，应充分利用厂区厂房屋顶、空余场地等闲置空间，积极开发分布式光伏，积极开发“风光储”综合能源等项目，提高绿电使用比例；另一方面，应积极开展煤化工与新能源制氢的耦合研究，使用“绿氢”部分替代煤制氢。近年来，随着 CO_2 化工利用技术的不断革新进步，尤其在“双碳”背景下，煤化工与碳捕集及“绿氢”技术的耦合发展也逐渐呈现出一定的良好态势，部分技术已完成了示范或中试，如重整制备合成气，合成可降解聚合物、有机碳酸酯，合成甲醇、合成聚合物多元醇等。CO_2 电催化还原合成化学品、CO_2 光催化转化等新技术的不断涌现，为现代煤化工未来绿色、低碳转型发展提供了新的机遇与发展动力，也可助力国家“双碳”目标的如期实现。

能源清洁化是国际大趋势，全球各国根据各自的资源禀赋，布局了可再生能源发展计划，例如法国主推核能，英国发展海上风电，都希望实现能源清洁化。我国正处于从高碳到低碳、无碳的过渡期。现代煤化工以替代石油路线为基本目标，使用煤炭生产化学品，包括醇、醚、醛、酸、芳烃、烯烃下游含氧化合物等。在原料和路线的选择上，要高度重视低阶煤的清洁高效利用。另外，要进一步加强顶层设计，以现代化、大型化、分质联产化、多原料化、标准化和智能化的理念，按照“能源发展替代互补与化工产品高效高值”的思路，“高效利用、耦合替代、多能互补、规模应用”的路线，大力发展中国能源体系下的现代煤化工，找准行业定位，加快补齐短板，根据自身特点比选产品、降低成本，耦合技术路线、优化系统，形成自身特色，实现对煤炭的清洁高效利用。

参考文献

[1] Globe CCS Institute. Globe status of large-scale intergrated CCS project [Z]. 2012.

[2] IEA. CCUS projects explorer [EB/OL].（2023-03-24）[2023-03-28]. https://www.iea.org/data-and-statistics/data-tools/ccus-projects-explorer.

[3] IEA. Energy Technology Perspectives 2020：Special Report on Carbon Capture Utilisation and Storage 2020 [Z]. 2020.

[4] LU K，YANG L，BAI Y，et al. Experimental investigation and theoretical modeling on scale behaviors of high salinity wastewater in zero liquid dis charge process of coal chemical industry [J]. Chinese Journal of Chemical Engineering，2020，28（4）：969-979.

[5] Petroleum，Review，and Group. Two steps forward，one step back [J]. Petroleum Review，2018，72（TN. 856）：8.

[6] ZHANG X，WANG D，LIU Y，et al. Characteristics and ozone formation potential of volatile organic compounds in emissions from a typical Chinese coking plant [J]. Journal of Environmental Seiences，2020，95：183-189.

[7] 蔡博峰，李琦，张贤，等. 中国二氧化碳捕集利用与封存（CCUS）年度报告（2021）——中国 CCUS 路径研究 [R]. 生态环境部环境规划院，中国科学院武汉岩土力学研究所，中国 21 世纪议程管理中心，2021.

[8] 陈贵锋. 洁净煤技术新发展与重点方向 [C]// 中国煤炭学会. 中国煤炭学会成立五十周年高层学术论坛论文集. 2012：183-189.

[9] 陈继军. 中国煤化工的百年叱咤风云之路 [EB/OL].（2019-01-03）. https://hxny.com/nd-40312-0-8.html.

[10] 程晓磊，张鑫. 现代煤气化技术现状及发展趋势综述 [J]. 煤质技术，2021，36（1）：1-9.

[11] 高建辉. 国内外型焦生产工艺及发展前景 [J]. 煤化工，2004（4）：8-12.

[12] 国家能源局. 百万吨级煤直接制油系列关键装备国产化 [EB/OL].（2019-05-04）. https://www.nea.gov.cn/2019-05/06/c_138037326.htm.

[13] 韩文科，杨玉峰，苗韧，等. 当前全球碳捕集与封存（CCS）技术进展及面临的主要问题 [J]. 中国能源，2009，31（10）：5-6.

[14] 胡迁林，赵明. “十四五”时期现代煤化工发展思考 [J]. 中国煤炭，2021，47(3)：2-8.

[15] 科技导报. “双碳”愿景下的能源技术变革 [EB/OL]. [2023-11-03]. https://www.163.com/dy/article/IIKPN5970511DC8A. html.

[16] 科学技术部社会发展科技司. 中国碳捕集、利用与封存（CCUS）技术发展路线图研究

[M]. 北京：科学出版社，2012：66–73.

[17] 李寿生. 现代煤化工要从四方面求新突破 [N]. 中国能源报，2017–10–09.

[18] 刘朝全，姜学峰，吴谋远. 2021 年国内外油气行业发展报告 [M]. 北京：石油工业出版社，2022：15–26.

[19] 刘克峰，刘陶然，蔡勇，等. 二氧化碳捕集技术研究和工程示范进展 [J/OL]. 化工进展，1–15 [2024–01–14]. https://doi.org/10.16085/j.issn.1000–6613.2023–0730.

[20] 刘瑞春，牛犇，张君涛，等. 煤热解工艺及其增油技术研究进展 [J]. 现代化工，2022，42（7）：37–41.

[21] 刘中民. 现代煤化工是煤炭清洁高效利用重要途径 [J]. 中国石油企业，2023（6）：10.

[22] 罗克研. 从"限塑令"到"禁塑令"[J]. 中国质量万里行，2020（10）：71–73.

[23] 彭斯震. 国内外碳捕集、利用与封存（CCUS）项目开展及相关政策发展 [J]. 低碳世界，2013（1）：18–21.

[24] 彭苏萍. 煤炭资源强国战略研究 [M]. 北京：科学出版社，2018：56–59.

[25] 彭苏萍，张博，王佟. 煤炭资源可持续发展战略研究 [M]. 北京：煤炭工业出版社，2015：107–110.

[26] 秦积舜，李永亮，吴德斌，等. CCUS 全球进展与中国对策建议 [J]. 油气地质与采收率，2020，27（1）：20–28.

[27] 全球碳捕集与封存研究院. 全球碳捕集与封存现状（2022）[EB/OL].（2022–10–17）[2023–03–10]. https://www.globalccsinstitute.com/news–media/events/global–status–of–ccs–2022–report–launch–americas–europe–and–mena/.

[28] 帅永，赵斌，蒋东方，等. 中国燃煤高效清洁发电技术现状与展望 [J]. 热力发电，2022，51（1）：1–10.

[29] 宋锦玉，宋官龙，闫玉玲，等. 我国以煤炭为原料的 MTG 生产现状 [J]. 现代化工，2017，37（12）：5–8.

[30] 孙旭东，张博，彭苏萍. 我国洁净煤技术 2035 发展趋势与战略对策研究 [J]. 中国工程科学，2020，22（3）：132–140.

[31] 汪寿建. 现代煤化工技术进展趋势及应用综述 [J]. 化工进展，2016，35（3）：653–664.

[32] 王国法，李世军，张金虎，等. 筑牢煤炭产业安全奠定能源安全基石 [J]. 中国煤炭，2022，48（7）：1–9.

[33] 王红妍，马子然，马静，等. 煤制烯烃行业挥发性有机物控制技术进展 [J]. 现代化工，2022，42（10）：56–61.

[34] 王琦，杨志宾，李初福，等. 整体煤气化燃料电池联合发电（IGFC）技术研究进展 [J]. 洁清煤技术，2022，28（1）：77–83.

[35] 王双明. 对我国煤炭主体能源地位与绿色开采的思考 [J]. 中国煤炭，2020，46（2）：11–16.

[36] 王学云，胡发亭，王光耀. 煤间接液化合成油技术研究现状及展望 [J]. 洁净煤技术，

2020，26（1）：110–120.
[37] 卫小芳，王建国，丁云杰. 煤炭清洁高效转化技术进展及发展趋势［J］. 中国科学院院刊，2019，34（4）：409–416.
[38] 魏飞. 流化床煤制芳烃技术（FMTA）［C］// 中国科学技术协会学会学术部. 第十八届中国科协年会——分 8 煤化工精细化发展论坛论文集. 2016：178.
[39] 魏贤勇，宗志敏，孙林兵，等. 重质碳资源高效利用的科学基础［J］. 化工进展，2006，25（10）：1134–1142.
[40] 谢和平，刘虹，吴刚. 中国未来二氧化碳减排技术应向 CCU 方向发展［J］. 中国能源，2012，34（10）：15–18.
[41] 谢和平，谢凌志，王昱飞，等. 全球二氧化碳减排不应是 CCS，应是 CCU［J］. 四川大学学报（工程科学版），2012，44（4）：1–5.
[42] 谢克昌. 中国煤炭清洁高效可持续开发利用发展战略研究［M］. 北京：科学出版社，2014：20–22.
[43] 谢克昌. “乌金”产业绿色转型［J］. 中国煤炭工业，2016（2）：6–7.
[44] 谢克昌. 煤炭清洁高效利用是必然选择［J］. 中国石油企业，2022（10）：14–15.
[45] 谢克昌，王永刚，田亚峻. 煤炭清洁转化总论［M］. 北京：化学工业出版社，2024.
[46] 新华网. 中共中央 国务院关于完整准确全面贯彻新发展理念做好碳达峰碳中和工作的意见［EB/OL］.（2021–10–24）. http://www.news.cn/2021–10/24/c_1127990632.htm.
[47] 闫泽. 浅析碳中和政策影响下发展现代煤化工的思路［J］. 当代化工研究，2021（2）：8–9.
[48] 严晓辉，杨芊，高丹，等. 我国煤炭清洁高效转化发展研究［J］. 中国工程科学，2022，24（6）：19–25.
[49] 杨锦琦. 我国碳捕集利用与封存（CCUS）发展现状、问题及对策研究［J］. 中国科技经济新闻数据库，2016（13）：107–108.
[50] 杨明莉，徐龙君，鲜学福. 煤基炭素活性材料的研究进展［J］. 煤炭转化，2003，26(1)：26–31.
[51] 袁亮. 煤炭工业碳中和发展战略构想［J］. 中国工程科学，2023，25（5）：103–110.
[52] 张博，彭苏萍，王佟，等. 构建煤炭资源强国的战略路径与对策研究［J］. 中国工程科学，2019，21（1）：88–96.
[53] 张红旭，刘蝈蝈，俞佳枫，等. 煤经草酸酯制高价值含氧化学品的技术进展［J］. 燃料化学学报（中英文），2003，51（11）：1576–1592.
[54] 张俊凤. 关于提高工业废水可生化性的方法探讨［J］. 山西科技，2014，29（3）：124–125.
[55] 张亚雄. 推进“双碳”，煤炭行业并非夕阳产业［N］. 光明日报，2022-07-02（9）.
[56] 张玉卓. 中国神华煤直接液化技术新进展［J］. 中国科技能源，2006，2：32–35.
[57] 赵荣钦，丁明磊，黄贤金. 中国碳捕集、利用与封存技术的政策体系研究［J］. 国土资

源科技管理，2013，30（3）：116–122.
[58] 中国工程科技发展战略研究院. 2019 中国战略性新兴产业发展报告 [M]. 北京：科学出版社，2019：2–31.
[59] 中国经济网. 乌金赋能 [EB/OL]. (2022–09–08). http://www.ce.cn/xwzx/gnsz/gdxw/202209/08/t20220908_38091193.shtml.
[60] 中国煤炭工业协会. 2018 煤炭行业发展年度报告 [R]. 北京：中国煤炭工业协会，2019.
[61] 中国煤炭工业协会. 2019 煤炭行业发展年度报告 [R]. 北京：中国煤炭工业协会，2020.
[62] 中国煤炭工业协会. 2020 煤炭行业发展年度报告 [R]. 北京：中国煤炭工业协会，2021.
[63] 中国煤炭工业协会. 2021 煤炭行业发展年度报告 [R]. 北京：中国煤炭工业协会，2022.
[64] 中华人民共和国国家发展和改革委员会. “十四五”现代能源体系规划 [EB/OL]. (2022–01–29). https://www.ndrc.gov.cn/xxgk/zcfb/ghwb/202203/t20220322_1320016.html?code=&state=123.
[65] 庄贵阳. 哥本哈根气候博弈与中国角色的再认识 [J]. 外交评论（外交学院学报），2009，26（6）：13–21.

第2章

煤炭清洁高效转化产业技术发展趋势与需求分析

2.1 发展趋势

能源是社会与经济发展的物质基础，世界各国均高度重视能源安全，竭力发展能源技术，保障能源供给。虽然每个国家的资源储量不同，发展方向各有侧重，但能源清洁化是共同的发展趋势。

“十四五”以来，全国新增煤炭产能6亿吨/年左右。全国原煤产量分别于2021年、2022年跃上41亿吨、45亿吨台阶，2023年达到47.1亿吨，年均增长4.5%；原煤占我国一次能源生产总量的比重始终保持在65%以上。2023年煤炭进口量达到4.74亿吨，比2020年增加1.7亿吨。

我国是世界上最大的能源消费国，2023年能源消费总量达57.2亿吨标准煤，比上年增长5.7%，其中煤炭消费量占能源消费总量的55.3%，比上年下降0.7个百分点（图2.1）。世界能源理事会《世界能源远景：2050年的能源构想》指出，到2050年，煤炭在一次能源消费中仍将发挥十分重要的作用。

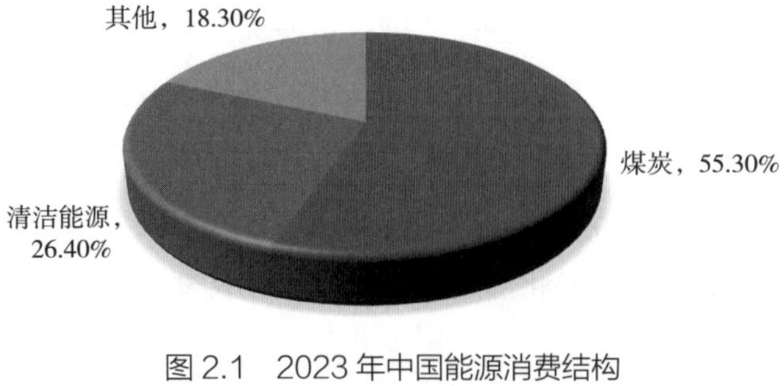

图2.1　2023年中国能源消费结构

煤炭是我国重要的基础能源和化工原料，为国民经济发展和社会稳定提供了重要支撑。目前，煤炭的主要利用方式是直接燃烧发电和工业供热，总体上效率较低、污染较重，这不仅造成了巨大资源浪费，而且导致严重的环境污染和温室气体 CO_2 的大量排放。我国石油和天然气的探明可采储量仅为世界人均值的 10% 和 3%。2022 年，进口原油 5.08 亿吨，同比下降 0.9%，这是我国自 1991 年以来石油消费量首次负增长；进口天然气 1.09 亿吨，同比下降 9.9%；生产原煤 45 亿吨，同比增长 9.0%；进口煤炭 2.9 亿吨，同比下降 9.2%。未来我国油气能源的高对外依存度态势仍将长期存在。随着我国经济的快速发展，石油、天然气供应缺口逐年加大，势必影响我国经济的可持续发展，也将造成能源供给的安全隐患。煤炭清洁高效转化，不仅可以缓解我国能源供应紧张局面，保障国家能源安全，也是构建我国清洁低碳、安全高效的能源体系的必然选择。能源生产既要优存量，推动煤炭清洁高效开发利用；也要拓增量，提升可再生能源比重。国家发布一系列产业政策文件，如《能源技术创新“十三五”规划》《煤炭深加工产业示范“十三五”规划》《煤炭清洁高效利用行动计划（2015—2020 年）》《能源技术革命创新行动计划（2016—2030 年）》等，将煤炭高效清洁利用提升为我国当前能源发展的基本战略。科技部组织专家规划的“科技创新 2030—重大项目”更是明确将“推进煤炭高效清洁利用”作为主要任务。

2.1.1 煤炭清洁高效利用发展现状

2.1.1.1 煤炭洗选发展现状

煤炭洗选加工是煤炭清洁高效利用的前提和基础，可改善和稳定煤质，满足不同设备的用煤需求，提高后续煤炭利用效率，减少利用过程中的污染物排放。我国原煤入选率从 2015 年的 66% 提高到了 2021 年的 71.7%，煤炭洗选技术和装备达到国际先进水平，基本满足不同厂型、不同性质和不同用途原煤洗选需要。随着“两化融合”、互联网 +、云计算、大数据的发展，部分选煤厂智能化已经进入实施阶段，正向大型化和智能化方向发展，但也存在一些需要进一步解决的问题。例如，精细化洗选精度不足，中煤和尾煤再选、细粒煤和粗煤泥分选、有机硫高效脱除及全粒级干法选煤等精细化分选技术水平亟待提高；装备的大型化、智能化能力仍不足，大型化装备仍存在运行不稳定、材料不过关等诸多问题，智能化工艺过程模型及控制算法多处于理论研究阶段，行业内选煤厂的信息化应用差距比较明显；部分选煤厂的洗选精准性和产品定制化水平有待提高。

2.1.1.2　煤炭作为燃料发电的发展现状

发电用煤占全国煤炭总消费的比重超过一半，2021 年全国煤电装机占比 46.7%，发电量占比约 60%。我国清洁高效燃煤发电技术处于世界领先水平，燃煤机组参数、机组数量、能效指标、污染物排放指标均进入世界先进行列，燃煤机组大气污染物排放执行世界最严格标准。燃煤电厂供电煤耗由 2015 年的 315 克标准煤 / 千瓦时降低到 2021 年的 302.5 克标准煤 / 千瓦时，最先进的燃煤电厂供电煤耗达到 260 克标准煤 / 千瓦时以下。截至 2021 年年底，达到超低排放限值的煤电机组约 10.3 亿千瓦，占全国煤电总装机容量的 93%。尽管煤电行业在节能降耗、超低排放、碳减排等方面已取得显著成效，但仍是煤炭消费量和 CO_2 排放量最大的行业，IGCC 仍不具竞争力，碳捕集利用技术仍停留在示范阶段，部分机组存在能耗偏高、灵活调节能力不足等问题。传统燃煤发电技术基本原理已固化，700℃等级材料研发和发电技术进展缓慢。

2.1.1.3　煤炭作为原料清洁转化的发展现状

煤炭作为原料清洁转化是我国未来一段时间煤炭清洁高效利用的重要方向和转型升级的重要路径。我国煤炭清洁转化已经进入商业化发展阶段，煤炭清洁转化关键技术全面突破，气化技术已经处于国际水平（单炉投煤量达到 3000 ~ 4000 吨 / 天），煤制烯烃（单系列甲醇合成规模达到 180 万吨 / 年）、煤制芳烃（建成万吨级中试试验装置）、低温费托合成（建成百万吨级工业化示范项目）、煤制乙二醇技术处于国际领先水平，关键大型装备和特殊催化剂等逐步实现国产化，单位产品水耗、煤耗不断降低，很多项目已实现污水“近零”排放，产业化、园区化、基地化格局初步形成。

对标《高耗能行业重点领域能效标杆水平和基准水平（2021 年版）》，煤化工各产业的能效水平发展不一，节能降碳改造升级潜力较大，见表 2.1。现代煤化工产业仍处于示范期，发展初期投资、成本高，产品存在同质化问题，产能快速增长和产品竞争力不强的矛盾突出，在原料煤价格升高及中低油价下的竞争力降低。焦化深加工规模效应及上下游产业链延伸能力不足，焦炉煤气、焦油、粗苯等无法实现根据下游产业需求进行有效的调配，煤焦化深加工水平有待进一步提高。煤化工的碳排放具有单个排放源排放强度大、生产工艺过程中碳排放浓度高的特征，在当前“双碳”目标背景下，煤化工行业高碳排的发展模式将不可持续，且面临巨大挑战。

表 2.1　煤化工各产业能效水平

产业名称	基准水平 /（千克标准煤 / 吨）	低于基准水平产能占比 /%	标杆水平 /（千克标准煤 / 吨）	低于标杆水平产能占比 /%
煤制合成氨	优质无烟块煤为原料：1350 非优质无烟块煤、型煤为原料：1520 粉煤为原料：1550	7	优质无烟块煤为原料：1100 非优质无烟块煤、型煤为原料：1200 粉煤为原料：1350	19
煤制甲醇	褐煤为原料：2000 烟煤为原料：1800 无烟煤为原料：1600	25	褐煤为原料：1550 烟煤为原料：1400 无烟煤为原料：1250	15
煤焦化	顶装焦炉：135 捣固焦炉：140	40	顶装焦炉：110 捣固焦炉：110	2
煤制烯烃	3300	48	2800	0
煤制乙二醇	1350	25	1000	40

2.1.1.4　煤炭分散清洁燃烧发展现状

煤炭分散利用包括中小型工业炉窑以及民用分散燃烧。电代煤、气代煤成果显著，在清洁取暖不能覆盖的区域，采取民用清洁炉具与专用清洁燃料配套销售方式实现清洁燃烧。清洁高效燃煤工业锅炉正向大容量、高能效、低排放方向发展。在借鉴燃煤电厂超低排放经验和技术路线的基础上，我国已生产了具有自主知识产权的高效煤粉工业锅炉、水煤浆锅炉等，燃料密闭运输无污染，自动化运行实现无人值守，锅炉效率大幅度提高，污染物排放与燃气工业锅炉相当。根据初步调研和估算，除电力、冶金、建材、炼焦、化工等集中用煤以外的分散用煤量由 2015 年的 6 亿吨减少到 2021 年的 2.6 亿吨左右，相应减少 CO_2 排放 6.46 亿吨以上。但是民用清洁炉具配套专用清洁燃料还存在一些问题亟须解决，包括：现有民用型煤存在燃料质量不稳定、燃烧取暖效果差等问题；部分炉具产品质量良莠不齐，民用炉具产品质量和性能亟待提高，能效提升仍存在较大空间；存在燃料和炉具不配套现象，污染物排放受燃料质量和炉具燃烧技术影响显著，减排效果参差不齐。

2.1.1.5　低阶煤分质利用发展现状

低阶煤分质利用能够实现煤中不同性质组分的高效回收和精细化利用，是煤炭深度清洁利用的重要技术载体和保障。低阶煤约占我国煤炭保有资源储量的 46%，产量约占我国煤炭产量的 50% 以上。由于煤炭开发向西部转移，该产量比例持续上升。截至2019年年底，我国已建成低阶煤热解工业化项目8个，550万吨/年煤炭加工能力，核心技术处于中试或工业化示范阶段，开发了低阶煤提质（Low-rank Coal Conversion，LCC）、多段回转炉（Multi-Rotary Furnace，MRF）、内构件错流床等气体热载体以及煤固体热载体法快速热解技术（DG）（图2.2）等多种工艺，并形成了粉煤热解气化一体化（Coal to Coal-tar and Syngas Integration，CCSI）、煤气热载体分段多层低阶煤热解成套工业化（SM-GF）（图2.3）等新一代小粒度煤热解技术。但也存在热效率低、煤气热值较低、粉尘易沉积堵塞、细焦粒与焦油分离困难、半焦利用效率低等问题，技术距离工业化应用仍存在差距。

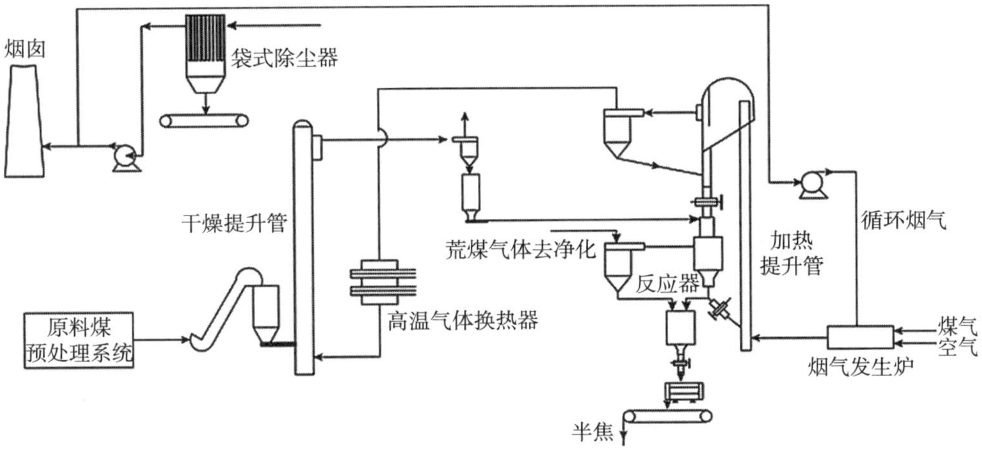

图2.2　DG煤热解工艺流程

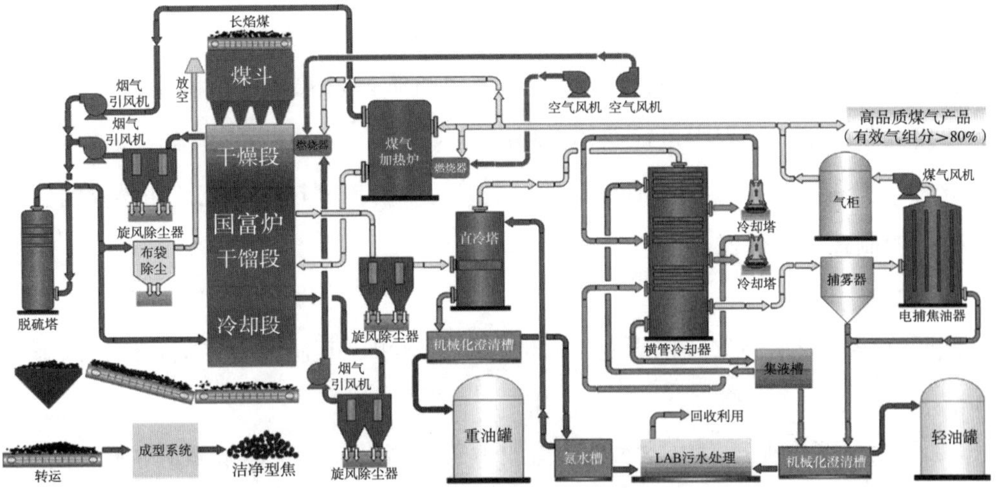

图2.3　煤气热载体分段多层低阶煤热解成套工业化技术流程

2.1.2　国内外煤炭清洁高效转化研究概况

煤炭是世界一次能源的重要组成部分，2023 年煤炭占全球能源消耗的 32%（196 艾焦），天然气占 26%（164 艾焦）、石油占 23%（144 艾焦）。煤炭又是容易产生污染的高碳能源，在为社会作出巨大贡献的同时，在其开采、加工、储运和使用过程中，有可能产生环境污染和碳排放问题。世界各国在煤炭利用过程中，采取了相应的清洁转化技术，以高效、洁净地利用煤炭。

2.1.2.1　国外煤炭清洁高效转化研究

1. 美国

2023 年美国能源消耗量为 94 万亿英热单位，较 2022 年下降了 1%。其中，化石燃料（石油、天然气和煤炭）占据了总能源消费的近 83%，而非化石燃料能源（包括可再生能源和核能）则占 17%。石油继续作为美国消费最多的燃料，连续 73 年保持这一地位，而可再生能源消费量在近 140 年首次超过了煤炭。美国在煤炭清洁高效转化研究方面处于领先地位，其研究重点主要包括以下几个方面。

1）先进燃煤发电技术：美国致力于开发超超临界发电技术、整体煤气化联合循环发电技术等，以提高煤电效率。例如，超超临界发电技术通过提高蒸汽压力和温度，使锅炉释放出更大的能量。

2）煤化工技术：美国重视煤制油、煤制烯烃等煤化工技术的研究，旨在将煤炭转化为高附加值的液体燃料和化学品。例如，煤制油技术可以降低对石油的依赖，保障能源安全。

3）碳捕集、利用与封存技术：美国积极研究和部署 CCUS 技术，以减少燃煤发电过程中的二氧化碳排放。通过该技术，可以将生产过程中排放的二氧化碳进行提纯，并投入新的生产过程中进行循环再利用或封存。

此外，美国还注重煤炭清洁转化过程中的污染物控制技术研究，如燃烧前、燃烧中污染物控制技术的研发。

2. 欧盟

欧盟在煤炭清洁高效转化研究方面也有显著成果，其研究重点主要包括以下几个方面。

1）煤气化联合循环发电技术：欧盟致力于提高煤气化联合循环发电系统的效率，以减少煤炭利用过程中的污染物排放。

2）煤炭液化技术：欧盟也在积极探索煤炭液化技术，以将煤炭转化为液体燃料，降低对石油的依赖。

3）碳捕集及封存技术：欧盟将 CCS 技术视为实现电力生产零排放的关键技术之一，并在多个项目中进行了研究和示范。

此外，欧盟还注重煤炭与其他能源形式的联合利用，如煤和生物质及废弃物的联合气化或燃烧技术。

3. 日本

日本在煤炭清洁高效转化研究方面也有独到之处，其研究重点主要包括以下几个方面。

1）流化床燃烧技术：日本致力于开发高效的流化床燃烧技术，以提高燃煤发电的效率和环保性能。

2）煤气化联合循环发电及煤气化燃料电池联合发电技术：这些技术旨在通过煤气化过程提高煤炭的利用效率，并减少污染物排放。

3）煤炭液化技术：日本也在积极研究煤炭液化技术，以将煤炭转化为高附加值的液体燃料。

4. 其他国家

除了美国、欧盟和日本，其他国家也在煤炭清洁高效转化研究方面取得了不同程度的进展。例如，哥伦比亚大学的科学家成功开发出了一种新型固态煤“气化”技术，该技术可有效提高能源效率，并显著减少二氧化碳排放量。

总的来说，国外在煤炭清洁高效转化研究方面取得了显著进展，这些研究成果对于推动全球能源转型、实现低碳发展目标具有重要意义。

2.1.2.2　我国煤炭清洁高效转化发展现状

煤炭转化指采用化学方法将煤炭转化为气体、液体、固体产品或半产品，而后深加工为燃料和化工产品的工艺过程；相关技术按照工艺流程分为热解、气化、液化（直接和间接）等，按照终端产品形式分为煤制燃料、煤制化学品、相关污染物处理等。煤炭清洁高效转化主要指以传统煤化工为基础，以煤炭清洁高效转化为目标的现代煤化工。目前，我国煤炭清洁高效转化利用取得重大进展，系列示范工程建成投产并实现商业化运行；可替代石油消耗约 3000 万吨 / 年，成为保障能源安全的战略路径之一。

煤炭清洁高效利用有序推进，绿色低碳转型取得新成效。煤炭全生命周期清洁高效利用水平不断提升。煤炭深加工精细化程度不断提高，低阶煤干法分选技术工程应用实现新突破。煤电机组“三改联动”持续推进，全国煤电装机超低排放改造超过10.3亿千瓦，每千瓦时火力发电标准煤耗下降0.2%，燃煤电厂烟气污染排放控制保持国际领先水平，低阶煤分质利用、循环经济煤炭综合利用等项目稳步推进。煤矿甲烷排放制度逐步建立，低浓度瓦斯综合利用政策日趋完善。煤系共伴生资源综合利用技术不断进步，理念创新和产业实践取得积极进展，富油煤地下原位热解采油技术、绿色减碳地面瓦斯抽采综合利用项目等实现突破，煤基资源开发利用效能持续提升。煤炭加快向原料和燃料并重转变，现代煤化工向高端化、多元化、低碳化方向迈进，产业集聚化、园区化、基地化、规模化发展格局初步形成。2023年，煤制油、煤制气、煤（甲醇）制烯烃、煤制乙二醇产能分别达到931万吨/年、74.55亿立方米/年、1872万吨/年、1143万吨/年，产量分别为724万吨/年、63.35亿立方米/年、1725万吨/年、547万吨/年。

1. 产能和产量已具规模

通过近20年发展，我国先后建成了108万吨/年煤直接液化、60万吨/年煤制烯烃、400万吨/年煤间接液化等示范工程，拥有自主知识产权并实现了长周期安全稳定运行。2022年，我国煤制油、气、烯烃、乙二醇等产品总产量达2749.1万吨，比上年提高12.7%；年转化煤炭1.069亿吨标准煤，比上年提高9.2%；年营业收入合计2017.9亿元，比上年提高24%；利润总额131.9亿元，比上年提高58.9%。其中煤制油项目总产能维持在823万吨，装置平均利用率提高至89%，比上年提升6.4个百分点；煤制气总产能维持在61.25亿立方米，产能利用率为100.6%；煤制烯烃产能增加20万吨，总产能达到1772万吨，产能利用率为104.4%，比上年提高10.2个百分点；煤（合成气）制乙二醇新增产能280万吨，增幅达34.9%，总产能达到1083万吨。产业的发展对于缓解我国石油供应的严峻形势、实现石油化工原料替代与煤炭清洁高效利用、保障国家能源安全具有战略意义。

2. 园区化、基地化格局初步形成

根据国家产业规划布局，依托14个大型煤炭基地、9个大型煤电基地，构建了内蒙古鄂尔多斯、陕西榆林、宁夏宁东、新疆准东4个现代煤化工产业示范区，山西、河南、安徽淮南、贵州毕节、湖北荆州等散状布局点，以东部沿海为外延的集约化产业发展格局。根据国家“十四五”规划纲要，2021年新增了山西晋北、新疆哈密两个煤制油气基地。目前，园区化、集群化、基地化的产业格局初步形成，多数煤炭转化项目都包含了煤炭开采、煤炭转化等上下游关联产业，部分项目与石化、电力等行业实现多联产，进一步提高了综合效益。

3. 部分地区的经济社会发展带动作用突出

煤炭清洁高效转化产业具有技术密集、资金密集特征，辐射带动效应强；工业增加值是煤炭直接销售的 4 ~ 15 倍，带动了基础设施建设、工程装备设计与制造、物流配送、新材料加工等多个行业发展，增加了就业岗位和税收。以宁夏煤业 400 万吨 / 年煤间接液化示范项目为例，年总产值超过 800 亿元，提供就业岗位 10 万个；项目建成投产对增强能源自主保障能力、推动煤炭清洁高效利用、促进地区经济社会发展具有重要意义。

4. 产业技术整体达到国际先进水平

以国家能源投资集团有限责任公司、中国科学院、华东理工大学、山东能源集团有限公司、陕西煤业化工集团有限责任公司等为代表的企业、科研院所和高校，在煤气化、煤直接液化、煤制烯烃、煤间接液化、煤炭分质分级利用等方面开展了众多的基础和应用研究。目前，我国掌握了具有自主知识产权的系列煤炭清洁高效转化技术，部分技术达到国际先进或领先水平，如大型煤气化技术、高温费托合成技术处于国际先进水平，煤制烯烃、煤制芳烃、低温费托合成、煤制乙二醇、煤油共炼技术处于国际领先水平，煤直接液化、粉煤中低温热解及焦油轻质化技术为国际首创。产业技术的提升为增强煤炭作为化工原料的综合利用效能、全面改善煤炭清洁高效利用水平提供了关键基础。

5. 关键装备国产化进程加速

煤炭清洁高效转化关键装备基本实现了国产化。在气化方向，开发了多种具有自主知识产权的高效低成本煤气化技术，如华东理工大学“四喷嘴”、清华大学“晋华炉”、航天长征化学工程股份有限公司“航天炉”（图 2.4）等，摆脱了相关技术的进口依赖。在液化方向，中国神华煤制油化工有限公司建成了世界首套煤直接液化装置并实现安全稳定和长周期运行，装备国产化率超过 98%；国家能源集团宁夏煤业有限责任公司建成的煤间接液化示范工程已经达产（400 万吨 / 年），其中的关键技术、设备和材料的综合国产化率达到 98.5%，涵盖合成油费托合成及油品加工成套技术、干煤粉气化技术、大型空分成套技术、特种泵阀、特种材料等。关键设备国产化方面的突破，

图 2.4　航天炉

保障了煤炭清洁高效利用产业链、供应链的安全稳定和经济可靠。

2.1.3 煤炭清洁高效转化关键技术

目前，煤炭清洁高效转化利用方式主要分为热解、气化、液化（直接液化和间接液化）等。煤炭清洁高效转化利用势在必行，我国的能源结构和现状决定了我国未来必须发展煤制油、煤制天然气、煤制烯烃、煤制芳烃、煤制乙二醇等现代煤化工技术，即以传统煤化工为基础，以煤炭的清洁利用和高效转化为目标的现代煤化工。

煤炭清洁高效转化涉及多个关键技术，主要有碳一化工（C_1 化工）、超临界水气化技术（supercritical water gasification，SCWG）、煤气化技术、燃煤电站高效燃烧技术、CCS、煤直接液化技术、煤热解技术、煤炭生物转化、多产物综合利用技术、IGCC 技术、煤炭洁净燃烧技术、高效余热利用技术等。这些技术的综合应用可以帮助实现煤炭清洁高效转化，减少环境污染和温室气体排放。然而，每种技术都有其独特的挑战和成本，需要综合考虑和平衡。

煤炭清洁高效转化产业的发展需把握关键期、机遇期、窗口期，围绕内蒙古鄂尔多斯、陕西榆林、山西晋北、新疆准东、新疆哈密五大煤制油气基地的产业布局，按照生态优先、以水定产、总量控制、集聚发展的要求，促进煤化工产业的高端化、多元化、低碳化、智慧化发展。

在高端化方面，聚焦国家战略和产业需求，开展关键核心技术、前沿引领技术、现代工程技术、颠覆性技术攻关；围绕煤直接液化、煤间接液化、煤制化学品等主要方向开展“延链”“补链”“强链”，提高煤基新材料、煤基特种燃料等高附加值产品的生产量，以降本、降耗、增效体现产业高端化发展水平。在多元化方面，积极开展产品多元化、工艺路线多元化，加快实现由单一的油品、聚烯烃产品向包括油品、煤基化学品（如烯烃、芳烃）、煤基新材料在内的多元化产品体系转变。研究和示范多元化的工艺路线，推动煤炭清洁高效转化与石油化工、新能源、生物化工的耦合应用。在低碳化方面，充分利用绿电、绿氢、绿氧以及储电、储热等多种方案，替代原料煤和燃料煤的消耗，实现产业源头减碳。积极发展低能耗碳捕集技术，利用现代煤化工 CO_2 浓度高且集中度高的特点，探索 CO_2 驱油、高效合成甲醇等资源化利用技术，生产含氧化合物，实现过程减碳和产品固碳。在智慧化方面，积极探索第五代移动通信技术的产业基础应用，在新建项目中应用数字化、智能化、开放化等理念，通过智能车间、智能工厂的“点”式布局、工业互联网平台的“线”上发力来补齐要素短板。广泛应用工业软件，实现工业生产数据的实时采集和反馈，工业生产的透明化、可视化以及决策的智能化，促进降本和增效。

从终端产品分类的角度看，未来煤炭清洁高效转化技术攻关主要围绕煤制清洁燃料、化学品及其污染物处理展开。科学延伸产业链，提升资源利用效率，实现煤炭在“生产—加工—利用”过程中的充分利用，追求煤炭转化污染物的近零排放。

我国未来煤炭清洁高效转化利用研究重点是煤炭 / 合成气直接转化制燃料与化学品的反应和催化基础科学问题、煤制清洁燃气关键技术、煤制液体燃料及大宗化学品关键技术等。

本节以碳一化工、超临界水气化技术和煤炭洁净燃烧技术为例进行介绍，煤气化技术、煤热解技术、煤液化技术和多产物综合利用技术将在 2.1.4 ~ 2.1.7 节详细阐述。

2.1.3.1 碳一化工

在煤炭清洁高效转化中，化学品生产是一个重要的方面，通常与煤气化技术相结合。现代煤化工清洁高效的关键技术——碳一化工，以煤气化为基础，基于合成气催化转化，有利于污染物集中脱除和治理，是煤炭清洁高效利用的有效途径，近 10 年来在工业化应用上已取得重大成功。

碳一化工是利用煤气化产生的合成气，指以一个碳原子化合物（CO、CO_2、CH_4、CH_3OH 及 HCHO 等）为原料，转化合成化工产品或液体燃料或化工材料的过程，特别是以合成气（CO 和 H_2）为基础原料的现代煤化工产业。

1. 碳一化工技术原料及应用

碳一化工技术的传统原料以煤和重油为主，随着能源结构的调整以及低碳政策驱动，甲烷资源也逐渐成为原料之一。碳一化工主要应用有以下三个方面：烃和燃料油类合成；含氧化合物合成，例如甲醇、甲酸、甲醛、醋酸、醋酐、高级醇、酯类等；含氮化合物合成，例如氢氰酸、二甲基甲酰胺（DMF）、异氰酸酯（TDI、MDI）、氨基酸类产品等。

2. 碳一化工领域的高效催化技术

碳一化工热催化技术：碳一化工过程主要是以合成气和甲醇为基础物料的热催化转化过程，特别是近 20 年以大规模煤气化为基础的现代煤化工产业的迅猛发展，推动了热催化基础理论和工艺技术的逐步成熟。如 CO 加氢催化转化为甲烷、烃类油品、甲醇等产物已经实现大规模工业化应用；甲醇催化脱水可以逐步转化为二甲醚、烯烃、芳烃和汽油等产品，类似于 CO 加氢催化，CO_2 加氢催化也可以选择性获得甲烷、甲醇、二甲醚和烃类化合物，如烯烃、芳烃和油品等产品。

碳一化工光电催化：利用光电催化进行 CO_2 还原合成化工产品或燃料，可以解决 CO_2 加氢反应中 H_2 来源问题，有可能实现 CO_2 的负排放。电催化是溶液中的 CO_2 分子或 CO_2 溶剂化离子从电极表面获得电子而发生还原反应的过程，光催化 CO_2 还原反应以 CO_2 为原料，在可持续太阳能的驱动下将 CO_2 转化为能源产品和有机化学品。

3. 碳一化工技术的发展前景

近年来，碳一化工领域的高效催化技术、绿色低碳技术、分离净化技术、反应器大型化、系统优化技术等方面，取得了初步工业化或工程化进步，推动了我国能源化工产业的高质量发展。

碳一化工技术的核心是 CO、甲醇以及 CO_2 等小分子的催化转化，探索新的工艺路线和催化剂制备技术，提高催化转化效率和产品选择性，降低过程能耗，减少碳排放，将是碳一化工技术发展的关键核心要素。

碳一化工涉及的产品繁多，工艺路线繁杂，可使许多有机化工产品从对石油的依赖中转变到煤上来，还能实现对现有某些工业中的“废气”（CO、CO_2）合理利用，特别是对煤的利用上，真正实现高附加值化及资源、能源、环保的高度统一，推动化工可持续发展。

2.1.3.2 超临界水气化技术（SCWG）

超临界水气化技术是一种在高温高压下将水变为超临界状态，进而利用其对煤进行气化的先进技术。在这一过程中，水被加热至超过临界点（374℃、22.1 兆帕），使其同时具备液体和气体的性质。这种特殊状态的水具有较高的溶解能力和反应活性，为有效地将煤转化为气体或液体提供了理想的条件。

1. 工作原理

SCWG 的工作原理基于水在超临界条件下的独特性质。在这种状态下，水的密度较低，分子间距较大，具有更高的溶解性和扩散性。当将煤与超临界水接触时，水能够深入渗透煤的结构，迅速将其中的有机物质溶解并发生气化反应。这一过程相比传统的煤气化方法更为高效，同时减少了有害气体的生成。

2. 优势

高效能源利用：SCWG 能够实现对煤的高效利用，将其转化为气体或液体燃料，提高能源利用效率。

低排放：由于高温高压条件下的气化反应，SCWG 过程中的排放物质较为清洁，有助于减少环境污染。

对水资源利用较低：相比传统的湿法气化方法，SCWG 所需的水资源相对较少，减轻了对水资源的压力。

3. 挑战

高温高压环境：SCWG 需要在高温高压的条件下进行，这对反应设备的材料和稳定性提出了较高的要求，增加了系统成本。

水质和腐蚀：超临界水具有较强的溶解性，可能对反应系统中的金属构件造成腐蚀，需要采取相应的防腐措施。

工程难度：SCWG 系统的设计和运行相对较为复杂，需要克服高温高压带来的工程难题，确保系统的安全和稳定运行。

4. 应用前景

SCWG 技术在煤炭清洁高效转化领域具有广阔的应用前景。其能够在能源生产中减少对传统石油资源的依赖，提高煤炭的能源利用效率。同时，通过降低排放，有助于改善环境质量。虽然面临一些挑战，但随着对清洁能源的需求不断增加，SCWG 作为一项潜力巨大的技术，将持续受到研究和发展的关注。

2.1.3.3 煤炭洁净燃烧技术

煤炭洁净燃烧技术是一种旨在减少煤炭燃烧过程中污染物排放的技术，以提高能源利用效率并降低环境污染。它是煤炭清洁高效转化的重要组成部分之一。本节将详细阐述煤炭洁净燃烧技术的原理、方法和最新发展。

1. 原理与方法

1）高效燃烧系统设计：高效燃烧系统设计是实现煤炭洁净燃烧的基础。通过优化炉膛结构、燃烧器设计和燃烧参数控制等手段，提高煤炭燃烧的稳定性和完全性，减少燃烧产物中的污染物生成。采用先进的燃烧器技术，如喷射式燃烧器、旋风燃烧器和煤粉燃烧器等，能够实现更均匀和高效的煤炭燃烧。

2）烟气脱硫技术：烟气脱硫技术是煤炭洁净燃烧中常用的污染物控制手段之一。它通过将燃烧产生的 SO_2 与脱硫剂反应，使硫化物转化为不溶性的石膏或其他可回收利用的产物。常见的烟气脱硫技术包括湿法脱硫和干法脱硫，其中湿法脱硫（图 2.5）效率较高，但操作成本较高，而干法脱硫则更适用于小型燃煤锅炉。

3）燃烧过程控制技术：燃烧过程控制技术是实现煤炭洁净燃烧的重要手段之一。通过精确控制燃烧过程中的氧气供应、温度分布和燃烧时间等参数，可以有效控制燃

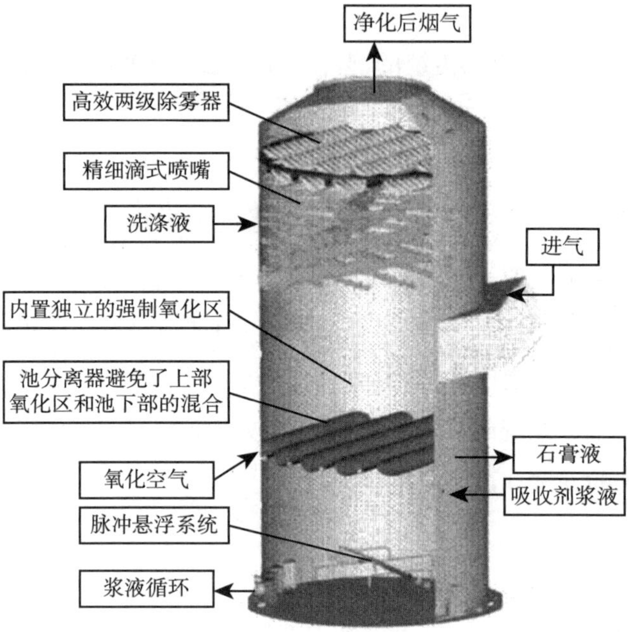

图 2.5　电站石灰石湿法烟气脱硫（FDG）工艺图

烧过程中的污染物生成。采用先进的燃烧过程控制技术，如燃烧控制系统、燃烧优化系统和在线监测系统等，可以实现煤炭洁净燃烧过程的精确控制和优化。

2. *最新发展*

随着技术的不断进步，煤炭洁净燃烧技术也在不断发展和创新。以下是一些最新的发展趋势。

1）超低排放技术：超低排放技术是煤炭洁净燃烧技术的重要发展方向。它要求燃烧系统在燃烧过程中将污染物排放降至极低水平，如二氧化硫、氮氧化物和颗粒物等的排放浓度远低于国家标准。采用先进的烟气净化技术，如电除尘、脱硝催化剂和颗粒物捕集器等，可以实现煤炭洁净燃烧的超低排放。

2）燃烧诊断与优化技术：燃烧诊断与优化技术是通过对燃烧过程进行在线监测和分析，实现燃烧系统的智能化管理和优化。通过采集和分析燃烧过程中的温度、氧气浓度、烟气成分等数据，可以精确控制燃烧过程中的参数，提高煤炭燃烧的效率和洁净度。

3）气化燃烧技术：气化燃烧技术是一种将煤炭转化为气体燃料后进行燃烧的技术。它可以提高煤炭的利用效率和洁净度，并减少煤炭燃烧过程中的污染物排放。气化燃烧技术需要先对煤炭进行气化处理，生成合成气后再进行燃烧。这种技术可以有效控制煤炭燃烧过程中的氮氧化物和颗粒物排放。

4）超临界和超超临界锅炉技术：超临界和超超临界锅炉技术是燃煤电站高效燃烧的关键组成部分。这些技术通过提高水蒸气的温度和压力，使锅炉在超过常规临界点的条件下工作，有效提高了发电效率。超临界锅炉的工作温度和压力分别超过374℃和22.1兆帕，而超超临界则更为高温高压。这些高温高压的条件有助于提高煤炭的燃烧效率，减少对煤炭的使用量，从而降低碳排放。

综上所述，煤炭洁净燃烧技术是实现煤炭清洁高效转化的重要手段。通过优化燃烧系统设计、应用烟气脱硫技术和燃烧过程控制技术，可以有效降低煤炭燃烧过程中的污染物排放，并提高能源利用效率。随着超低排放技术、燃烧诊断与优化技术以及气化燃烧技术的不断发展，煤炭洁净燃烧技术将迎来更加广阔的应用前景。

2.1.4　煤气化技术

煤气化是煤化工的龙头，是最重要的应用广泛的洁净煤技术，是发展现代煤化工最重要的单元技术。煤气化可以生产工业燃料气、民用燃料气、化工合成原料气、合成燃料油原料气、氢燃料电池、合成天然气、火箭燃料等，还可用于煤气联合循环发电。

煤气化技术广泛应用于化工、冶金、机械、建材等重要工业部门和城市煤气的生产。中国拥有各种类型的煤气化炉9000多台，其中化工行业煤气化炉有4000余台，以常压固定床气化炉为主。多数中小化肥厂和少数大型化肥厂以无烟煤（焦炭）为原料，通过煤气化生产合成氨和甲醇，年耗原料煤8000多万吨，煤制合成氨产量占全国总产量的80%以上，为中国农业生产和粮食增产作出了重大贡献。常压固定床间歇式煤气化炉对环境污染较大，属淘汰的落后气化技术。现代煤化工全都采用大型高温加压煤气化技术。因此，加压连续煤气化技术在现代煤化工和洁净煤技术的发展中占有十分重要的地位，是实现中国煤化工可持续发展的主要技术手段之一。

煤气化技术是一种将煤炭转化为合成气的过程，通过控制气化反应条件，将煤炭中的碳、氢等元素转化为一氧化碳、氢气等可燃气体。煤气化技术是实现煤炭清洁高效转化的关键技术之一（图2.6）。

煤气化技术在现代煤化工行业内具有极为重要的作用，鉴于我国未来能源格局依然是富煤、贫油、少气。要实现对煤炭绿色高值化利用，有必要对数量众多的煤气化技术进行分析，比较其工艺的先进性和不足之处，以期能为煤气化技术的工业化应用提供参考。

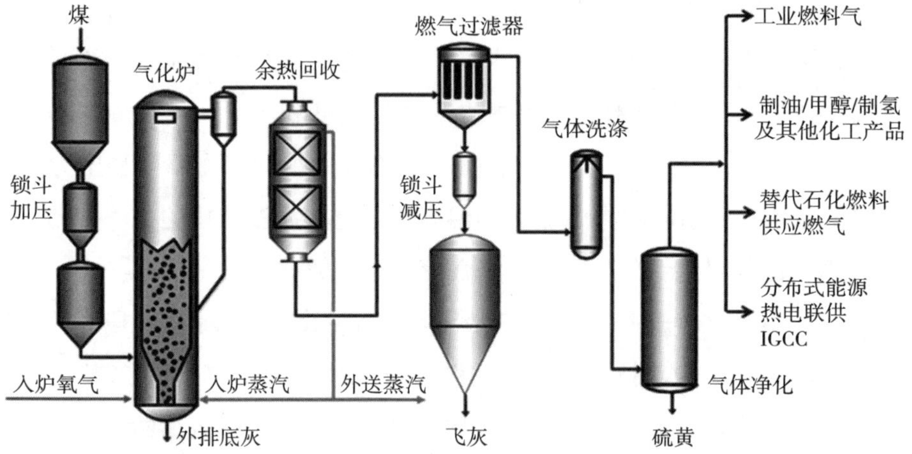

图 2.6 煤制合成气

2.1.4.1 煤气化技术发展趋势

结合煤气化技术的特点和国内应用过程中的问题，煤气化相关技术的发展可从拓展燃料适应性、气化过程热量全回收、气化飞灰处置、煤气化数值模拟仿真和低压中小规模气化制燃气等方向开展，为煤气化技术的进步奠定基础。

1. 煤种适应性

在采用烟煤、无烟煤、褐煤等常规煤种作为气化原料之外，“三高”煤、高碱煤、有机固废危废等原料的利用也在逐渐增加。

具有高灰分、高灰熔融温度、高硫含量特点的“三高”煤，在我国煤炭资源中占有重要地位，但其反应性及结渣性差，用作气化煤种时需进行相应的技术改进，其中包括：与优质煤进行混煤使用；掺入石灰石、石英砂等黏土助熔剂以改善煤灰黏温特性及灰熔融温度，从而改善液态排渣过程；优化煤粉烧嘴流场和气化炉结构，使物料返混更充分；扩大气化炉排渣口；针对无烟煤硬度高的特点进行耐磨处理等。高碱煤在燃烧过程中会出现锅炉结渣和受热面沾污的问题，应用在气化技术上则会出现高碱热煤气腐蚀受热面的问题，气化技术在循环流化床技术上有所应用，需注意气化过程中碱金属与床料反应产生聚团颗粒从而导致流化床出现失流现象，需从碱金属迁移转化特性及结渣聚团特性方面开展相关研究和优化。有机固废、危废、生化污泥、油泥渣、废液等原料的研究与利用则主要集中在掺烧和制备水煤浆方面的研究。

2. 气化过程热量回收

采用废锅流程回收气化过程中的热量来副产蒸汽，既可供给气化工艺使用，又可外供部分蒸汽，在提高气化炉系统热效率的同时也能降低系统运行费用。副产蒸汽主要由辐射废锅和对流废锅与煤气换热而来，利用对流废锅与热煤气生产蒸汽基本是气化行业的通用工艺，而辐射废锅与对流废锅同时使用的全废锅流程工艺也逐渐开始应用。全废锅流程的废水排放量降低，由于废水处理装置的减少从而能起到简化系统的作用。以 1 台 2000 吨 / 天处理量的气化炉为例，按照副产蒸汽 70 吨 / 时、蒸汽价格 100 元 / 吨、年运行 8000 小时计算，副产蒸汽年收入可达到 0.56 亿元。目前根据实际需求，气化炉水冷壁、辐射废锅、对流废锅在气化炉系统中的应用越来越广泛，全废锅的气化过程热量全回收的工艺也正在开发和示范中，成为气化炉发展和能量梯级利用的新方向。

3. 低压中小规模制燃气

煤气化生成的煤气主要有两类用途：①作为燃料气，即燃烧提供热量，主要用于民用、工业加热或发电（IGCC）；②作为合成气用于化工生产。合成气目前主要用于生产基础化工产品，包括合成氨、甲醇、CO 和 H_2，由于受下游工艺的影响，合成气的发展应以大型化、高参数为目标，目前行业内最高至 4000 吨 / 小时处理量的气化系统已在示范和应用。而对于燃料气的行业市场需求和缺口很大，受限于我国资源禀赋特点，天然气的对外依存度超过 40%，且对于工业用户来说使用天然气作为燃料气的成本过高，天然气的用气成本一般大于 3 元 / 标准立方米，煤气化燃料气折合成天然气热值后的成本约为 1.0 ~ 2.0 元 / 标准立方米，煤气化制燃料气已成为优化的选择。但先进气化技术进入燃料气市场的程度还相对较少，燃料气用户集中在冶金、玻璃、陶瓷等行业，规模一般在每小时数万标准立方米量级，企业建设煤制燃料气厂供应企业内工艺使用，对气化系统的要求则主要是规模适中、工艺简单、投资和运行经济性高等方面。目前市场上已有固定床和循环流化床技术在用，气流床气化技术仅有极少量技术项目应用，且是用于处理其他气化技术难以处理的气化飞灰，未形成规模化应用。气流床气化技术如需在燃料气市场上有所发展，必须要解决投资经济性问题，可通过采用低压、短流程的系统模式以形成系统热效率高、造价低廉、操作简便的工业气流床气化炉。

4. 煤气化数值模拟仿真

煤气化过程是一个复杂的热化学反应，由于高温、高压反应条件的限制，无法完全获得真实的气化炉内情况。随着数值模拟理论和计算机性能的提升，数值仿真技术在气化炉系统的设计应用也越来越广泛。气化系统工艺模拟主要采用化工流程仿真软件进行研究，包括物料衡算、换热器设计等方面，应用软件有 Aspen Plus、PRO Ⅱ、FactSage 等；气化炉内流动、传热、化学反应等方面的研究主要采用流体力学仿真软件进行，目前已有的研究包括气化炉体结构优化、热态流场分布、气化烧嘴冷却、气化烧嘴射流混合与流动、烧嘴布置方案等，应用软件有 ANSYS Fluent、CFX 等；固体间作用方面的研究主要采用有限元计算方法或流固耦合模拟方法，主要应用包括气化炉内结渣情况模拟、烧嘴热应力、渣层内渣钉对传热的影响、衬里结构的优化、熔渣流动特性等，应用软件有 ANSYS、CFD-DEM 耦合方法等。

数值模拟在气化系统中的应用虽已较为广泛，但仍需持续发展以适应研究和开发的需求。流体力学仿真模拟的精度主要受限于化学反应动力学参数的准确性和模型网格数量密度，还需在实践中不断积累各煤种、反应条件下的动力学数据，有限元和流固耦合模拟方法目前仅能应用于局部微观结构的仿真，对整个系统的研究还有欠缺，有待进一步深化研究。

5. 气化灰渣处置

气化过程监控中应注重污染物排放的全过程处理，气化灰渣的处置工作也是重点之一，即气化炉渣的应用要实现资源化、减量化、无害化的处理。目前，国内外针对气化渣应用的研究主要集中于以下四个方面：①建工建材制备：骨料、胶凝材料、墙体材料、免烧砖等；②土壤、水体修复：土壤改良、水体修复等；③残碳利用：残碳性质、残碳提质、循环掺烧等；④高附加值材料制备：催化剂载体、橡塑填料、陶瓷材料、硅基材料等。气化过程中，部分未反应的碳及细渣由合成气带出产生气化飞灰，会引发固体废弃物的处理和资源化利用问题。气化飞灰主要以玻璃体形式存在，因此飞灰的化学性质稳定、活性较低，为飞灰再利用带来困难。气化飞灰的再利用需对其进行改性，通常用的改性方法有酸溶法、碱溶法和表面改性法等，通过飞灰脱水、飞灰脱碳、玻璃体的分离，残炭可再燃烧利用或制备石墨等高附加值资源，玻璃体可掺混制备混凝土、改性土壤以及制备烟气脱硫剂、沸石分子筛、高分子聚合物填料等，实现气化飞灰科学高效的分离及资源化利用。

2.1.4.2 气化技术的选择

不同的气化技术具有不同的特点，在实施不同的项目时，应根据实际情况选择合适的气化技术。在当前“双碳”目标的大背景下，选择合适的气化技术，优化项目工艺，降低过程能耗，既实现了节能减排的效果，也提高了项目的经济效益。

1. 煤气用途

选择气化技术时，首先应明确煤气是作为合成气使用，还是作为燃料气使用。以合成氨、甲醇等为目标产品时，气化技术的产品煤气中应尽量减少甲烷含量，并保持合理的一氧化碳和氢气体积分数，这样可以减轻后续的甲烷转化、一氧化碳变换等工序的负荷和能耗；以合成天然气为目标产品时，则可以选择产品煤气中甲烷含量相对较高的气化技术。当煤气作为燃料气使用时，需要考虑煤气的热值、后续使用的压力，以及负荷波动等。

2. 气化原料

在选择气化技术时，需要考虑气化原料的水分含量、灰含量、灰熔点、成浆性、反应活、粒度等因素。原料煤水分含量高且不易干燥，不宜选择干煤粉气流床气化技术。原料煤的灰含量高对于以液态形式排渣的气化技术会带来额外的运行能耗和费用。原料煤的灰熔点高，不宜选择液态排渣的气化技术，否则需要添加助溶剂，相当于增加了煤的灰含量。原料煤是否易于制备成水煤浆，决定了是否可以选用水煤浆气化技术。对于反应活性差的原料煤，不能选择高温温克勒气化技术（HTW）等传统流化床气化技术。原料煤的粒度分布决定了选择气化技术的大方向，原料煤为块煤时固定床气化技术可以作为选择方案之一，当原料煤为粉煤时则不能选择固定床气化技术。

3. 用气规模

在进行气化技术选择时还需要考虑煤气规模的影响。为了保持项目连续运转，在项目运行时不能出现煤气断供或者出现大幅波动的情况，因此在确定气化技术时应考虑单台气化炉的规模，并设置有备用气化炉。

4. 原料来源

当项目所在地生产煤时，则尽量选择以当地煤为气化原料，选择适合当地煤的气化技术。否则，就需到外地购买原料煤，这在一定程度上增加了原料煤采购的费用。

2.1.4.3　应用

近十多年来，中国加快了先进煤气化技术开发步伐，先后开发成功并应用于工业化生产的气化炉主要有多元料浆气化炉、对置式四喷嘴水煤浆气化炉、两段式干煤粉气化炉、HT-L 干煤粉气化炉、晋华（清华）炉、非熔渣 - 熔渣水煤浆气化炉、SE-东方炉、CAGG 加压流化床碎煤气化炉、灰熔聚流化床气化炉、恩德流化床气化炉、中科循环流化床双床气化炉、CKZ 碳分子气化燃烧炉、航天炉等十多种气化炉。气化压力从1.0兆帕到6.5兆帕，已投产和在建的气化炉多达200多台（套）。广泛应用于煤制甲醇、煤制合成氨、煤制氢、煤制油、煤制烯烃、煤制天然气、煤制乙醇、煤制乙二醇及其他化工产品、发电等方面，从而改变了我国煤气化技术依赖引进国外技术的局面，为我国煤化工产业发展国产化创造了有利条件。

下面重点介绍航天长征化学工程股份有限公司研发的“航天6.5兆帕–3500吨级–废锅型粉煤加压气化技术”节能降碳技术案例。航天长征化学工程股份有限公司于2017年获批国家重点研发计划项目“大规模干煤粉气流床气化技术开发及示范”，在山东瑞星集团建设航天超大型粉煤气化示范项目，并于2021年9月25日一次性点火投料成功并实现稳定运行。

航天超大型粉煤气化示范项目（图2.7）实现了6.5兆帕的粉煤气化高操作压力、3500吨/天的超大规模投煤量、粉煤气化的辐射废锅流程三大技术突破，是迄今为止世界单炉投煤量最大、气化压力最高的半废锅型干煤粉气流床气化装置。

图2.7　航天超大型粉煤气化示范项目现场

1. 适用范围

本技术可广泛应用于煤制合成氨、煤制甲醇、煤制烯烃、煤制乙二醇、煤制天然气、煤制油、煤制氢、IGCC等多个领域，还可对烟煤、无烟煤、褐煤等煤炭资源进行清洁高效转化，同时可进行废液、废渣、污泥及油泥等物质的煤气化协同处理。

2. 技术原理

本技术属于干煤粉气化技术，关键在于具有高压化（操作压力6.5兆帕）、大型化（日处理煤量 3500 吨 / 天）和辐射废锅流程（副产高压饱和蒸汽 80 吨 / 时）。在气化室和激冷室中间增加的辐射废锅段，可充分吸收、利用高温合成气的显热用于副产高温饱和蒸汽，一方面提高全厂能效、降低生成成本，另一方面可减小锅炉装置的规模和二氧化碳排放，是煤化工企业节能、降耗的重要技术支撑。

气化装置整体采用“新型激冷结构 + 气液分离 + 文丘里 + 旋分 + 洗涤塔”的工艺，可以保证合成气冷却和洗涤要求。其基本工作原理是：原煤经过烘干研磨，用惰性气体连续送入带有水冷壁的气化炉，在 4 ~ 6.5 兆帕压力和适当的温度下，通过精确控制煤、氧和水蒸气原料的比例、分布等参数，经过一系列的物理化学反应生成以氢气和一氧化碳为主要成分的高温合成气和灰分熔渣，经过激冷、分离、洗涤等工艺过程，分离出熔渣，得到纯净的饱和态合成气体。

3. 节能降碳效果

航天 6.5 兆帕 –3500 吨级 – 废锅型粉煤加压气化技术，其原料成本低，能够很好应用褐煤和无烟煤；其生产成本低，装置运行指标好，能够长周期稳定运行；其全厂能效高，能够回收高温显热副产高压蒸汽，进一步提高了装置的能量利用率；其三废处置费用低，水成分相较其他技术成分简单，易处理，废渣易实现综合利用；其总投资低，满足了现代煤化工大型化集约化的发展要求。

在投资方面，与航天炉 4.5 兆帕激冷方案投资相比，采用低碳技术的航天炉 6.5 兆帕辐射废锅方案、航天炉 6.5 兆帕激冷方案可分别节约 9.30%、11.40%。

在能耗方面，与航天炉 4.5 兆帕激冷方案能耗相比，采用低碳技术的航天炉 6.5 兆帕辐射废锅方案、航天炉 6.5 兆帕激冷方案可分别下降 10.60%、5.97%，按年产 200 万吨甲醇计算可分别减少二氧化碳排放 77.9 万吨、43.9 万吨。

在成本方面，与航天炉 4.5 兆帕激冷方案可变成本相比，采用低碳技术的航天炉 6.5 兆帕辐射废锅方案、航天炉 6.5 兆帕激冷方案可分别下降 9.63%、6.03%，按年产 200 万吨甲醇计算每年分别可节省运行成本 3.06 亿元、1.91 亿元。

本低碳技术属于国家发展改革委制定的《现代煤化工行业节能降碳改造升级实施指南》、生态环境部制定的《现代煤化工行业建设项目环境影响评价文件审批原则》中鼓励支持类新技术。本低碳技术的推广应用有利于淘汰国家限制的落后造气工艺，对于落实国家的产业政策有良好的示范效应。其能耗节约显著，排放更环保，有利于环境保护。应用本技术的项目可以增加利税和就业、改善当地环境，促进当地园区加速发展，具有良好的社会效益。

4. 技术创新点

1）6.5 兆帕高压粉煤气化：①开发了高压粉煤料位测量方案，解决了厚壁容器粉煤料位无法测量的技术难点。②开发了全新的高压浓相固体流量测量仪，解决了 6.5 兆帕高压下粉煤流量测量、耐压及耐磨的难题。③设计了全新的仪表吹扫方案，保证了 6.5 兆帕高压灰渣工况下仪表测量的稳定性和准确性。④开发了 6.5 兆帕下粉煤加压输送、合成气洗涤、黑水闪蒸等工艺技术，形成了 6.5 兆帕粉煤气化技术工艺包。

2）大规模粉煤气化：①开发了单顶置新型多通道烧嘴结构，采用多层同轴射流强化混合技术，实现了大投煤量下的高效转化。②形成了以一二次氧比例在线调节为主的气化炉流场调控技术，提高气化炉变工况、多煤种的适应能力。③开发了日处理煤量 3500 吨水冷壁气化炉（图 2.8），实现了处理能力放大和能量高效利用。④开发了气化烧嘴高效热防护和表面改性技术，确保烧嘴运行寿命。

图 2.8　3500 吨级航天超大型粉煤气化炉出厂

3）半废锅型粉煤气化技术：①开发了“屏壁”组合式废锅，受热面紧凑效率高，有效回收高温合成气的热量，提高气化系统的热效率。②进行了废锅材料研究，延长了废锅寿命。③开发了“滴水檐”“熔渣预冷”新型特殊结构，防积灰结渣；采用了积灰在线清除设备，及时清理积灰。④开发了新型激冷部件，将出废锅合成气降温润湿，解决了灰渣堵塞的难题。

5. 示范项目运行情况

2021 年 9 月 25 日，航天超大型粉煤气化示范项目点火投料，9 月 27 日成功并气，工艺系统全流程打通，产出合格的合成氨产品（图 2.9）。

图 2.9 航天超大型粉煤气化示范项目中控室

2022 年全年，示范装置累计运行 339 天，装置运行平稳，蒸汽产量稳定，开车效果符合预期。

示范装置的建成投产，促进了山东瑞星集团新旧动能转换，实现了技术升级，降低了合成氨的生产成本，年收益增加 3 亿元。

航天 6.5 兆帕 –3500 吨级 – 废锅型粉煤加压气化技术在干粉煤气流床气化技术上实现了巨大技术进步和创新，已形成完整的高水平自主技术和装备开发体系。新技术具有大型化、高压化、低能耗的特点，可降低气化投资约 15% ~ 20%，降低全厂投资 3% ~ 5%，减少运行成本超过 5%，半废锅可副产高品位蒸汽 80 吨 / 时，单台 3500 吨气化炉可减少煤炭消耗折标煤 5 ~ 10 万吨 / 年（副产高压饱和蒸汽），二氧化碳减排 13 ~ 26 吨 / 年。

经过十几年的研究，目前，航天炉煤炭清洁高效利用技术实现了系列化。航天炉规格有 1000 吨、2000 吨、3500 吨级，气化压力有 4.0 兆帕和 6.5 兆帕，气化结构有激冷型、辐射废锅型，可根据用户需要提供最佳解决方案。

航天炉煤炭清洁高效利用技术，其煤种适应广，运行指标优，生产稳定好，综合效益佳，获国家专利密集型产品备案认定，关联核心专利 32 项。航天炉煤气化技术，褐煤、无烟煤清洁高效转化技术，均鉴定为国际领先水平。

2.1.4.4 最新发展

随着技术的不断进步，煤气化技术也在不断发展和创新。最新的发展趋势包括提高气化效率、减少二氧化碳排放、探索新型气化剂和开发多产物气化技术等。同时，结合气化技术与碳捕集、储存和利用技术，实现煤炭气化的低碳化和环保化也是煤气化技术发展的重要方向。煤的催化气压、加氢气压、地下气压、等离子气压、太阳能源和核能余热气压等，已成为人们关注的焦点。

高效煤气化技术的发展包括以下方面。

1）技术优化与升级：通过改进气化工艺，提高气化效率，减少副产品的产生，降低能耗。例如，一些研究正在探索提高气化反应温度和压力，加速煤炭气化反应速率，以增加合成气产量和质量。

2）污染物控制与资源化利用：开发新的催化剂和净化技术，以减少气化过程中产生的污染物，如 NO_x、SO_2、苯、重金属和粉尘等，提高合成气的质量和纯度。同时，探索将气化后的废渣和废水资源化利用，减轻环境负担。

3）集成化与多联产：将煤炭气化与化工、发电、供热等多产业集成，实现多联产，提高能源利用效率和经济效益。优化气化过程的热能平衡，最大限度地利用煤炭燃烧产生的热能，提高能源利用效率。例如，合成气可以用于生产液体燃料、化学品或用于发电和供热。

4）绿色氢能生产：利用煤炭气化产生的氢气，结合可再生能源，生产绿色氢能，满足清洁能源的需求。

5）碳捕集与封存：研究煤炭气化过程中产生的二氧化碳的捕集、运输和封存技术，以减少温室气体排放，助力应对气候变化。

综上所述，煤气化技术是将煤炭转化为合成气的关键技术，通过选择适当的气化方式、气化剂和控制反应参数，可以高效转化煤炭资源并减少环境污染。煤气化技术在能源和化工领域有广泛的应用，并在不断发展和创新中迎来新的机遇和挑战，对于保障国家能源安全具有重要意义。

2.1.5　煤热解技术

煤热解技术是指煤在隔绝空气条件下，受热分解形成气体、液体和固体产品的技术，是燃烧、气化和液化等热转化技术的基础。目前，煤热解技术主要针对中低阶煤的分级高效洁净转化，通过热解获取部分液体和气体产品。以煤热解为龙头的煤分质利用技术具有能源转化效率高、碳排放低、水耗低等优点，已成为最具前景的煤炭清洁高效转化利用的技术路线和工业实践方向。以煤热解为龙头的煤分质利用技术已得到煤化工产业界的广泛认同，被认为是最具有前景的技术之一。

2.1.5.1　国内煤热解技术进展

在国家“十三五”规划纲要、《能源发展战略行动计划（2014—2020年）》《能源技术革命创新行动计划（2016—2030年）》等国家政策文件中也提出：“积极推进煤炭分级分质梯级利用”“加快推进低阶煤中低温热解分质转化等技术研发应用”“加强煤炭分级分质转化技术创新，重点研究大型煤炭热解、焦油和半焦利用等技术，开展百万吨/年低阶煤热解、油化电联产等示范工程”等相关政策，积极推进煤分质利用技术的发展。因此，煤分质利用技术对促进煤化工产业高端化、多元化、低碳化发展以及保障国家能源安全发挥了重要作用。其前沿热点包括热解反应器、油尘分离和残焦利用等技术。

1. DG煤热解工艺

DG煤热解工艺由大连理工大学开发，该工艺采用粉煤为原料，半焦作为热载体，其工艺流程如图2.2所示，主要由煤处理系统、干馏系统、固体热载体提升和回收系统组成。半焦和粉煤在混合器中充分混合发生低温快速干馏反应，分离产品气可得到煤气，生成的半焦分成两部分，一部分进入半焦提升管下部燃烧，另一部分循环回收作为粉煤热解的热载体。1993年采用该技术在平庄建成了褐煤处理量150吨/天的固体热载体快速热解试验装置，在此之前于10千克/时的连续运行装置上完成了20多种褐煤快速热解试验。此工艺用半焦作为固体热载体，具有升温速度快，热解反应可迅速发生的优点。缺点是半焦在与煤混合前需要加热升温，这会导致整个系统的热效率较低；固体热载体与原料煤的混合是通过搅拌方式完成的，对工业化放大不利。

2. LCC煤热解工艺

该热解工艺使用热烟气作为热载体，由中国五环工程有限公司和大唐华银电力股份有限公司联合开发完成。热解工艺过程可以分为三步：干燥、轻度热解和精制。该工艺的优点是流程简单，适应性强，易于工业化控制，可通过调节工艺参数控制半焦和焦油产率。此技术不足之处体现在会有惰性烟气与煤换热，产生的煤气热值低；生成的焦油中固体杂质多，难以过滤，热效率低。

3. 带式炉热解技术

该工艺用热烟气作为热载体，由北京斯柯达科技发展有限公司开发。煤粉依次经过干燥段、热解段，与O_2体积分数低于3%的热烟气换热，完成干燥脱水和热解反应，最后进入冷却段，经冷烟气冷却后，得到提质煤，热解反应所需的热量由热风炉提供，自产煤气为该炉提供热源。优点是工艺简单，安全可靠性高，能耗低；缺点是对热解煤的粒径要求高，需要严格控制粒径在 15～30 毫米，且采用热烟气作为热载体得到的热解气热值低，不便被利用。

4. 国富炉煤热解技术（GF）

该工艺用高温煤气作为热载体，由北京国电富通科技发展有限责任公司自主开发。此技术的改进建立在传统立式炉的基础上，将传统立式炉的内燃式改为外燃内热式，采用多段分层的热解方式使系统压力降低。原料煤自上而下首先进入预热段，与冷却段来的热烟气初步预热，再进入干燥段，干燥后的煤进入干馏段，升温至 580℃，被加热炉的高温烟气加热达到热解目的。干馏段的高温油气经冷却净化回收焦油和煤气，最终煤气加压返回至热解炉，作为干燥段和干馏段的燃料。此工艺的产品为半焦、焦油和煤气，优点是焦油产率高，煤气品质好，已建成 50 万吨 / 年处理量的工业示范装置，现阶段的不足是单台热解炉的处理量低。

5. 多段回转炉温和气化热解工艺（MRF）

该工艺以高温烟气为热载体，由煤炭科学研究总院北京煤化学研究所开发，其工艺流程如图 2.10 所示。原煤经干燥炉干燥后，在热解炉内发生热解反应，反应产物为半焦、煤气和煤焦油，半焦在熄焦器内冷却后排出装置。该工艺优点是产品煤气的纯度高，不会被烟气稀释，热值高，便于利用；缺点是高温煤气不能用于加热，导致热效率低。

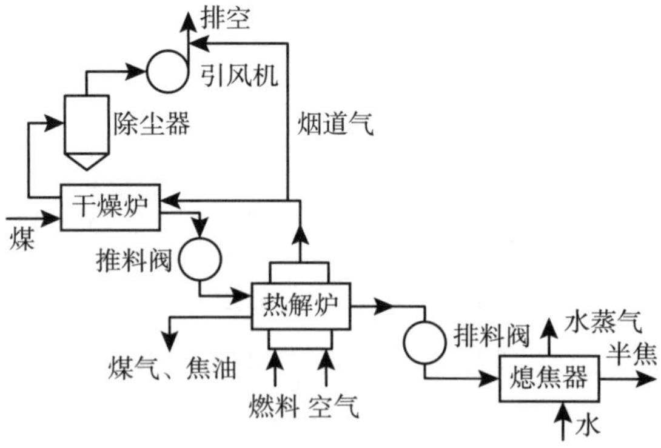

图 2.10　MRF 煤热解工艺流程示意图

6. 煤热解和气化一体化技术（CCSI）

该技术用气化段产生的高温气固混合物作为热源，由陕西延长石油（集团）有限责任公司碳氢高效利用技术研究中心自主开发。该热解工艺显著提高了煤焦油的收率，解决了产品焦油分离困难的问题，其核心是热解气化一体化反应器，反应器上段为热解段，下段为气化段。原料煤经过干燥磨煤段输送至热解段，热解后得到的半焦通过返料系统返回至气化段，气化段产生的高温气固混合物为上部煤热解提供热量。该技术的优点是将煤热解和粉焦气化结合于一个反应器中完成，不仅煤焦油收率提高，粉焦也实现了高效转化，但煤气的品质相对较低，工艺控制复杂。

7. 无热载体蓄热式移动床热解技术

与前几类技术相比，该热解技术没有热载体，反应所需要的热量由热辐射管提供，由北京神雾环境能源科技集团股份有限公司开发，采用了蓄热式旋转床、蓄热式燃烧器和燃气辐射管等技术。此工艺的核心是旋转床反应器，干燥后的粉煤进入旋转床热解反应器热解，油气经过冷却分离得到煤气和焦油，半焦经熄焦装置冷却作为产品送出装置。优点是产品煤气的热值高，品质好；缺点是辐射管的换热效率低，加热速率慢，热解时间长。

8. 气固热载体双循环快速热解技术（MP-SP）

此热解工艺使用气固热载体，由胜帮科技股份有限公司和陕西乾元能源化工公司开发，工艺流程如图 2.11 所示。该工艺由磨煤单元、进料单元、反应及烧炭单元、分馏单元、粉焦冷却单元构成。在高温惰性烟气气氛下，原料煤被磨至粒径 100 微米以下，与高温粉焦热载体一起送至气流床反应器，升温至 600℃发生快速热解反应，生成的粉焦和油气进入反应沉降器，在旋风分离器的作用下实现气固快速分离，得到的高温油气去分馏塔进一步分离，沉降器底的粉焦经过热载体斜管输送至烧炭器，在此粉焦燃烧升温至一定温度后，作为热载体与粉煤一起进入气流床反应器，高温烟气送至磨煤单元使用。该技术优点是原料煤粒径小，使用气固热载体加热升温快，实现秒级反应时间，产品为粉焦、焦油和煤气，得到的煤气品质好，热值高；缺点是高温条件下输送困难，且易堵塞管道。

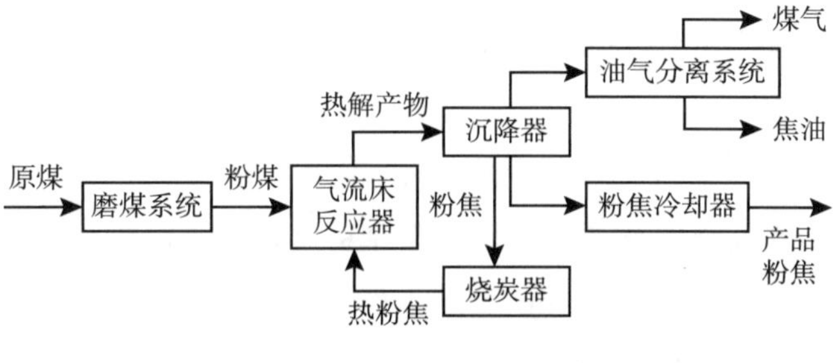

图 2.11　MP-SP 粉煤热解工艺流程示意图

2024 年 9 月 26 日，陕煤集团榆林化学有限责任公司（以下简称榆林化学）1500 万吨 / 年煤炭分质清洁高效转化示范项目二期工程开工。二期项目总投资 1760 亿元，以煤炭分质利用为核心，采用了多种先进技术，生产聚烯烃、EVA、聚酯、聚碳酸酯等 36 种高端化工产品，带动现代煤化工产业向价值高端跃升，提高煤炭作为原料的综合利用效能。

榆林化学年产 1500 万吨煤炭分质清洁高效转化示范项目以煤热解为龙头，通过煤气化和煤热解两条主线，齐头并进，分步实施。其中，煤气化路线通过建设年产 180 万吨乙二醇、50 万吨碳酸二甲酯（DMC）、400 万吨 CCS 以及 560 万吨甲醇、150 万吨烯烃等项目，进而生产电池电解液溶剂、高附加值材料。煤热解路线通过建设年产 120 万吨粉煤热解、1350 万吨煤炭分质清洁高效转化示范项目获得 240 万吨煤焦油。该项目通过重整 / 芳烃联合装置，生产芳烃类基础化工原料，进而转化为可降解材料及芳烃下游化工产品。

2.1.5.2　国外煤热解技术进展

国外开展了大量煤热解技术研发工作，以获得热解油气或提升燃料品质。20 世纪 70 年代石油危机引起各国对煤热解技术的重视，美国、德国、苏联、日本等国开发了一些典型热解工艺；20 世纪 90 年代中期以后，石油资源广泛使用，国外热解技术研发处于停滞状态。

总体来说，国内外的煤热解工艺基本都处于中试或工业示范阶段，没有大规模制备油气的工业化应用。主要共性问题是热解油产率低品质差、沥青质和粉尘含量高、焦油与粉尘分离困难等。当前热解技术发展方向是深入认识煤的键合结构，以及煤在热场中的自由基反应历程与调控原理，研发新型热解反应器，并采用催化热解调控热解过程、改变产物分布，解决油气质量控制问题，提高油气产率和品质。

2.1.6　煤直接液化技术

2.1.6.1　煤直接液化发展瓶颈问题

1. 氢气供应不稳定

神华煤直接液化项目气化工艺采用 Shell 粉煤气化技术，气化装置为煤直接液化提供原料氢气。Shell 粉煤气化炉运行 150 天左右需要停炉检修，因设计未考虑备用气化炉，当一套气化炉检修时，氢气产量减少约 40%，上游核心装置被迫降负荷生产。氢气供应不稳定是影响煤直接液化长周期、高负荷运行的主要因素之一。

2. 环保形势严峻

神华煤直接液化生产运行中，高度重视环境保护工作，为改善污水排放对环境造成的污染，2009—2015 年先后投入大量资金，用于解决污水处理装置运行存在的瓶颈问题，2015 年基本实现了污水“零排放”目标。但是随着“碳达峰、碳中和”等更高、更严绿色环保政策的出台，煤气化等装置排放的大量 CO_2 成为制约产业发展的瓶颈，必须尽早解决。

3. 设备国产化任重道远

神华煤直接液化项目是在没有成熟经验可供借鉴基础上建成的示范项目，核心工艺虽然采用了自主研发，但其核心设备如煤浆泵、循环泵、反应器和高压差阀，仍以引进为主。通过多年的技术攻关，先后对耐磨离心泵、耐磨球阀和高压差阀等实现了国产化。但仍有大量诸如煤液化反应器、循环泵、煤浆增压泵和高压比压缩机等核心设备主要依靠进口，进口设备运行维护成本高，供应受制于人，存在较大安全风险，这将是煤直接液化技术未来发展道路上必须攻克的难题。

2.1.6.2　煤直接液化取得的成果

煤基直接液化油品具有区别于石油基的“一大三高四低”特性，即产品具有大比重、高体积热值、高热氧化安定性、高比热容、低凝点（< –55℃）、低硫（< 0.5 ppm）、低氮（< 0.5 ppm）、低芳烃（< 3%）特性，具有作为军事和航空航天领域特种油品的潜质。已试验的数据显示，煤基特种燃料主要性能指标达到世界领先水平，既可拓展军民燃料来源，又可满足武器装备燃料需求，有效服务国民经济，增强部队战斗能力，应用前景极为广阔，将在能源转型发展中作出突出贡献。

1. 研究成果

1）地面装备煤基通用柴油可满足部队在极寒、高热等特殊环境下的作战用油要求，简化了油品供给保障体系。装备发动机耐久性试验表明，与现役军用柴油相比，煤基通用柴油，特别是直接液化和间接液化调和油品使柴油机的动力性略有提升，燃烧清洁性能、抗积炭性能、润滑性能有较大提高，燃烧室关键部件积炭和轴瓦磨损明显减少，燃油经济性、排放性能等技术指标相当，完全满足发动机使用要求。全地域、全天候行车试验表明，地面装备煤基通用柴油高低温性能优异，能在 –60 ~ 55℃全地域通用，清洁环保、硫和芳烃含量极低、燃烧后烟度小、性能稳定、适合战备长期储存、品种简化，可替代现用 13 个牌号柴油，便于平战时油料保障和管理。

2）煤基喷气燃料将解决我国大比重喷气燃料有标准无油品的困境。科技部

“863 计划”课题“煤基高密度军用航空燃料制备技术”2016 年完成验收。结果表明，煤基喷气燃料和煤基混合喷气燃料理化性能完全符合 3 号喷气燃料标准 GB 6537，煤基大比重喷气燃料符合 GJB 1063。2014 年 12 月，某型运八飞机使用煤基喷气燃料首次试飞圆满成功，标志着我国在煤基喷气燃料研究领域达到世界领先水平，对于拓展军用燃料来源，保障军事能源战略具有重要意义，使我国喷气燃料发展出现质的飞跃。

3）成为世界首个将煤基煤油应用到航天领域的国家。2015 年至今，煤基航天煤油在液氧煤油火箭发动机的多次热试车试验均取得圆满成功，使我国成为世界首个将煤基煤油应用到航天领域的国家。煤基航天煤油成本低、原料足、可持续，将解决现役石油基航天煤油资源稀少、加工成本高昂等问题，有力保障我国高速发展的航天工业燃料需求。

4）掌握了稀缺环烷基油品制备工艺。环烷基原油是世界最宝贵的原油资源之一，其储量仅占原油总储量的 2.2%，总产量约占原油总产量的 4.3%。其中美国和委内瑞拉是两个主要的环烷基原油生产国家，其占全球环烷基原油产量的 75%。我国用油完全依赖进口。煤直接液化公司建成环烷基油中试装置并产出目标产品，项目获得成熟的高附加值环烷基油制备工艺，填补我国此类油品资源的产能缺口，具有显著经济效益和战略意义。

2. 煤直接液化沥青产品深加工及后续炭材料研究取得新进展

煤直接液化沥青（DCLR）是一种高碳、高灰、高硫且成分复杂的固体混合物，是煤直接液化过程中的主要副产品，是煤经高温、高压加氢后的未馏出重质油、沥青类物质、未转化的煤和无机质混合物，具体组分见表 2.2。

表 2.2　DCLR 的索氏萃取结果

单位：wt%

样品	未馏出重质油（HS）	沥青烯（HI–BS）	前沥青烯（BI–THFIS）	不溶物（THFIS）
DCLR	29.54	27.59	3.12	39.75
DCLR	31.57	21.54	8.99	37.90

注：HS：正己烷可溶；HI–BS：正己烷不溶、甲苯可溶；BI–THFIS：甲苯不溶、四氢呋喃可溶；THFIS：四氢呋喃不溶物。

根据煤液化沥青产品的性质，神华煤制油公司开发出 35 万吨 / 年煤液化残渣萃取分离工艺包，选择煤液化油作为溶剂，经过萃取、离心、沉降，在经常减压蒸馏后，得到液态初级、中级和高级煤液化沥青产品。该项目于2020年6月一次性试车成功并产出初级、中级和高级沥青产品，各产品具体组成见表2.3。

表2.3　3级沥青及煤焦油沥青的基本组成

样品	软化点/℃	工业分析/wt%		元素分析/wt%			
		A_d	V_{def}	C	H	S	N
初级沥青	172.4	4.31	45.24	87.68	4.67	1.08	1.02
中级沥青	168.9	0.22	49.87	90.49	5.29	0.10	1.06
高级沥青	148.4	0.07	51.03	90.54	5.23	0.08	1.02
煤焦油沥青	120.5	0.31	—	93.27	4.37	0.82	1.05

样品	TI/%	QI/%	组分分析/wt%			
			HS	A	PA	THIFS
初级沥青	—	9.45	24.72	33.11	23.62	19.55
中级沥青	18.99	0.89	28.32	51.80	6.22	13.66
高级沥青	21.78	0.17	42.32	35.73	11.56	10.39
煤焦油沥青	30.53	6.15	—	—	—	—

注：A_d：灰分含量；V_{def}：挥发分含量；A：沥青质；PA：多环芳烃；TI：甲苯不溶物；QI：喹啉不溶物。

刘均庆等研究人员通过对DCLR制备中间相沥青研究发现，其性能非常适宜制备高性能炭材料前驱体。张胜振等研究人员通过使用多级萃取的方法对中间相沥青进一步萃取，所得到的精制沥青经热聚和闪蒸形成的中间相沥青，再经纺丝和碳化等步骤就可得到质量良好的沥青基碳纤维。宫晓颐等研究人员通过研究从DCLR中成功分离出芳烃树脂的多组分芳烃混合剂，进一步获得的芳香树脂可作为制备多种炭材料的前驱体。用DCLR制备得到的COPNA树脂具有优异的耐高温性能、良好的可成型性、与炭材料良好的亲和力以及特殊的电磁学性质，可应用于炭/炭复合材料成型、刹车制动耐磨材料、高耐热纤维等领域。在实验室制备针状焦的基础上，国家能源集团常鸿雁等研究人员通过放大实验得到了煤液化沥青基针状焦，并与国外某品牌针状焦进行了对比分析，其分析对比结果见表2.4。

由表2.4可以看出，以DCLR为原料制备得到的针状焦，其灰分、挥发分和水分均与国外某品牌的针状焦接近，其主要性能指标具有较强的市场竞争性，制备得到石

表 2.4 煅后针状焦分析结果

样品	煅后针状焦分析结果（1250℃）				煅后针状焦分析结果（2800℃石墨化）			
	灰分 / %	挥发分 / %	水分 / %	硫分 / %	热膨胀系数 /（$\times10^{-6}$/℃）	抗压强度 / 兆帕	真密度 /（克 / 立方厘米）	电阻率 / 微欧姆米
煤液化沥青基针状焦	0.04	0.20	0.10	0.14	1.0	14	2.21	9.1
国外某品牌针状焦	0.03	0.27	0.10	0.30	0.9	14	2.19	9.3

墨化焦的真密度较高，有利于超高功率电极的生产。同时，使用 DCLR 生产的针状焦的大颗粒比例较高还可以满足较大规格电极生产的需要。

2.1.6.3 煤直接液化技术高质量发展展望

1. 确保氢气供应稳定

氢气作为煤直接液化的重要原料，只有保证氢气供应稳定才能保障下游产品系统运行稳定。煤直接液化项目一期第一条生产线未设计备用气化炉，导致气化炉在故障或检修期间氢气供应能力下降，下游产品系统被迫降负荷或者停工。未来再建煤直接液化项目时必须统筹考虑增加备用气化炉，确保氢气供应的稳定和连续性。

2. 解决煤气化排放的大量 CO_2 难题

未来，解决煤直接液化生产过程中产生的 CO_2 主要在以下几方面入手：一是发展二氧化碳封存捕集技术。这一技术已在煤直接液化项目中成功示范并实现工业化运行。二是加大二氧化碳的利用。用二氧化碳替代氮气作粉煤输送介质，一定程度上可以减少二氧化碳的排放量。三是研究二氧化碳化学转化技术。应用化学手段将二氧化碳转化成其他化学物质，是实现根本上的减排。当前比较成熟的转化技术就是把二氧化碳制成对烃基苯甲酸、双氰胺、硼砂、水杨酸、碳酸盐。四是可降解塑料。该技术在环境保护中体现出了巨大的价值。除此之外，将二氧化碳当作催化剂也是比较常见的，其附加价值很高，但为了更好地使用需要进一步研究，从而发挥催化剂价值。

3. 解决关键核心设备国产化难题

煤直接液化项目一期工程设备国产化取得了巨大进步，但比如反应器、循环泵、煤浆增压泵和高压比压缩机等核心设备主要依靠进口，供应受制于人，存在较大安全风险。未来仍需与科研院所和设备厂家共同研究关键设备国产化问题，最终实现核心设备全部国产化目标。

4. 布局稀缺性高端煤基特种燃料和煤基沥青深加工产业

煤基特种油品在煤直接液化项目一期工程第一条生产线中取得了丰硕成果，煤基特种油品具有很高的附加值。所以在未来的产品路线选择上要增加煤基特种燃料地面装备煤基通用柴油的生产，增加煤基喷气燃料和煤基航天煤油的生产，增加白油及环烷基原油等稀缺油品的生产，增加以煤基沥青为原料的炭材料、碳纤维及针状焦等深加工项目，以填补我国在高端材料领域的缺口。

2.1.6.4 结论

1. 保障能源安全具有重大的战略意义

煤直接液化项目是“十五”期间国家煤炭清洁高效转化重点项目之一，是我国石油安全战略的重要组成部分。项目的成功运营为实现国家石油安全提供了重要技术路径，对解决我国石油资源短缺、优化能源结构、保障能源安全具有重大战略意义。

2. 实现煤炭清洁高效转化利用最有效的技术途径之一

煤直接液化项目的成功运营实现了煤炭资源的就地、清洁、高效转化，实现了传统能源清洁化利用，是煤炭产业供给侧结构性改革的重要途径之一。煤直接液化技术的能源转化率近60%，远高于煤电和其他煤化工40%左右的水平，是用煤生产液体产品最有效的技术途径之一，实现了煤炭从燃料到原料的质的转变。不但提高了煤炭利用效率，同时与煤炭作为燃料相比，大幅度减少了对环境造成的污染。

3. 大力布局煤基特种燃料、高端炭材料，凸显煤直接液化产品的高端化、稀缺性和差异化

我国已经掌握百万吨级煤直接液化工业化技术。煤基喷气燃料、煤基航天煤油、煤基通用柴油及环烷基油已取得了突破性试验成果，完全具备工业化应用条件；以煤基沥青为原料的炭材料、碳纤维及针状焦等多项研究取得可预见性成果，正在中试验证，是未来填补我国在高端炭材料领域缺口的重要研究方向。未来要加快推进煤直接液化技术的布局，充分体现煤直接液化产品的高端化、稀缺性、差异化，进而提高煤直接液化产业的核心竞争力。

煤炭液化技术在能源和化工领域有广泛的应用。通过煤炭液化技术，可以将煤炭转化为高品质的液体燃料，如合成油、合成柴油等，用于汽车燃料、航空燃料和工业燃料等领域。此外，液化技术还可以生产煤焦油、煤焦油化工产品等。

随着技术的不断进步，煤炭液化技术也在不断发展和创新。最新的发展趋势包括提高液化效率、减少环境污染、改善产物质量和开发多产物液化技术等。同时，结合

液化技术与碳捕集、储存和利用技术，实现煤炭液化的低碳化和环保化也是煤炭液化技术发展的重要方向。

综上所述，煤炭液化技术是将煤炭转化为液体燃料的重要技术，通过直接液化或间接液化过程，将煤炭资源转化为高品质的液体燃料，实现煤炭清洁高效转化。煤炭液化技术在能源和化工领域具有广泛的应用，并在不断发展和创新中迎来新的机遇和挑战。

2.1.7　多产物综合利用技术

多产物综合利用技术是指在煤炭清洁高效转化过程中，将产生的副产品或废弃物进行有效利用，实现资源的综合利用和循环利用。这种技术的发展旨在提高煤炭利用效率、减少环境污染、降低能源消耗，并促进可持续发展。下面将详细阐述几种常见的多产物综合利用技术。

2.1.7.1　煤焦化多产物综合利用技术

煤焦化是将煤转化为焦炭和副产品的过程，其中副产品主要包括焦炉煤气、焦炉炉渣、焦油和粗苯等。多产物综合利用技术的发展包括以下方面。

1）焦炉煤气利用：焦炉煤气中富含一氧化碳、氢气等可燃气体，可以用于发电、热能供应和化学合成等用途。

2）焦炉炉渣综合利用：焦炉炉渣中富含铁、钢和矿物质等，可以用于炼铁、建筑材料生产和水泥制造等领域。

3）焦油加工：对焦油进行脱硫、脱氮等处理，可以生产石油化工原料、沥青和炭材料等产品。

4）粗苯加工：对粗苯进行分离、纯化和加氢处理，可以生产苯酚、苯乙烯和酚醛树脂等化工产品。

2.1.7.2　煤炭气化多产物综合利用技术

煤炭气化是将煤转化为合成气的过程，合成气中含有一氧化碳、氢气和一些低级烃类等。多产物综合利用技术的发展包括以下方面。

1）合成气利用：合成气可用于发电、热能供应、化学合成和液体燃料生产等领域。

2）合成氨生产：合成气中的氢气可以用于合成氨，用于农业肥料生产和化学工业。

3）合成甲醇生产：通过合成气的催化反应，可以生产甲醇，用于化工原料和燃料生产。

4）气化渣综合利用：煤气化渣中富含铁、矿物质和硅酸盐等，可以用于水泥生产、建筑材料和填埋材料等。

2.1.7.3 煤炭液化多产物综合利用技术

煤炭液化是将煤转化为液体燃料的过程，多产物综合利用技术的发展包括以下方面。

1）液体燃料生产：通过煤的直接液化或间接液化过程，生产液体燃料，如煤油、煤脂和合成柴油等。

2）氨制氢：煤液化过程中产生的氨可以用于制备氢气，用于燃料电池和化学合成等领域。

3）煤焦油加工：对煤焦油进行精炼和加工，可以生产石油化工原料、炭材料和沥青等产品。

4）煤灰综合利用：煤液化过程中产生的煤灰可以用于水泥生产、建筑材料和填埋材料等领域。

2.1.7.4 煤炭热解与气化联合利用技术

煤炭热解和气化联合利用技术将煤炭通过热解产生的固体副产物与气化产生的合成气相结合利用。多产物综合利用技术的发展包括以下方面。

1）煤炭气化与热解联合利用：将煤炭气化和热解的产物进行协同利用，提高能源转化效率和产品多样性。

2）煤焦化与气化联合利用：将煤焦化过程中产生的煤气和焦炉炉渣与煤炭气化产生的合成气相结合利用，实现资源的综合利用。

综上所述，多产物综合利用技术可以将煤炭转化过程中产生的副产品或废弃物转化为有价值的能源和化工产品，实现资源的循环利用和能源的高效利用（图 2.12）。这种技术的发展对于提高煤炭清洁高效转化的效果、减少环境污染、促进可持续发展具有重要意义。

2.1.8 碳减排技术的发展趋势

CCUS 作为一种未来减排温室气体的战略性技术，其能否大规模产业化实施取决于技术成熟度、经济可承受性、自然条件承载力及其与产业发展结合的可行性。鉴于

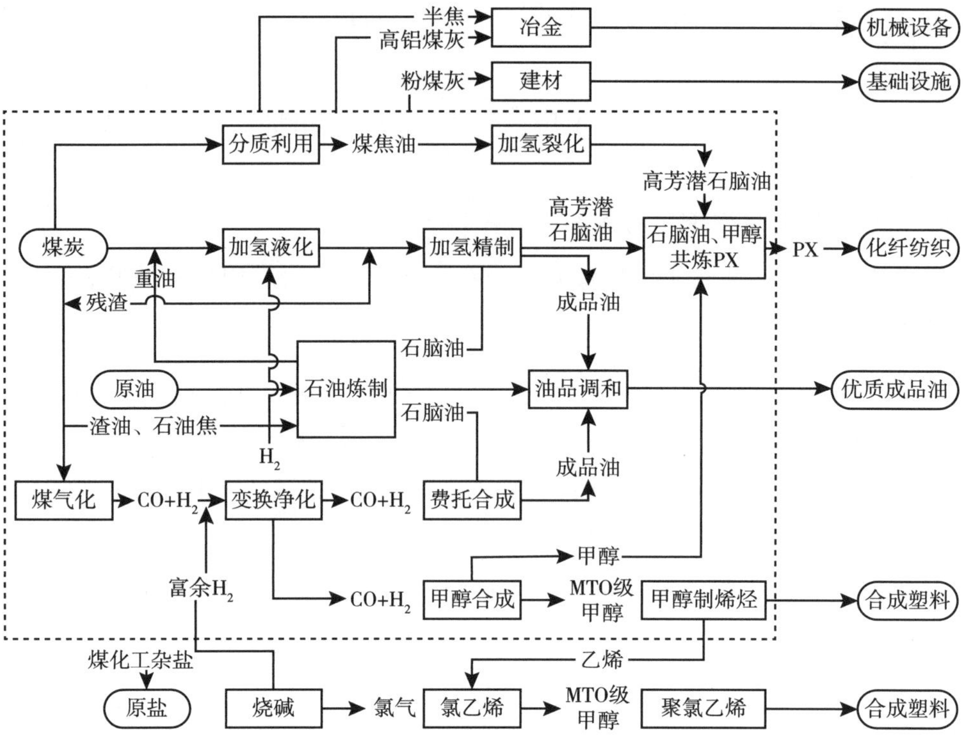

图 2.12　煤化工与关联产业融合发展路径

CCUS 技术在应对气候变化和碳减排的重要作用，欧美发达国家已在探索给予 CCUS 和其他清洁能源同等待遇的政策，以支持基础研究和产业技术发展。因此，CCUS 技术是未来我国减少 CO_2 排放、保障能源安全、构建生态文明和实现可持续发展的重要手段。我国基本能源结构现状是“一次能源以煤炭为主、二次能源以煤电为主”，尽管近年来可再生能源发展迅速，但是比例增长仍较为缓慢。

我国规划 2030 年非化石能源占能源消费总量比例达到 20%，无法满足能源需求的增长，且我国政府已郑重承诺在 2030 年 CO_2 排放达峰。CCUS 技术可以在避免能源结构过激调整、保障能源安全的前提下完成减排目标，使我国能源结构实现从化石能源为主向可再生能源为主的平稳过渡，因此，CCUS 技术有望在 2030 年后的去峰阶段发挥重要作用。但目前 CCUS 技术尚不成熟，费用高昂仍是制约其大规模应用的重要因素，从发展前景来说，近期应优先解决 CCUS 技术成本、能耗和安全问题。若 CCUS 技术在节能减排的同时能创造直接或间接的经济效益，抵消部分成本甚至能创造利润，届时企业也会自愿去应用，相信这也是 CCUS 技术发展的方向。

我国煤电、煤化工、钢铁和水泥四大产业是主要的煤炭消费产业，占 CO_2 集中排放的 90% 以上。而我国以煤为主的能源结构短时间内难以改变，因此，要实现减排目标，实现煤炭的低碳利用是关键。CCUS 集群具有基础设施共享、项目系统性强、技术代际关联度高、能量资源交互利用等优势，是一种高效费比的发展方式。CCUS 技术同煤电、煤化工、钢铁、水泥等传统产业相结合，可以大规模减少 CO_2 排放，实现煤炭清洁低碳利用。因此，探索高碳产业同 CCUS 技术耦合发展的低碳产业链和产业集群也是 CCUS 技术未来的发展方向（图 2.13）。

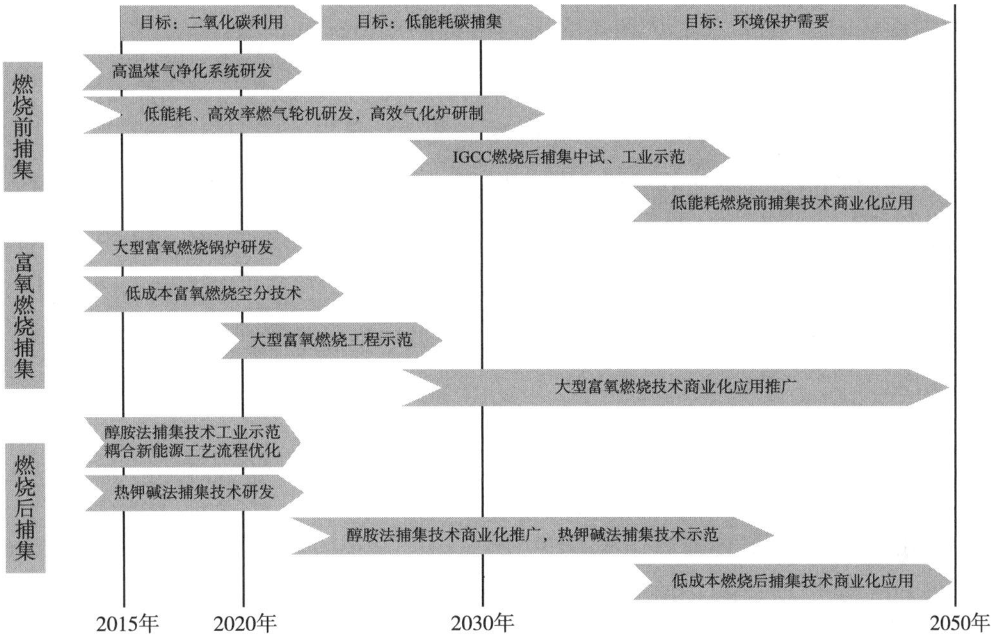

图 2.13　CCUS 技术发展历程与未来趋势

清洁煤电与 CCUS 耦合是推进煤炭工业碳中和的关键技术。燃煤电厂加装 CCUS，能够提供稳定清洁低碳电力，充分发挥煤电在电力系统中的调节作用，又可支持燃煤电厂实现近零碳排放。煤炭工业及关联行业需注重提升碳捕集能力，加大碳捕集技术研发投入，追求包括技术、经济、环保、成本在内的综合效益。

总体来说，当前 CCUS 技术仍处于研发和示范阶段，仍存在许多制约其发展的突出问题，其中能耗和成本过高是不可忽视的问题，同时还存在长期封存的安全性和可靠性有待验证等问题。但 CCUS 技术是未来实现碳减排目标的重要手段和技术，相信随着基础理论和技术研发的不断推进，制约其发展的成本、能耗、安全等问题也将迎刃而解，CCUS 技术的环境效益和社会经济价值也将凸显。

2.2　产业技术需求分析

当前形势下，加快煤炭清洁高效利用是支撑能源转型、确保国家能源安全和实现“双碳”目标的必然选择和坚强基石。我国富煤、贫油、少气的能源资源禀赋特点决定了煤炭的主体能源地位短期内不会发生根本性变化。2021 年，我国煤炭消费超 40 亿吨，在一次能源消费中占比仍高达 56%，煤炭利用产生的碳排放约占化石能源消费碳排放 70% 以上。如果不加快调整煤炭当前的利用方式和消费结构，将加剧碳排放和环境污染等问题。

与此同时，实现能源转型并非一日之功，美德日等发达国家发展历程表明，即使有可替代煤炭的能源，碳达峰后仍会使用煤炭，只是用途会发生改变。就我国而言更是如此，实现“双碳”目标仍需大量清洁煤炭提供过渡和兜底保障。煤炭作为原料在现代煤化工（煤制烯烃、芳烃等）和煤基高端材料（碳纤维、石墨烯、炭质还原剂、高端活性炭等）生产方面仍有一定应用空间，并将逐步成为我国碳中和进程中煤炭的主要利用方式之一。

2.2.1　市场需求分析

煤炭清洁高效利用的主要实现途径（图 2.14）为煤炭由燃料向原料转变，进一步生产清洁的油气产品、化工原料和精细化学品，目前较为成熟并已实现产业化应用的技术路线为煤气化及煤液化两种方式。煤气化是指煤在一定条件下与气化剂反应，转化为一氧化碳、氢气、甲烷等气体产物，再进一步加工制得其他煤基燃料或化工产品的生产工艺；煤液化是指煤在催化作用下，经过化学加工转化为液体燃料或化工原料

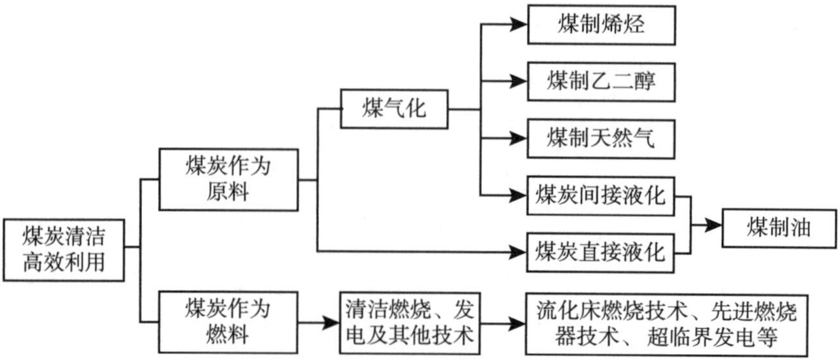

图 2.14　煤炭清洁高效利用途径

的工艺。此外，采用新型燃烧和处理技术直接燃烧利用煤炭也是煤炭清洁高效利用的一种方式，主要包括流化床燃烧技术、先进燃烧器技术、超超临界发电等。

我国煤化工产业经过30多年的科技攻关和技术积累，无论在产业关键技术攻关、重大装备自主化研制，还是在产品品种开发和生产规模扩大等方面，都取得了突破性进展。我国已掌握了具有自主知识产权的煤直接液化、煤间接液化、甲醇制烯烃、煤制乙二醇、甲醇制芳烃、煤油共炼技术，关键技术水平已居世界领先地位，煤制油、煤制天然气、煤制烯烃、煤制乙二醇基本实现产业化，煤制芳烃工业试验取得进展，成功搭建了煤炭向石油化工产品转化的桥梁，煤化工技术创新水平的不断提高为实现石化原料多元化提供了重要的技术支撑。我国煤化工项目主要集中在内蒙古、陕西、宁夏、山西、新疆等省区。目前，初具规模的煤化工基地主要有鄂尔多斯煤化工基地、宁东能源化工基地、陕北煤化工基地及新疆的准东、伊犁等。这些基地都建设在煤炭资源地，上下游产业延伸发展，部分实现与石化、电力等行业多业联产发展，向园区化、基地化、大型化方向发展，产业集聚优势得到充分发挥。

2.2.1.1 煤炭市场分析

1. 国际煤炭市场

煤炭作为化石能源中储藏最丰富的品种，储藏情况由地质环境决定。按目前的探明煤炭储量，最丰富的国家排名如下。

1）美国：世界上煤炭资源最为丰富的国家，煤炭储量主要集中在科罗拉多、伊利诺伊、蒙大拿、宾夕法尼亚、俄亥俄、西弗吉尼亚、怀俄明和肯塔基等8个州。美国探明煤炭储量2500亿吨。

2）俄罗斯：作为能源大国，在全球煤炭工业起着举足轻重的作用。俄罗斯煤炭资源的最大优势在于资源储量巨大、煤质好、埋藏深度相对不大、开采难度不高、生产成本较低。俄罗斯已探明煤炭储量1600亿吨，主要分布在西西伯利亚平原东南部，临近库兹巴斯地区、萨哈林岛中南部地区以及远东的切尔斯基山脉地区。

3）澳大利亚：主要煤炭出口国之一，煤炭资源不仅储量大，而且具备高热、低硫、低灰等特性。另外，煤炭埋藏条件良好，煤层赋存条件适合大规模开采，开采难度相对较低，露天矿的开采极限是地平线下120米，井工矿的开采深度普遍在150～500米。澳大利亚已探明煤炭储量为约1450亿吨，主要分布在纽卡斯尔州和昆士兰州。

4）中国：全球最大的煤炭生产国，同时也是最大的煤炭消费国，产量及消费量约占全球的 50%。中国煤炭储量主要集中在西北和西南地区，已探明储量约 1330 亿吨。

5）印度：矿产资源丰富，已探明煤炭储量 970 亿吨，大部分煤矿位于东部，覆盖西孟加拉邦、贾坎德邦、奥里萨邦和恰蒂斯加尔邦地区。

6）印度尼西亚：全球最大的动力煤出口国，已探明煤炭储量约 220 亿吨，其中，褐煤及低质烟煤约占总储量的 85%。

2024 年 6 月 20 日，英国能源研究院（The Energy Institute，EI）发布第 73 版《世界能源统计年鉴 2024》（*Statistical Review of World Energy 2024*）。这是由英国能源研究院与毕马威（KPMG）和科尔尼（Kearney）联合，连续第二年发布《世界能源统计年鉴》，全面提供了截至 2023 年的全球能源数据。

统计年鉴数据显示，2023 年，世界煤炭总产量为 90.96 亿吨（179.24 艾焦），比 2022 年增长 3.1%，全球产量首次突破 90 亿吨，创出历史新纪录（图 2.15）。

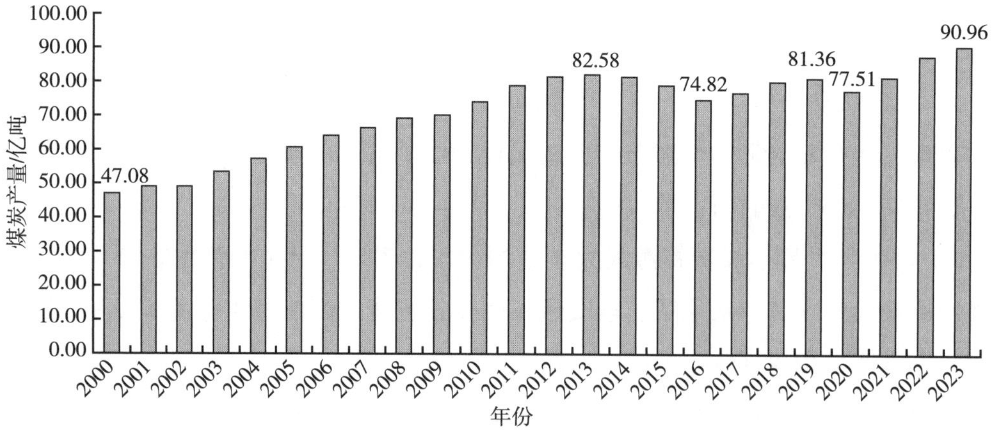

图 2.15　2000 年以来世界煤炭产量变化走势

亚太地区煤炭产量占全球产量的近 80%，主要集中在中国、印度、澳大利亚和印度尼西亚四个国家。同时，全球煤炭消费量继续增长。2023 年全球煤炭消费 164.03 艾焦，按一定比例折算为 83.24 亿吨，比上年增长 1.6%，也创出煤炭消费历史最高水平（图 2.16）。尽管中国是目前最大的煤炭消费国（2023 年占全球煤炭消费总量的 56%），但 2023 年印度的煤炭消费量有史以来首次超过了欧洲和北美的总消费量，比上年增长 9.8%。欧洲和北美的煤炭消费量均降至 10 艾焦以下，两个地区都比上年下降 16.2%，并在过去的 10 年基本上也都是持续下降的。

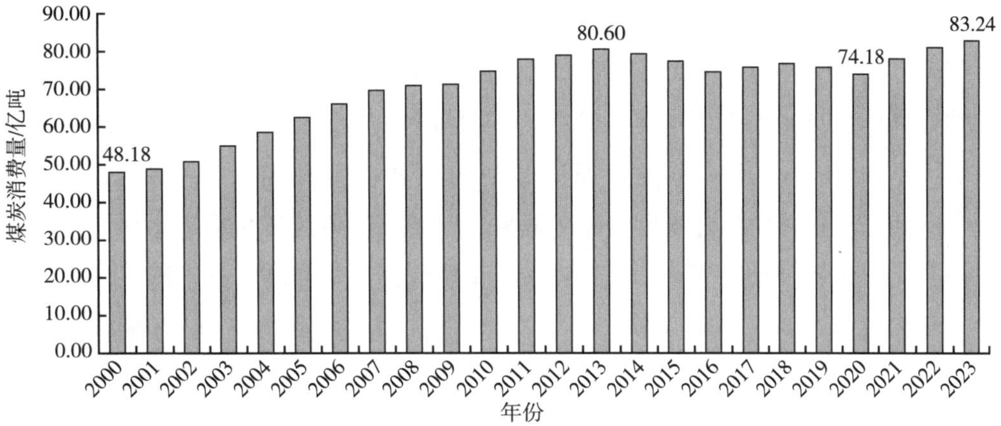

图 2.16　2000 年以来世界煤炭消费量变化走势

国际能源署发布《2023 年煤炭市场报告》（以下简称《报告》）称，2023 年，全球煤炭需求总量超过 85 亿吨，同比上涨 1.4%，创历史新高。但在该机构看来，各国当前能源政策为清洁能源提供了强大助力，2024 年起，全球煤炭供需量均有望出现下降。

《报告》指出，相比 2022 年，2023 年全球煤炭需求涨幅有所减缓，需求总量约增长 1 亿吨。其中，印度煤炭需求涨幅达 9%，印度尼西亚煤炭需求涨幅更是达到 11%。同期内，欧盟煤炭需求减少 23%，美国煤炭需求则减少超过 20%。国际能源署表示，一方面，欧美国家能源政策改变推动煤电需求走低，另一方面，欧美国家工业活动情况相对疲软，进一步拉低煤炭需求。

根据《报告》，发电需求仍是煤炭消费的最重要用途，但全球增速已有所放缓。数据显示，2023 年，全球煤炭发电量增幅从 2022 年的 2.3% 下降至 1.4% 左右。分析认为，2023 年，全球天然气价较过去几年有所下降，一度因高气价加大煤电使用的欧洲国家再度回归气电，煤电需求大幅回落；同时，部分国家可再生能源发电装机量大幅上涨，煤炭发电需求增速同样有所放缓。

从市场供应来看，2023 年全球煤炭供应量同样出现上涨，达到 87.41 亿吨，涨幅约为 1.4%，刷新历史最高纪录。其中，印度本土煤炭产量增长十分明显，涨幅高达 11%，产量首次突破 10 亿吨大关，创下印度煤炭产量纪录。

随着煤炭生产供应维持稳定，2023 年全球煤价趋于稳定。《报告》指出，过去两年，全球煤价大幅波动，部分时间涨价幅度超出预期，由此导致许多国家用能成本高企，多国政府不得不出台补贴措施以降低居民用能成本。2023 年，随着煤炭生产国提高产量，供应趋于充足，煤炭市场价格有所回落。

《报告》同时指出，持续高昂的煤炭价格让煤炭生产商获得高额利润，不仅解决了此前存在的债务，还实现了更高分红，现金流水平好于预期。但值得注意的是，虽然煤炭生产商资金压力明显缓解，但受制于当前各国管理规定以及环保压力，大部分煤炭生产商仍选择并购或开发存量煤矿业务，对新煤矿项目开发缺乏动力。

《报告》预计，从供应侧来看，2024 年全球煤炭产量或将开始下滑。“未来两年，欧盟和美国煤炭产量预期快速下降，美国煤炭产量或维持每年 11% 的降幅，到 2026 年，美国煤炭产量或从 2022 年 5.39 亿吨下降至 3.46 亿吨。同时，煤炭出口大国印尼也可能由于全球海运煤炭市场走弱而有所减产。”

从需求侧来看，煤炭目前仍是发电、钢铁、水泥生产领域中最主要的能源来源，但到 2026 年，各国可再生能源发电量增长和气候政策下，全球煤炭需求有望出现 2.3% 的下降，印度和东南亚地区将是全球仅有的煤炭消费量有望大幅增长的地区。

国际能源署能源市场和安全司司长 Keisuke Sadamori 表示，虽然过去几年全球煤炭需求几次下降，但都是外部因素引发的短暂现象，未来，由于清洁能源持续扩张，煤炭市场或出现结构性下降。

2. 国内煤炭市场

中国目前已探明的煤炭储量当中，烟煤占比达到 75%，无烟煤占比达到 12.5%，其余为褐煤。中国人均煤炭占有量为 234 吨，世界人均煤炭占有量为 312.7 吨，中国人均煤炭占有量显然低于世界平均水平，仅占世界平均水平的 75%。国内煤炭资源的分布呈现出不平衡的状态，北方多南方少、西部多东部少。数据显示，中国北方煤炭资源总量达到全国 90% 以上。近些年新探明的煤炭储量 80% 以上分布在山西、陕西以及新疆等地区，山西、陕西、内蒙古等地长期以来是中国最为稳定的煤炭供应地。

国家能源局 2017 年、2018 年连续两年公告了全国生产和建设煤矿产能，此后开始由各省公告，具体数据见表 2.5，在 2021 年后，我国煤炭消费量在连续几年小幅增长后，开始进入新一轮高速增长。2023 年 2 月，据国家统计局发布《中华人民共和国 2022 年国民经济和社会发展统计公报》，2022 年我国原煤产量 45.6 亿吨，比上年增长 10.5%；煤炭消费量增长 4.3%。

纵观煤炭行业 30 年成长脉络，是中国发展的“动力之源”。煤炭作为中国的主要能源和工业原料，新中国成立之初，煤炭在中国能源结构中的占比高达 95% 以上，是推动新中国不断发展的“动力之源”。尽管近些年清洁能源产能大幅增长，中国煤

表 2.5　2017—2021 年全国煤炭产能情况

年度	生产煤矿公告产能 /（亿吨 / 年）	建设煤矿公告产能 /（亿吨 / 年）	产能合计 /（亿吨 / 年）	全国煤炭产量 / 亿吨	全国煤炭消费量 / 亿吨	煤炭进口量 / 亿吨	全年煤炭均价（CCTD）/（元 / 吨）
2017	33.36	10.61	43.97	35.24	39.14	2.71	612
2018	35.27	10.56	45.83	36.98	39.74	2.81	590
2019	36.80*	2.40*	45.90*	38.46	40.19	3.00	573
2020	37.60*	8.40*	46.00*	39.02	40.40	3.04	556
2021	40.90*	7.20*	48.10*	41.30	42.00	3.24	829

注：* 表示数据可能有偏差，2019 年以后国家能源局不再统一公告全国煤矿产能，数据由各省（市）公告数据汇总获得，部分省份未查询到公告，CCTD 为中国煤炭市场网简称。

炭消费占比已经降到 55.3%，但煤炭作为主体能源的地位并未改变。煤炭的基础能源作用将继续在中国的能源安全和经济发展中发挥重要作用。

煤炭行业紧随中国经济发展的脉搏。从新中国成立之初的 3243 万吨产量，到“一五”计划结束时的 1.31 亿吨，再到“二五”计划结束时的 2.2 亿吨，再到 1965 年的 2.32 亿吨，直至 1978 年的 6.18 亿吨，中国的煤炭产量实现了跨越式的发展。随着中国加入 WTO，煤炭产量继续由 1998 年的 12.50 亿吨到 2008 年的 27.93 亿吨，再到 2013 年创纪录的 39.69 亿吨，2023 年的 47.1 亿吨产量相较于 1998 年的产量，实现了 3.76 倍的增长，年均增长率达到 5.4%。

过去 30 年，中国煤炭工业走过了从粗放式发展到市场集中度逐渐提高的曲折道路，在这一过程中煤炭工业实现多方面的历史性转变，包括供需关系、产品集中度、定价机制等。1996 年以前中国煤矿的生产结构存在多、小、散、乱的问题，这导致了资源利用效率低下和安全问题频发。1997 年，全国煤矿数量多达 8.2 万多个，其中大中型煤矿的产量占比不足 30%。而“十三五”期间供给侧改革，政策聚焦“去产能”和“兼并重组”，产业集中度有了显著提升。

供给侧改革去产能：“十三五”期间，煤炭行业深化供给侧结构性改革，淘汰了落后产能累计达 8.1 亿吨，产能利用率提升至 70.6%。截至 2023 年年底，全国煤矿数量减少至 4300 处左右；其中，年产 120 万吨及以上的大型煤矿产量占 85% 以上，比 2020 年提高 5 个百分点；8 家企业原煤产量合计约为 22.3 亿吨，较 2022 年增加约 0.7 亿吨，增长约 3%。

政策鼓励兼并重组：在 2010 年国务院办公厅转发国家发展改革委《关于加快推进煤矿企业兼并重组的若干意见》及 2017 年国家发展改革委等 12 部委联合印发《关于进一步推进煤炭企业兼并重组转型升级的意见》的政策推动下，煤炭企业战略性重组步伐加快。近 10 年中，神华集团与国电集团合并重组为国家能源投资集团，山东能源与兖矿集团联合重组成立山东能源集团，中煤能源兼并重组国投、保利和中铁等企业的煤矿板块，山西省战略重组成立晋能控股集团和山西焦煤集团，甘肃省、贵州省、辽宁省分别重组成立甘肃能源化工投资集团、盘江煤电集团、辽宁省能源集团。战略重组后，国家能源集团、晋能控股集团、山东能源集团、中煤能源集团等 4 家企业煤炭产量超过 2 亿吨，陕西煤业化工集团、山西焦煤集团等 2 家企业产量超过 1 亿吨。

煤炭价格向更加市场化的方向迈进，政策市场化定价经历了统购统销、放开搞活、市场框架初建、价格双轨制、宏观调控历史发展阶段，初步形成煤炭市场体系。在体系发展中我国煤炭定价主要经历了统一价格指数定价机制、价格双轨制、市场化定价、基础价 + 浮动价（新双轨制）四种机制。

2023 年以前，煤炭股价以周期逻辑为主。从 1993 年至今，煤炭行业指数可以分为 6 个主要阶段，除流动性因素外，影响煤炭指数的主要因素为煤炭价格：煤价驱动股价，股价跟随煤价，2023 年以前煤炭指数以周期逻辑为主。

2021 年 4 月，习近平在出席领导人气候峰会等讲话中提出，中国将严控煤电项目，“十四五”时期严控煤炭消费增长，“十五五”时期逐步减少；10 月，中共中央、国务院印发《关于完整准确全面贯彻新发展理念做好碳达峰碳中和工作的意见》，对碳达峰、碳中和工作进行了系统谋划和总体部署，进一步在能源利用效率、非化石能源占比等方面提出了明确目标。2030 年，非化石能源消费比重达到 25% 左右，至 2060 年要达到 80% 以上，能源利用效率达到国际先进水平，这意味着中国的能源体系以及依托能源体系的整个基础设施都要发生根本性的重构。二十大报告中也明确提出，要积极稳妥推进碳达峰碳中和，立足中国能源资源禀赋，坚持先立后破，深入推进能源革命，加强煤炭清洁高效利用。

煤电作为我国当前电力的主体来源，短期内缺乏可行替代，如果转型不当不仅影响电力供应安全，还可能涉及大量存量煤电资产贬值、银行信贷违约等转型风险。立足保障国家能源安全和经济发展为底线，为积极稳妥有序推动煤电行业低碳转型，我们提出以下五条建议：第一，明确煤电定位，处理好短期和中长期之间的关系，制定煤电积极稳妥转型目标与路线图；第二，全面统筹煤电区域性、技术性的差异，因地制宜，分类施策，科学合理规划煤电转型行动，共同推动煤电角色转变；第三，先立后破，加快构建多能互补的新型电力系统；第四，进一步发挥转型金融的资金支持和风险管理职能；第五，完善与煤电功能定位调整相匹配、符合新型电力系统特征的配套机制和市场模式，建立适宜煤电转型的政策市场环境。

2.2.1.2　煤电市场分析

我国以煤为主的资源禀赋形成了煤电为主体的电力生产和消费结构。作为我国的基础性电源，煤电为支撑经济社会发展提供了坚强电力保障，但煤电曾是导致大气污染问题频发的重要来源。

中国能源绿色低碳变革已来，中国能源含“绿”量不断提升。2023 年年底，我国非化石能源发电装机超过 15 亿千瓦，历史性超过火电。2023 年，我国非化石能源发电量突破 3.3 万亿千瓦时（图 2.17）。据国家统计局数据，2023 年，我国水电发电量 12858.5 亿千瓦时，比上年降低 4.9 个百分点；核电发电量 4347.2 亿千瓦时，比上年增长 4.1 个百分点；风电发电量 8858.7 亿千瓦时，比上年增长 16.2 个百分点；太阳能发电量 5841.5 亿千瓦时，比上年增长 36.7 个百分点。另据中国产业发展促进会生物质能产业分会数据，2023 年生物质发电量约 1980 亿千瓦时，较上年增加 156 亿千瓦时。2023 年全国可再生能源年发电量约 3 万亿千瓦时，约占全社会用电量的三分之

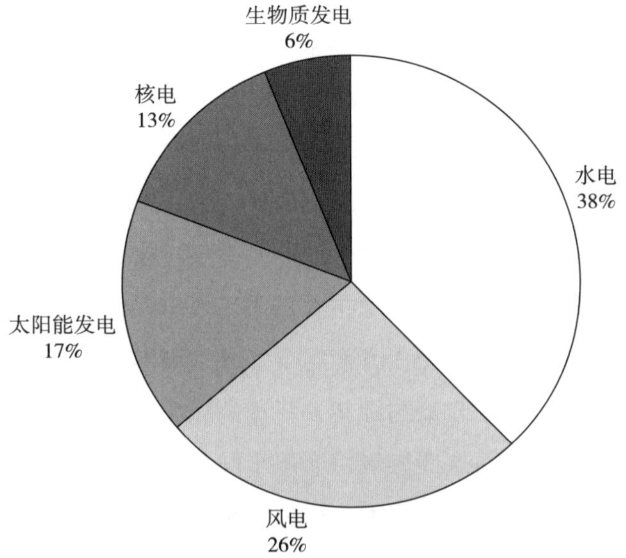

图 2.17　2023 年非化石能源发电量结构

注：占比系计算所得。数据来源：国家统计局、中国产业发展促进会生物质能产业分会。

一。其中风电、光伏发电量 1.43 万亿千瓦时，约占全社会用电量的 15.8%，高于 13% 的全球平均水平。

据中国电力企业联合会统计，截至 2023 年年底，全国全口径非化石能源发电装机容量 15.7 亿千瓦，占总装机容量比重首次突破 50%，达到 53.9%。电力行业绿色低碳转型趋势持续推进。分类型看，水电 4.2 亿千瓦，其中抽水蓄能 5094 万千瓦；核电 5691 万千瓦；并网风电 4.4 亿千瓦，其中，陆上风电 4.0 亿千瓦、海上风电 3729 万千瓦；并网太阳能发电 6.1 亿千瓦。全国并网风电和太阳能发电合计装机规模从 2022 年年底的 7.6 亿千瓦，连续突破 8 亿千瓦、9 亿千瓦、10 亿千瓦大关，2023 年年底达到 10.5 亿千瓦，同比增长 38.6%，占总装机容量比重为 36.0%，同比提高 6.4 个百分点。虽然经过发电结构持续优化，风电和太阳能发电对全国电力供应的贡献不断提升，但煤电仍是当前我国电力供应的最主要电源，充分发挥了煤电兜底保供作用。

我国煤炭的燃料发电技术水平世界领先，但燃煤发电效率偏低、碳排放量大。煤炭作为燃料发电是煤炭清洁高效利用的主要领域。一方面，全国燃煤电厂供电煤耗由 2015 年的 315 克标准煤 / 千瓦时降低到 2022 上半年的 299.8 克标准煤 / 千瓦时，但目前最先进的燃煤电厂供电煤耗已达到 270 克标准煤 / 千瓦时，对标先进，我国供电煤耗仍有提升空间。另一方面，我国火电厂发电效率普遍低于 50%，能源转化效率低导致供电煤耗偏高，也增加了污染物排放。另外，二氧化碳排放量高也是目前电厂存在的重要问题，而碳捕集技术应用仍停留在示范阶段。

大力发展新型煤电技术，进一步提高常规煤电参数等级、发展新型煤基发电和污染物一体化脱除技术等是推进煤炭清洁高效利用技术产业化发展的重要组成部分。

2.2.1.3　煤作原料市场分析

现阶段，我国煤炭有 2 种主流利用方式：一是作为燃料直接燃烧，二是作为化工原料制取煤基化学品。发展煤化工就是充分发挥煤炭作为原料综合效能优势的最好途径。目前，我国每年开采的煤炭资源主要仍用于发电领域，根据 2019 年统计数据，我国煤化工行业的煤炭消费量约为 3.08 亿吨，仅占当年煤炭消费总量的 9.79%，其他领域的消耗量较少。随着国家政策的倾斜，我国的能源结构正在发生转变，煤炭用于发电的比例将会逐渐减少，而这些煤炭将会逐步向高效、节能、绿色的现代煤化工产业转移。可以预见，未来煤化工的成本有望进一步下降，经济性竞争力持续走强。在这种背景下，煤化工将会逐步取代对外依存度较高的石油化工，进而发展成我国化工原料的主要来源。

煤化工作为以煤炭为原材料的化工原料制造行业，典型的煤化工技术是以煤气化为龙头，发展 C_1 化工技术为基础，从而合成各种化工产品及燃料油的煤炭清洁利用技术，下游应用领域广阔，产品需求较大，有望从中大幅受益。

现代煤化工不断发展，在这种背景下，煤直接和间接液化制油和化学品、煤经甲醇制烯烃等技术可以作为石油化工的替代以及补充。中国煤炭工业协会在煤化工“十四五”发展目标中提到，根据经济性、技术可行性和生态环境容量适度发展现代煤化工，发挥煤炭的工业原料功能，有效替代油气资源，保障国家能源安全。从能源安全的角度出发，煤化工在一定程度上可以降低我国进口石油的需求。根据《中国科学报》的数据，2020 年我国现代煤化工产业已经具备取代 5% 进口石油的能力，预计到 2030 年我国的现代煤化工产业将具备替代 10% 进口石油的能力。

煤炭清洁高效转化利用技术产业是以传统煤化工为基础，以煤炭的清洁利用和高效转化为目标的现代煤化工产业。现代煤化工是指以煤为原料通过技术和加工手段生产替代石化产品和清洁燃料的产业。主要涉及《国民经济行业分类》（GB/T 4754—2017）中规定的煤制合成气生产（C2522）、煤制液体燃料生产（C2523）等。煤制油（直接液化工艺）为煤在高温高压条件下，通过催化加氢直接合成液体燃料的过程。煤制合成气 / 天然气、煤制甲醇 / 二甲醚、煤制烯烃、煤制乙二醇、煤制油（间接液化工艺）等工艺过程均以煤气化工艺为龙头，经变换、净化工段产生有效组成为一氧化碳和氢气的净化气，以净化气为原料，通过费托合成、甲醇合成、甲烷化等合成气转化工序以及相应的精制提纯工序后得到天然气、甲醇、二甲醚、乙二醇、烯烃、液体燃料等目标产品的过程。

煤炭作为原料进行清洁转化，产业技术有待进一步提升和优化。一方面煤化工能效水平需要降低。目前煤化工行业先进与落后产能并存，不同企业间的能效水平差异显著，节能降碳改造升级潜力较大。参照《煤炭清洁高效利用重点领域标杆水平和基准水平（2022 年版）》《高耗能行业重点领域能效标杆水平和基准水平（2021 年版）》，截至 2020 年年底，煤制甲醇行业能效低于基准水平的产能约占 25%，煤制乙二醇行业能效低于基准水平的产能约占 40%，合成氨行业能效低于基准水平的产能约占 19%，焦化行业能效低于基准水平的产能约占 40%。另一方面，煤化工行业碳排放强度需要进一步降低。煤制油、煤制烯烃等煤化工项目具有工艺链长、碳排放强度大、工艺碳排放浓度高的特点，煤转化过程的碳排放强度是石油化工的 3 ~ 8 倍（图 2.18）。

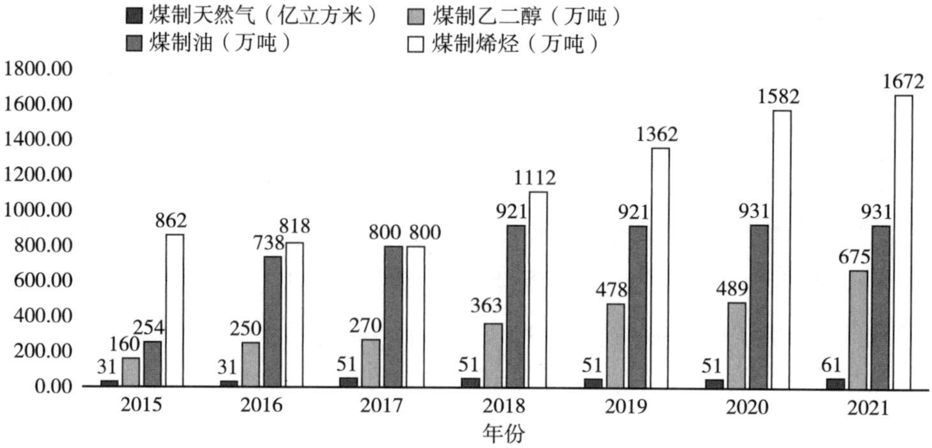

图 2.18　2015—2021 年煤制化学品的产能

煤制烯烃：从下游需求来看，2016 年以来我国乙烯消费量持续保持快速增长，由 2016 年的不足 2000 万吨增至 2021 年的近 3000 万吨。乙烯消费主要依赖自产，且近年来伴随着煤制烯烃产能的快速扩张，进口依赖度由 2018 年的 12.3% 降至 2021 年的 6.8%。但乙烯主要下游 PE 的进口依赖度却保持在 40% 以上的较高水平，后续国内煤制烯烃扩产空间仍然较大。

煤制乙二醇：从下游需求来看，2016 年以来我国乙二醇消费量持续快速增长，由 2016 年的 1318 万吨增至 2021 年的超 2000 万吨。尽管伴随着国内政策放松，煤制乙二醇产能持续增长，但受制于进口乙二醇价格明显优于国内价格，导致乙二醇产能利用率一直不高，煤制乙二醇产能利用率也基本保持在 60% 左右，乙二醇进口依赖度较高。

煤制天然气：下游需求旺盛，但发展受管道工程制约。煤制天然气生产主要有两种方式：直接法，由煤直接生产富甲烷气体；间接法，煤炭合成气进行甲烷反应后生产天然气。我国天然气资源较为稀缺，依赖进口，且随着近年来天然气需求旺盛，进口依赖度持续上升，管道天然气及液态天然气进口总量占比超 40%。发展煤制天然气必要性较高，但由于我国煤炭资源与天然气需求存在地理位置上的错配，煤制天然气输送需提前完成输送工程的基础设施建设，仍受管道工程制约。

在技术发展方面，目前，先进燃烧技术、超超临界发电等煤炭作为燃料的煤基清洁高效利用技术仍处于研发和小规模试验项目阶段，形成成熟、稳定、先进的技术和实现产业化应用具有一定的不确定性。与此同时，经过多年的探索和实践，煤炭作为原料的清洁高效利用取得了较好成果。我国于20世纪中期开启对煤气化及煤液化技术的研究，21世纪初实现商业化运行，发展至今已在煤制油、煤制天然气、煤制烯烃、煤制乙二醇等方面均取得较大突破，在生产工艺、核心装备和专用催化剂等领域逐步实现了国产化替代。

在产业规模方面，“十三五”以来，我国煤基清洁高效利用行业的产能得到较快增长，在煤制油、煤制天然气、煤制烯烃、煤制乙二醇等方面取得重要进展。生产工艺、关键大型装备和特殊催化剂等部分领域实现国产化，特别是大型煤气化技术取得了跨越式进步。百万吨级煤制乙醇和煤制芳烃工业化示范项目实现长周期稳定运行，千万吨级低阶煤分质分级利用项目建设稳步推进。大型气化炉、空分设备、超高压合成塔件等部分主要设备实现了国产化。

2.2.1.4　煤炭清洁高效利用产业供给特点

随着我国经济的不断发展，我国煤化工行业市场规模不断扩大。2023年煤化工市场规模为5.4万亿元，同比2022年增长了5.9%。随着国内外经济复苏、能源需求增加、石油价格上涨等，我国煤化工产品的市场规模和增长率将继续保持较高水平。

首先，我国煤化工行业市场规模增长的原动力来自下游行业的良好发展。目前，我国煤化工行业作为能源燃料以及其他工业原材料的供给行业，其下游行业几乎涉及国民经济的方方面面。近年来，我国经济保持稳定向上发展态势，在新冠疫情影响严重的2020年与2021年，我国GDP两年平均增长5.1%，显示出我国整体经济的强大发展韧性。而稳定的经济发展为我国煤化工行业带来不断增长的下游需求，是推动我国煤化工行业市场规模长期稳定增长的内在因素。

其次，新冠疫情以来我国煤化工价格增长是推动我国煤化工市场规模增长的表观因素。2020—2021年，受新冠疫情等因素影响，我国煤化工行业相关产品价格均出现大幅上涨，成为近两年我国煤化工市场规模保持正向增长的直接影响因素。

综上所述，我国煤化工行业市场规模的增长受益于下游需求与产品价格的两方面推动，而未来随着疫情之后经济的进一步复苏，煤化工行业的市场规模将继续保持增长态势（图2.19）。目前我国煤炭清洁高效利用产业供给特点如下。

1. 供应已形成较大规模，未来“十四五”期间产能将继续扩张

经过数十年的发展，新型煤化工已经形成较大规模，能够为我国国民经济的运行提供稳定的供给保障。未来，根据中国煤炭工业协会2021年发布的《煤炭工

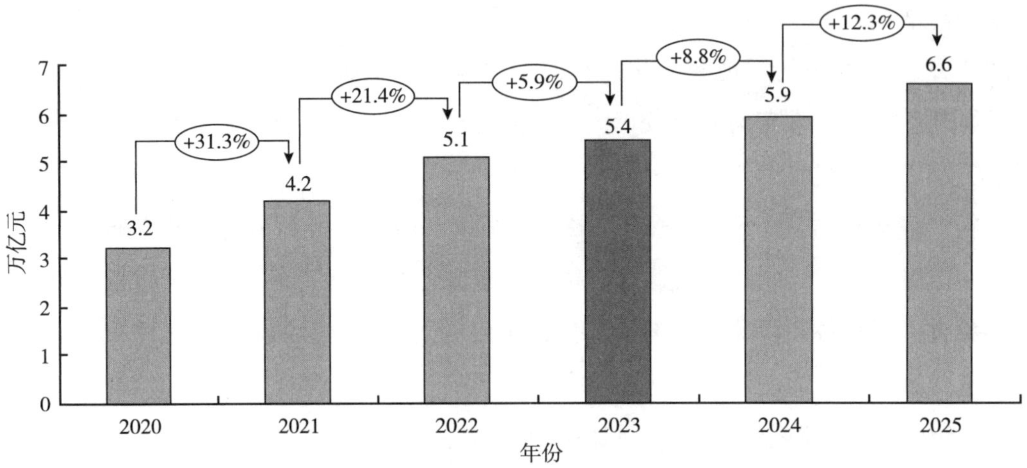

图 2.19　2020—2025 年煤化工行业整体市场规模

注：2024 年和 2025 年为预测值。

业“十四五”现代煤化工发展指导意见》，我国煤化工行业的产能将进一步扩张：“十四五”期间我国煤化工行业的发展目标是建成煤制气产能 150 亿立方米，煤制油产能 1200 万吨，煤制烯烃产能 1500 万吨，煤制乙二醇产能 800 万吨，完成百万吨级煤制芳烃、煤制乙醇、百万吨级煤焦油深加工、千万吨级低阶煤分质分级利用示范，建成 3000 万吨长焰煤热解分质分级清洁利用产能规模。

2. 供给端区域分布不均衡，依靠煤炭资源发展外延产业

根据目前我国煤化工项目所在区域分析，内蒙古、陕西、新疆和山西是我国的煤化工产业项目落地较多的区域。这些地区的煤矿资源丰富、有较多煤矿采选企业和完整的产业链生态。其中内蒙古落地的煤化工项目最多，份额达 24%；其次为陕西，份额达到 18%。

3. 供给端企业以国企为主、民营为辅

煤化工行业属于煤炭行业的延伸，作为原材料的煤炭在供给端主要由国内中大型国企掌握。从自身资源利用的角度看，随着煤炭消耗重头的燃煤发电在国内受到限制，煤炭企业发展自身的煤化工业务才符合自身需求。因此我国的煤化工行业主要以央企和地方国企为主，它们手中握有上游原材料，可以根据下游需求和煤炭价格的变化灵活调整煤化工业务发展。而民营企业手握煤炭资源有限，业务发展所需的原材料大多需要外购，抵御风险的能力较差。根据中国煤炭工业协会发布的煤炭企业“五小”技术创新成果获奖名单，其中煤化工获奖企业包括神华集团旗下数家子公司以及

同煤集团下属公司。

2.2.2 国家需求分析

2.2.2.1 我国能源现状

能源是社会与经济发展的物质基础，世界各国均高度重视能源安全，竭力发展能源技术、保障能源供给。长期以来，富煤、贫油、少气的能源资源禀赋决定了我国以煤为基础的基本能源结构，煤炭是我国的基础能源和重要工业原料，是确保我国能源安全的坚实基础。2021 年我国原煤产量 41.3 亿吨，原煤生产总量占全国能源总量比例为 67.0%（图 2.20）；2022 年，全国煤炭产量 45.6 亿吨，创历史新高，煤炭占能源消费总量的 56.2%。

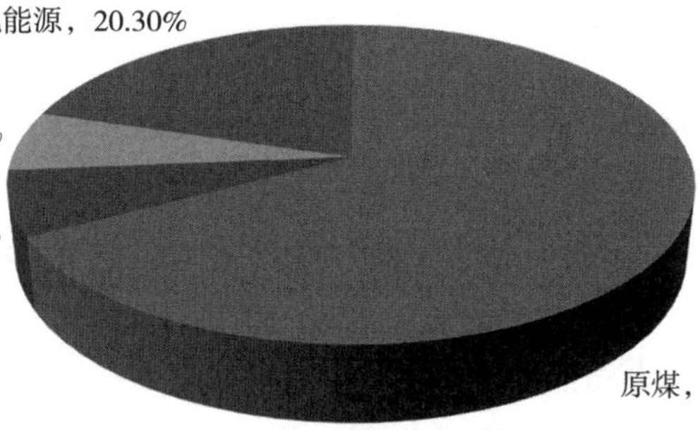

图 2.20 2021 年我国能源生产结构

我国是世界上唯一以煤为主的能源消费大国，在未来相当长的时期内，煤炭仍将在我国的能源结构中占主导地位。据预测，2030 年前我国能源消费需求仍将持续稳定增长，能源消费增量部分主要靠清洁能源提供，但煤炭年消费量仍将保持在 35 亿吨左右，煤炭在我国一次能源消费占比约为 50%，到 2050 年占比约为 40%。因此，我国以煤为主的能源结构短期内难以发生根本改变，煤炭仍是未来较长一段时间内重要的能源供给来源之一。

相比于较为丰富的煤炭资源储备，我国石油及天然气资源的稳定供应面临较大挑战。石化产品是国民经济发展的重要基础原料，市场需求巨大，但受油气资源约束，对外依存度较高。2021 年，国内原油、天然气产量分别约为 1.99 亿吨、2053 亿立方米，而表观消费量约为 7.07 亿吨、3726 亿立方米，进口原油 5.13 亿吨、天然气 1697.9 亿立方米，对外依存度分别高达 72%、45%（图 2.21）。高比例的油气进口问题是我国能源安全面临的重要挑战之一，在当前国际能源供需格局错综复杂、油气市场价格大幅波动的背景下，保障国家能源安全的全局战略重要性愈加凸显。煤炭清洁高效转化，不仅可以缓解我国能源供应紧张局面，保障国家能源安全，也是构建我国清洁低碳、安全高效的能源体系的必然选择。

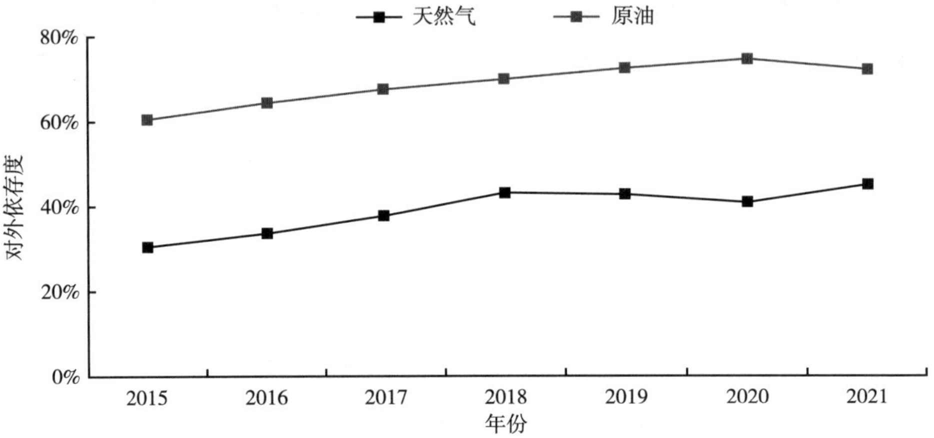

图 2.21　2015—2021 年我国天然气及原油对外依存情况

2.2.2.2　煤炭清洁高效利用政策

改革开放以来，随着经济快速发展，燃煤引起的环境问题日益突出。为提高燃煤效率和治理燃煤污染，20 世纪 90 年代起，我国开始重视煤炭清洁高效利用，成立“国家洁净煤技术推广规划领导小组”，出台《中国洁净煤技术“九五”计划和 2010 年发展纲要》，对煤炭清洁高效利用首次作出指导和部署。党的十八大以来，党中央高度重视煤炭清洁高效利用，明确提出“四个革命，一个合作”能源安全新战略和深入打好污染防治攻坚战，陆续颁布《大气污染防治行动计划》《关于促进煤炭安全绿色开发和清洁高效利用的意见》《煤炭清洁高效利用行动计划（2015—2020 年）》《能源技术创新“十三五”规划》《煤炭深加工产业示范“十三五”规划》《能源技术革命创新行动计划（2016—2030 年）》等一系列政策文件，见表 2.6，煤炭清洁利用正式上升为国家能源发展战略。此时煤炭清洁高效利用指煤炭洗选、燃料发电、清洁转化、分散燃烧等环节清洁和高效利用，关注效率提升和传统污染物控制。

表 2.6 煤炭清洁高效利用的相关政策文件

序号	文件名称	序号	文件名称
1	煤炭工业环境保护暂行管理办法	17	能源发展“十二五”规划
2	中华人民共和国煤炭法	18	大气污染防治行动计划
3	中国洁净煤技术“九五”计划和2010年发展纲要	19	煤电节能减排升级与改造行动计划（2014—2020年）
4	关于加强乡镇煤矿环境保护工作的规定	20	能源发展战略行动计划（2014—2020年）
5	煤炭工业“十五”规划	21	关于促进煤炭安全绿色开发和清洁高效利用的意见
6	中华人民共和国大气污染防治法	22	商品煤质量管理暂行办法
7	燃煤二氧化硫排放污染防治技术政策	23	工业领域煤炭清洁高效利用行动计划
8	国家发展改革委关于燃煤电站项目规划和建设有关要求的通知	24	关于促进煤炭工业科学发展的指导意见
9	国务院关于促进煤炭工业健康发展的若干意见	25	煤炭清洁高效利用行动计划（2015—2020年）
10	国家中长期科学和技术发展规划纲要（2006—2020年）	26	2015年工业绿色发展专项行动实施方案
11	煤炭工业“十一五”发展规划	27	能源技术革命创新行动计划（2016—2030年）
12	煤炭工业节能减排工作意见	28	能源发展“十三五”规划
13	煤炭产业政策	29	现代煤化工产业创新发展布局方案
14	中华人民共和国循环经济促进法	30	煤炭深加工产业示范“十三五”规划
15	洁净煤技术科技发展“十二五”专项规划	31	“十四五”节能减排综合工作方案
16	煤炭工业发展“十二五”规划	32	煤炭清洁高效利用重点领域标杆水平和基准水平（2022年版）

“十四五”时期，我国经济转向高质量发展阶段，生态文明建设进入以降碳为重点战略方向、推动减污降碳协同增效、促进经济社会发展全面绿色转型、实现生态环境质量改善由量变到质变的关键时期。煤炭清洁高效利用内涵不断深化，除继续强调在利用各环节更加高效、更加清洁，执行更加严格的污染排放标准外，还要结合规模化利用和低碳化、绿色化时代要求，更加注重绿色、低碳和品质赋能，实现全过程全要素清洁低碳利用。

未来，我国能源产业将持续立足以煤为主体的基本国情以及能源安全稳定供应的战略要求，顺应政策导向和行业发展趋势，建设安全稳定、清洁、高效的能源供应体系。在新的时代背景下，继续发挥煤炭等传统化石能源对保障能源安全和国民经济发展的重要支撑作用，加快推动传统化石能源的清洁高效利用，持续优化生产结构，建立低碳循环的现代化综合利用产业体系。

2.2.2.3　生态环境对煤炭清洁高效利用的要求

能源绿色低碳发展是我国生态文明建设的重要内容。在“双碳”目标下，须加快推进我国能源绿色低碳发展，引领经济社会全面绿色低碳转型，为建设人与自然和谐共生的现代化提供坚强的能源支撑。目前我国煤炭的主要利用方式是直接燃烧发电和工业供热，总体上效率较低、污染较重，这不仅造成了巨大资源浪费，而且导致严重的环境污染和温室气体 CO_2 的大量排放。我国大气污染中 90% 的二氧化硫、70% 的氮氧化物与一氧化碳、60% 的烟尘和 80% 的二氧化碳都是燃煤引起的。但是，造成污染其实不是煤炭本身的问题，而是煤炭的利用环节不清洁。新时代煤炭清洁高效利用要做到：①高效率。在煤炭利用各环节充分利用先进技术，做到煤质与不同用煤技术、装备精准适配，实现利用或转化效率大幅提高；②高品质。不断应用具有经济、社会和环境效益的新技术、新工艺，升级、改造、重塑煤炭利用产业，造就新业态，发展新产品；③高循环。不断将煤炭利用过程产生的废弃物变为可再利用材料，形成“资源—产品—资源”的循环模式；④低消耗。煤炭利用各环节要严格控制能源消费强度、水资源消耗强度等，降低单位产品能源资源消耗；⑤低污染。大气、水、固废污染物排放浓度要低，实现清洁生产，达到近零排放；⑥低碳排放。要通过与可再生能源深度耦合以及碳捕集利用与封存技术提升减碳能力，降低碳排放量。

具体表现为煤炭清洁生产、控制燃煤电厂污染物排放和推进煤炭清洁高效转化的产业化发展。

1. 煤炭清洁生产

提煤质，研究制定国家商品煤质量标准，推进煤炭清洁生产，向社会提供高质量的煤炭产品，尽快组织研究国家商品煤质量标准，限制劣质煤生产和利用，严禁高硫、高灰煤直接燃烧，控制低热值褐煤的使用范围。加大原煤洗选比率，降低灰分、硫分。据测算，每洗选 1 亿吨原煤，可排除 1500 万 ~ 2000 万吨矸石，减少 SO_2 排放 100 万 ~ 150 万吨，成本仅为烟气洗涤脱硫的 1/10 左右。在电力、建材等重点耗煤行业和京津冀、长三角、珠三角等重点地区、重点城市扩大优质煤使用，并逐步推向全国，逐步做到不运原煤、不烧原煤，从源头上有效减轻煤炭作为燃料使用对生态环境造成的污染。

2. 控制燃煤电厂污染物排放

要控排放，支持发展煤炭清洁发电技术研究与示范工程建设，控制燃煤电厂污染物排放。我国的燃煤电厂耗煤量占全国煤炭消费总量的50%以上，燃煤电厂排放出的大量烟尘、SO_2、NO_x是雾霾天气和酸雨的重要污染源。加大力度推行燃煤电厂清洁发电和排放治理工程，实现燃煤电厂绿色高效洁净低碳发展，是控制我国大气环境污染的重要途径。目前，我国新建燃煤电厂总体上处于国际先进水平，大型超（超）临界机组广泛应用，特别是通过煤炭清洁发电与减排技术应用，可以大幅度降低烟尘、SO_2和NO_x的排放水平。应在国家大型煤炭基地和大型矿区支持煤电联营，建设大型坑口电厂，积极推广IGCC、水煤浆发电等清洁煤发电技术，完善煤炭生产基地到消费市场的输电线路等基础设施，把输煤、用煤转变为输电、用电，既满足经济发展对能源需求，又可将生态环境影响控制在环境容量许可的范围内。

3. 推进煤炭清洁高效转化的产业化发展

要促转化，推进煤炭由燃料向原料与燃料并重转变，有效替代油气资源。经过多年的技术研发和示范工程建设，当前我国煤炭气化、液化、煤制烯烃、煤制气等转化技术已经走在世界前列。应支持发展煤制天然气、煤制烯烃、煤制油等煤炭清洁转化的产业化发展，生产天然气、油品、工业原料，替代油气资源和油气化工，对缓解我国能源供需矛盾、调整工业产品结构、发展新型产业具有重要的战略意义。要在现有煤化工产业示范的基础上，进一步优化改进相关技术，提高关键设备的自主研发和生产能力，提高技术和装置的可靠性和稳定性，进一步降低能耗、水耗以及污染物排放，推进煤炭清洁高效转化的产业化发展。

2.2.3　研发需求分析

高效燃煤发电、煤炭清洁转化、碳捕集利用与封存、评价与决策支持等是当前煤炭清洁高效利用的重点关注及研究的领域，如：超高参数超超临界煤电技术、超临界二氧化碳循环发电技术、超临界水煤氧化发电技术、智能发电技术等高效燃煤发电技术；高效环保煤炭浮选药剂定向制备及产业化、煤炭分选过程流程智能决策与优化控制、煤系战略性关键金属分选预富集与提取分离等洗选技术；煤炭气化、煤炭热解、煤制气甲烷化、煤制化学品、煤制清洁油、煤基炭材料等煤转化技术；CO_2高效捕集、运输、地质利用与封存、转化固定与耦合利用、技术示范等CCUS技术；应对气候变化的能源转型发展系统决策模型和煤炭清洁高效的技术评价理论与方法等决策与评价技术。

2.2.3.1　生产工艺优化研究

当前，提高能效水平是实现碳减排的重点，2019年我国万元GDP的能耗是世界平均能耗的1.5倍，如果我国的能耗水平达到世界平均水平，在现有GDP不增加的情况下，每年可减排30亿吨CO_2，因此通过提高能效实现碳减排的空间很大。首先，要尽快淘汰低端、落后产能，为高端、低碳项目腾出发展空间；其次，由于现代煤化工项目大多属于示范项目，系统优化集成不够，主体化工装置与环保设施之间、各单元化工装置之间匹配度不够，低位热能、灰渣等资源综合利用水平有待提高，其节能增效空间很大，要通过流程优化和关键部件提升，对主要耗能工序进行流程再造，达到减排、降耗目的；最后，大力推广实施能量梯级利用、余热发电、余热回收等节能技术，提高装置的能源转化效率。通过一系列措施，大幅降低煤化工项目单位增加值的能耗。

2.2.3.2　先进工艺技术推广

当前，我国在煤炭清洁高效利用方面的研究已经走到世界前列，相继开发出各种先进技术，如煤气化技术方面，由清华大学山西清洁能源研究院等单位合作开发的水煤浆水冷壁废锅气化炉技术，蒸汽产量在半热回收流程基础上能够再增加20%～30%，进一步提高气化系统的热效率，能量利用高，节能减排效果明显。甲醇制烯烃技术方面，中国科学院大连化学物理研究所开发的“第三代甲醇制烯烃（DMTO-Ⅲ）技术”在甲醇转化率、乙烯丙烯选择性、吨烯烃甲醇单耗等方面优势明显，吨烯烃（乙烯＋丙烯）甲醇单耗显著降低。在煤间接液化技术方面，国家能源集团与中国科学院大连化学物理研究所合作开发的甲醇与石脑油耦合制低碳烯烃技术，已完成吨级产品小试，即将开展千吨级中试，其单位GDP能耗低，综合能耗大幅降低、CO_2减排显著。在煤制乙二醇技术方面，中国科学院福建物质结构研究所在第一代煤制乙二醇技术实现产业化后（图2.22），成功开发了新一代煤制乙二醇技术，各项技术指标均优于第一代。但这些工艺的工业化应用程度偏低，有待进一步开发。

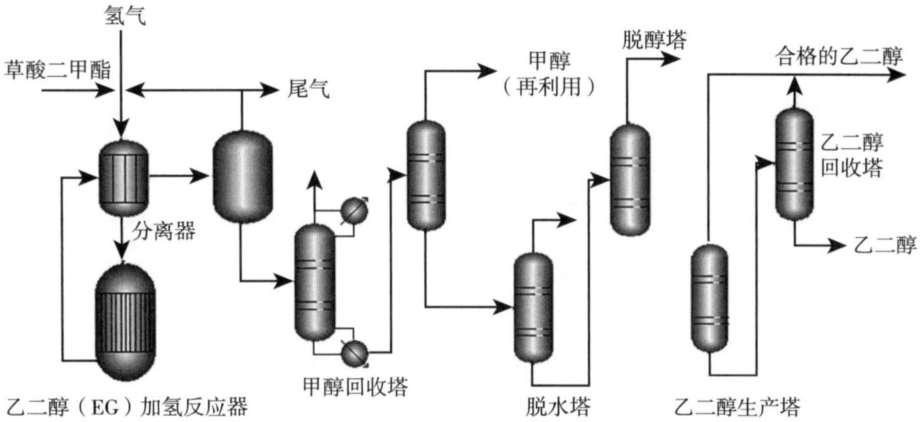

图 2.22　煤制乙二醇工艺流程

2.2.3.3　高附加值产品研发

积极开展关键核心技术科技攻关，为煤化工产业高质量发展提供支撑。煤制油要重点开发煤直接液化制超清洁油品和特种油品技术，为航天航空等军事领域提供特种燃料，同时加快向下游化工产品延伸，多元化发展；煤间接液化应重点开发 α- 烯烃、高品质润滑油基础油、煤基高端蜡等高端产品，不断拓宽延伸应用领域。煤制烯烃在生产大宗烯烃产品的同时，适当开发差异化、高端化聚烯烃牌号，开发与 α- 烯烃共聚的聚乙烯及丙丁共聚 PP、融熔 PP、高结晶度 PP 等新牌号聚烯烃树脂。煤制乙二醇要不断提升乙二醇产品质量，降低资源消耗，与石油化工技术耦合生产环氧乙烷、乙二醇、苯酚、环氧丙烷等；开发壬醇、异壬醇（INA）、聚丁烯等高端 C_3/C_4 下游衍生化学品，在开发长纤聚酯用、高档聚酯用产品的同时，积极利用中间产品发展聚乙醇酸生物可降解材料等高附加值产品。

在煤炭分级分质利用方面，开展煤炭清洁高效催化热解技术、煤焦油提取高附加值精细化产品及制特种高级油品和芳烃技术、热态半焦与高浓废水耦合清洁高效气化技术、热解煤气与半焦气化煤气合成高附加值含氧化合物技术研究，要将下游产品延伸到降解塑料、特色炭材料、高密度航空煤油、聚碳酸酯多元醇等领域，提升经济效益。

在短流程技术方面，开发短流程和颠覆性技术，提高原料利用率，开发合成气一步法制烯烃、合成气一步法制芳烃、甲醇一步法制备对二甲苯、合成气直接制高碳醇技术等。在与可再生能源耦合方面，开发储能技术、储能材料、与可再生能源耦合发电技术等。

2.2.3.4 CO_2 捕集、利用与封存技术研究

煤化工装置排放的尾气中 CO_2 具有排放集中、量大、成分相对单一及 CO_2 浓度高等特点，可将其捕集、封存、驱油或与绿氢合成制取化学品，即开发 CO_2 电化学还原、光催化还原、催化加氢技术等技术，从而实现资源化利用（图 2.23）。CCUS 是我国未来减少 CO_2 排放、保障能源安全和实现可持续发展的重要手段，也是行业实现碳中和的终极手段。我国有多家单位开展了 CCUS 研究并取得积极进展。在 CO_2 资源化利用研究方面，我国也一直走在世界前列，在 CO_2 制芳烃、甲醇、甲酸、乙醇、乙二醇、汽油、烯烃、碳酸酯、橡胶、DMF、生物基化学品以及 CO_2 加氢甲烷化技术等各种前瞻技术方面均开展了研究，并取得积极进展，展现了很好的发展前景。

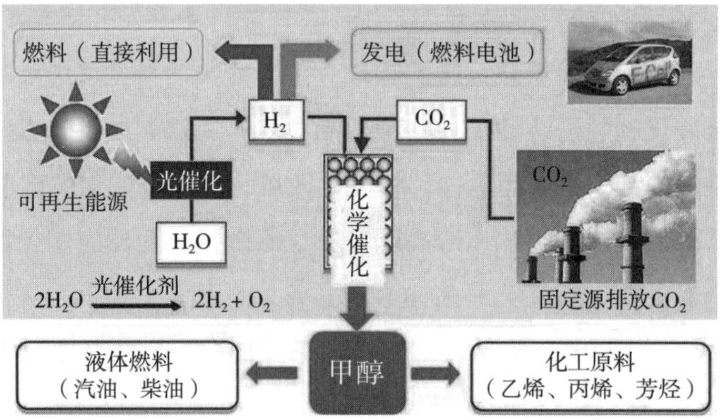

图 2.23 CO_2 制甲醇路径

2.2.4 技术瓶颈分析

我国煤炭利用正逐步向清洁化、大型化、规模化、集约化发展，推动煤炭由单一燃料属性向燃料、原料方向转变，推进分级分质利用，从而实现高碳能源低碳化利用。具体来说，未来煤炭清洁高效利用的重点主要在燃煤发电和现代煤化工两个方面。

燃煤发电在未来相当长时期内仍是我国电力供应主力。除继续承担保障电力供应主体责任外，煤电还要为可再生能源大比例消纳提供灵活调峰服务。要大力推进燃煤发电向高参数、大容量、智能化发展，推进超高参数燃煤发电、新型动力循环系统、高灵活智能燃煤发电、燃煤高效低成本多污染物联合控制及资源化利用的成套技术与装备实现自主产业化，促进电力装备技术升级和结构转型，提高电力制造业的国际竞争力。

现代煤化工是保障国家能源安全特别是油气安全的重要途径。要稳步推进以煤制油、煤制烯烃为代表的现代煤化工发展，加强技术创新，逐步推动煤化工产品高端化、高值化，延伸产业链，提升价值链，持续推进废水近零排放、固废减量化和资源化利用。

2.2.4.1 原煤洗选领域

煤炭洗选加工能改善和稳定煤质，提高后续煤炭利用效率，是煤炭清洁高效利用的前提和基础。我国原煤入选率从 2015 年的 66% 提高到 2020 年的 74.1%（图 2.24），而澳大利亚、美国等发达国家原煤入选率已达 85%～90%。基于我国煤炭资源条件，实现我国原煤应选尽选，原煤入选率要达到 90% 左右。另外，还存在分选产品质量不均衡、信息化应用差距明显、定制化水平不足等问题，在精细化和智能化洗选加工方面任重道远。

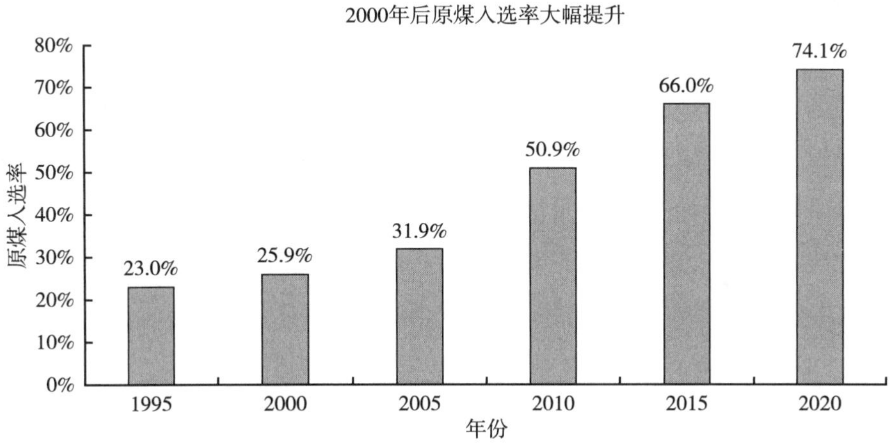

图 2.24 1995—2020 年原煤入选率

1. 洗选设备大型化、智能化

新中国成立后我国大力发展工业建设，许多大、中、小型煤矿及选煤厂建设使用，但为了选煤系统的简单化、人员投入的节省及我国资源利用的可持续性发展，一些小型的选煤厂被取缔，选煤厂及设备的大型化及智能化成为发展趋势。

随着地质条件的变化及采煤机械化程度的提高，顶板和底板中的杂物在开采过程中不可避免地混入原煤中，从而使原煤质量变差。大量的矸石不仅增加了分选处理的难度，而且矸石在地面的堆积造成的环境污染日益突出。以往由于矸石量少，选煤厂通常采用人工手选排矸，这种机械式的劳动不但容易出现疏忽，也存在安全风险及人力资源的浪费。而跳汰排矸与浅槽重介排矸需要以水或者重介质进行分选，不仅受资源条件的约束，而且还会使精煤产品水分增加，降低产品的质量。智能光电分选技术由于在煤矸分选中具有分选精度高、速度快、运行成本低、能耗低、易于操作维护及不需要使用水等特点，比传统选煤方法更具优势，在选煤厂得到快速推广使用。鉴于以上优势，光电分选受到地理位置及水资源短缺等因素的影响较小，使其更易于向井下发展，从而有效避免粉尘污染、废矸占用大量土地污染环境等问题。智能光电分选还可以增强系统应对煤质变化的处置能力，使选煤工艺能够满足矿井各种复杂煤质变化的洗选要求，减少湿法选煤的入料量，从而减少煤泥量，同时为后续分选创造良好的条件。由于分选过程不用水，因此产品水分低，在保持相同发热量的情况下，可以提高产品灰分，以灰换水，提高产量，使得湿法选煤的入料量减少，实现煤炭分选“源头减量”目的，从而降低分选介质的消耗，节约能源消耗，减少碳排放。

随着科技的发展，我国国产设备在工作稳定性、使用寿命及操作智能化方面与国外进口设备之间的差距逐渐缩小，并且在吸收、消化国外引进的先进技术设备的基础上，研发的新型浮选机、振动筛、离心机等设备逐渐接近国际领先水平，并在选煤厂大量应用。发展大型智能化洗选设备不仅可以高效、稳定、清洁地生产高质量的煤炭产品，而且可以提高设备处理量及洗选效率，减少不必要的能耗，节省人力资源，对产品结构优化与生产效率的提高有着积极的影响，是我国乃至世界选煤行业发展的必然趋势。

2. 井下选煤技术

井下选煤技术目的是实现原煤井下精确分选，精煤或洗混煤提升出井进行井上分选或直接作为产品，矸石就地充填。矿井年产能受到矿井提升能力限制，井下选煤技术实现井下排矸，升井煤炭的灰分大幅降低，减少无效运输带来的能耗和设备劳损之外，还可提高矿井实际产能。井下矸石回填和煤矸置换可以减少地表沉陷幅度，降低采煤对地表建筑和环境的破坏，“三下压煤”能够实现开采利用，提高煤炭资源的回收率，延长矿井服务年限。大量矸石不用升至地表同样可以节约用地，减少选煤厂造成的环境污染。

近年来，在前期研发的基础上，井下选煤工艺取得一定进展，并开展工业应用，但是井下设备自动化和分选智能化发展比较迟缓，尚未实现简洁、高效的井下生产和管理体系，需要进一步开展相关研究，为煤炭井下采－选－充一体化提供更好的技术保障。

（1）设备结构

井下空间狭小是井下选煤技术发展的重大难题，现有煤矸分选设备的物料输送机构、分选介质入料方式以及分选驱动机构不够合理，导致设备不够紧凑，体积庞大。需对设备进行结构改进和性能优化，如原有脉动式跳汰机排矸机构采用斗式提升机，为便于物料脱水，提升机高度可达 10 米左右，采用机械驱动排矸机构可将直线提升部分设计成“S”形，高度降低一半以上，增加水平运输脱水的长度同样可以达到脱水效果，另外进风机构和布风策略同样存在改进空间；动筛跳汰机排料机构从立式提升轮改成卧式刮板输送机后，机体高度大大降低。

（2）生产安全

井下生产安全一直备受关注，一旦发生安全事故会带来巨大经济损失和负面社会影响。井下分选设备工作时有振动、发热现象，并有产生电火花的风险，这对井下安全生产是较大的考验。需要对井下分选设备减震性能、散热性能和防电火花性能进行改进，增加防爆结构等，以满足国家煤矿安全强制性标准，确保井下生产安全。

（3）材料

由于井下空间有限、环境潮湿，设备维护和维修难度大。在潮湿阴暗的环境中，普通钢铁材料制成的设备容易发生锈蚀，难以保证长时间维持最佳工况，影响井下煤矸分选效率。为减少设备占用的空间，部件和机构的尺寸便受到一定程度的限制，要求所用材料能够承受更大的作用力。另外，井下设备，如动筛跳汰机、破碎机和振动筛等，运动部件主要靠机械传动，传动部位瞬时作用力大，连接部位磨损较快，材料的耐磨强度也要有一定的保证。采用防锈、耐磨、高强度材料可以使分选流程长时间保持较好的分选效果，并且维修工作量得到减小，这有助于井下分选的自动化和智能化工作的开展。

（4）煤泥水处理和粉尘处理

煤泥水中含有微细煤颗粒和难以沉降的黏土颗粒，形成的胶体体系较为稳定，作为湿法分选必要的分选介质，循环水的质量对煤矸分选效果影响很大。煤泥水自然沉降速度慢，要添加凝聚剂和絮凝剂加快沉降速度，并需要较宽的沉降面积，但是井下所提供的沉降空间有限，需要针对煤泥水特性进行研究，提高煤泥水的沉降速度和澄清效率，并采用压滤机处理浓缩煤泥水，确保循环水水质。干法选煤技术需要除尘系统，风量大、粉尘粒度细，可用旋风除尘器和袋式除尘器，或结合井下采煤过程降尘方法提高除尘效率，而湿电除尘器等可能产生电弧的除尘器会影响井下安全。井下粉尘处理十分重要，粉尘达到一定浓度存在爆炸风险，危害人员身体健康，高浓度粉尘还会缩短分选设备和电机的使用寿命。

2.2.4.2　燃煤发电领域

基于中国能源消费结构特点，燃煤发电技术一直是国内科技工作者研究的重点，从研究内容来看，目前国内侧重于具体技术方面的研究，如节能减排技术、超（超）临界发电技术和煤炭清洁发电技术，以及技术改造和机组运行等方面的应用经验总结。我国煤电发电技术在煤电效率、排放水平、发电性能等多项指标均处于国际先进水平，但在超临界二氧化碳发电技术、碳捕集利用与封存、煤气化燃料电池发电、燃煤耦合生物质发电等技术方面仍需突破（图 2.25）。

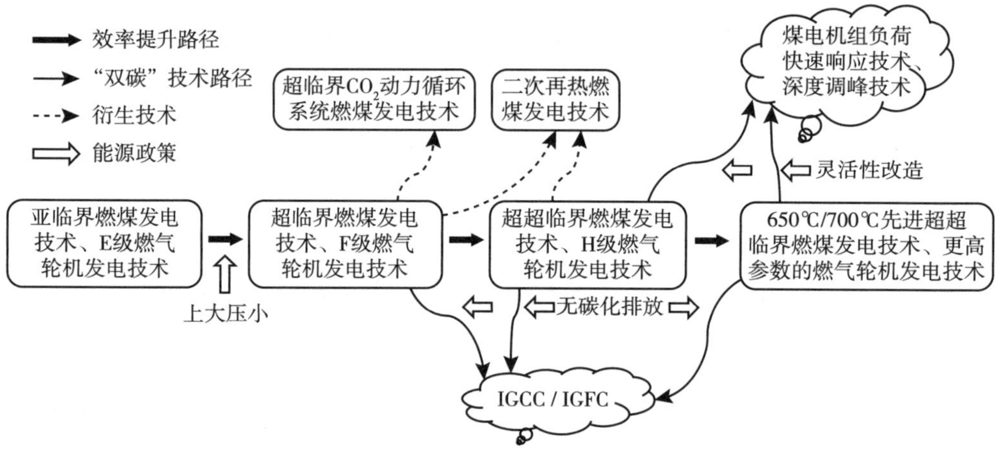

图 2.25　我国煤电发电技术发展路径演变

1. 超高参数燃煤发电技术

追求更高参数更高效率一直是中国燃煤发电技术发展的目标和方向，其中 700℃超超临界燃煤发电技术是中国面向 2035 年最主要的洁净煤前沿技术。当蒸汽压力和温度分别提高至 35 兆帕和 700℃等级及以上时，发电效率将超过 50%，可有效降低燃料消耗，减少污染物排放，降低 CO_2 的捕集成本。

早在 20 世纪 90 年代，美国、日本和欧洲等国家和地区提出了 700℃等级先进超超临界燃煤发电技术的发展计划。2010 年，中国设立“国家 700℃超超临界燃煤发电关键技术与设备研究及应用示范”项目，开始 700℃等级先进超超临界燃煤发电技术的研发。截至目前，700℃等级先进超超临界燃煤发电技术的研发和应用示范并不顺利，全球尚未建成 700℃等级先进超超临界燃煤示范电站。随着七国集团停止燃煤火力发电项目投资，以及中国停止海外燃煤火力发电项目的投资，该技术研发面临夭折的风险。

综合各类研究，耐高压高温材料是制约700℃等级先进超超临界燃煤发电技术发展的瓶颈，金属材料的高温服役性能已经成为技术发展的首要问题。中国材料产业底子薄、基础差，高温材料的研发基础薄弱，自主产权的高温材料数据库缺乏，已经严重制约700℃等级先进超超临界发电技术的研发工作。火力发电技术受限于高温材料，一直处于被动追赶的状态。截至目前，中国600℃等级燃煤发电技术的核心高温材料仍以进口为主，国产同类型材料尚存在性能不稳定、可靠性差等缺陷。

同样，中国发电用重型燃气轮机技术的发展与发达国家差距依然很大，未来重型燃气轮机的初温目标值将达到1700~1800℃，透平叶片的耐高温材料以及制造技术将是燃气轮机的核心技术和技术难点，材料性能革新的难度大、研发周期长，也是中国燃气轮机技术研发的软肋。另外，超临界CO_2动力循环系统和二次再热燃煤发电技术均涉及关键设备部件的高温腐蚀问题。

2. 灵活性调峰技术

燃煤发电是最经济的调峰电源，进行燃煤发电机组灵活性改造是提高电网调峰能力的有效手段。基于可再生能源发电技术为主导的“双碳”电力应用场景，提升燃煤发电机组灵活性调峰运行技术，不仅可以解决可再生能源电力消纳困境，还可以延续燃煤发电机组的生命周期。

燃煤发电技术调峰灵活性主要受制于锅炉设备的变负荷运行能力和低负荷稳定燃烧水平，中国目前在役机组实际负荷调节速率仅为每分钟额定容量的1%~2%，与国际先进水平存在较大差距。纯凝机组的调峰能力一般为额定容量的50%，供热机组的调峰能力仅为额定容量的20%，远低于国际先进水平（额定容量的5%~80%）。

灵活性调峰技术包括负荷快速响应技术和深度调峰技术，其注重两个层次的研究：①调峰的速度和深度。负荷响应速率反映调峰的速度，由于燃煤发电机组的能量产生和转换过程比较复杂，燃烧和换热系统具有很强的热惰性，调峰指令与机组响应之间会存在较大的时间延迟。调峰深度则反映调峰能力，用机组的最小稳定燃烧负荷与额定负荷的比值表示，其主要取决于燃煤锅炉的不投油最低稳定燃烧负荷，一般通过提升燃煤锅炉的低负荷稳定燃烧能力，增强负荷变化的快速响应能力和缩短机组启停时间，以此达到机组灵活性运行的目的。基于锅炉燃烧特性，中国煤电机组的调峰深度一般不小于额定容量的30%。②灵活性调峰技术的运行风险研究。燃煤机组大幅度降低负荷运行会恶化机组效率，造成发电煤耗大幅抬升，以某 350 兆瓦燃煤纯凝机组为例，50% 额定容量、40% 额定容量、30% 额定容量和 20% 额定容量的发电煤耗较额定负荷分别增加了 5.4%、8.8%、14.5% 和 24.1%。同时，机组深度调峰将增加污染物排放浓度，造成排放超标。

灵活性调峰技术研发要基于燃煤发电机组宽负荷运行技术，遏制低负荷调峰运行机组效率的下降幅度，避免污染物排放超标现象，以及减轻快速响应给机组系统、设备带来的损害。

燃煤发电机组进行灵活性改造、实现深度调峰仍然面临大量的技术难题，主要集中于机组运行的安全性、经济性以及污染物排放超标风险。

1）目前火力发电机组的运行设计值一般基于机组的额定负荷，没有考虑机组的灵活性调峰要求。由于机组频繁启停及大范围、快节奏的负荷变动，造成参与调峰机组需要承受大幅度的温度变化，使锅炉受热面、四大管道以及汽轮机转子、汽缸等厚壁部件产生交变热应力，形成疲劳损伤，减损机组寿命，从而影响机组的运行安全性。

2）燃煤机组频繁参与深度调峰，锅炉、汽轮机以及各类换热设备运行工况偏离设计值较大且维持时间长，造成锅炉和汽轮发电机组的协调能力下降，锅炉低负荷稳定燃烧控制能力变差，污染物排放浓度上升，汽轮机振动值超标，且设备热膨胀差值增大，易出现汽水管道晃动、水击，机组紧急跳机，发电机短路故障，以及锅炉污染物排放超标等安全性运行事故。

3）鉴于深度调峰工况大幅度偏离设计值，机组运行的经济性大打折扣，锅炉燃烧效率、汽轮机热耗和厂用电率指标恶化，燃料损耗增加，造成机组煤耗大幅抬升，降低了机组的发电热效率。

4）灵活性改造需要进行系统改造和设备投资，造成发电系统更加复杂，运行控制难度增加，设备可靠性下降，进一步降低了机组运行的安全性和经济性。另外，火力发电固有的负荷特性限制了全负荷调峰灵活性，随着火电机组灵活性改造进入全系列、全参数的深水区，尤其先进的超（超）临界燃煤发电机组注重燃料利用效率，其汽水换热流程和机组耦合控制技术更为复杂，且锅炉汽水系统干 - 湿态转换的动态特性具有突变性，其深度调峰水动力稳定性劣于亚临界锅炉，调峰灵活性技术的局限性将更加突出。

3. IGCC/IGFC 技术

IGCC 发电技术十分契合我国以煤炭为核心的能源禀赋和以 CO_2 减排为目标的燃煤发电技术，兼具了燃气轮机发电技术固有的调峰灵活性。IGCC（图 2.26）发电技术既具有联合循环的高效率和灵活性，又解决了燃煤发电带来的环境污染问题，被认为是最具有前途的洁净煤发电技术。目前，美国、日本、欧洲等国家和地区已相继建成 IGCC 示范电站。2012 年中国首座自主研发的 IGCC 电厂，即华能天津 250 兆瓦等级 IGCC 示范机组投入商业运行。

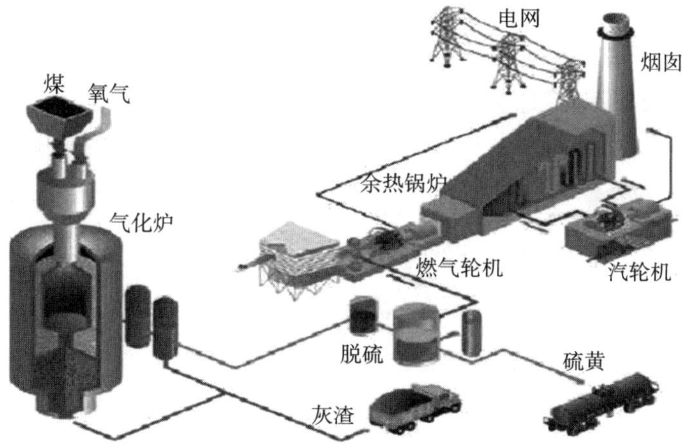

图 2.26　IGCC 技术

IGFC 技术以 IGCC 技术为基础，融合煤气化技术与燃料电池发电技术，是 IGCC 技术的延展。与 IGCC 相比，IGFC 的能源利用效率更高，CO_2 减排效果更好，IGFC 高温燃料电池一般采用固体氧化物燃料电池（solid oxide fuel cell，SOFC）或熔融碳酸盐燃料电池（molten carbonate fuel cell，MCFC）。2017 年中国启动了“CO_2 近零排放的煤气化发电技术”国家重点研发项目，着手布局 IGFC 技术研发和相关系统试验平台示范。

IGFC 系统由煤气化 / 净化、燃料电池、余热回收利用及 CO_2 脱除等装置构成。其中，燃料电池发电技术是核心关键技术，煤气化 / 净化技术是目前较为成熟的洁净煤技术，余热回收与燃气轮机发电技术一直是重要的能源梯级利用辅助技术。IGFC 具有高效率、大比功、低污染及变工况性能好等特点，基于能量梯级利用，通过燃料电池—燃气轮机—蒸汽轮机三循环，其整体能量转化效率比 IGCC 高 10%～15%；CO_2 捕集率超过 99%，较 IGCC 高 10% 左右，且 CO_2 捕集成本相对较低，度电水耗下降 80% 以上，投资成本低 40%。

尽管IGCC/IGFC技术优势明显，但是经济性、灵活性和可靠性限制了其大踏步发展。IGCC/IGFC单位投资是常规燃煤发电机组的2～3倍；燃料前置处理装置的负荷变动范围为50%～100%，调节负荷率小于2%/分，机组冷态启动时间需要2～3天；鉴于煤气化/净化装置系统复杂，煤炭种类适应面小，且运行维护可靠性低，造成机组可用率比常规燃煤发电技术低10%～25%。

目前，制约IGFC系统规模化应用和产业化的主要瓶颈在于高温燃料电池技术、系统集成优化技术，以及长周期运行能力。作为煤化工和火力发电的耦合体，IGCC/IGFC项目不仅需要具备较高的技术水平，还需超强的专业整合和管理水平，项目的整体化融合程度仍亟待提高，需要通过不断的技术进步和经验积累逐步优化和改进。

2.2.4.3 现代煤化工领域

煤炭作为原料进行清洁转化，产业技术有待进一步提升和优化。一方面，煤化工能效水平需要降低。目前煤化工行业先进与落后产能并存，不同企业间的能效水平差异显著，节能降碳改造升级潜力较大。参照《煤炭清洁高效利用重点领域标杆水平和基准水平（2022年版）》《高耗能行业重点领域能效标杆水平和基准水平（2021年版）》，截至2020年年底，煤制甲醇行业能效低于基准水平的产能约占25%，煤制乙二醇行业能效低于基准水平的产能约占40%，合成氨行业能效低于基准水平的产能约占19%，焦化行业能效低于基准水平的产能约占40%。另一方面，煤化工行业碳排放强度需要进一步降低。煤制油、煤制烯烃等煤化工项目具有工艺链长、碳排放强度大、工艺碳排放浓度高的特点，煤转化过程的碳排放强度是石油化工的3～8倍。

1. 煤炭清洁转化技术

煤化工行业是技术密集型、资金密集型产业，进入21世纪以来，虽然我国在煤制油、煤制烯烃等现代煤化工技术、装备、催化剂等研发上取得巨大突破，绝大部分技术和装备实现了国产化，但是一些关键技术和装备仍存在受制于外的现象。然而，国外一些煤化工技术缺少工业示范验证，引进风险很大，给企业生产经营造成很大的困难，付出的成本代价也很高。加快培育我国具有自主知识产权的煤化工核心技术，做好商业化示范装置建设和运行，是发展煤化工产业的根本途径。

煤气化方面，突破煤种适应性差、氧耗/水耗高、气化装备可靠性及操作弹性差的发展瓶颈，发展高可靠的煤气化关键装备及配套技术，建成大容量、高效、低水耗的煤气化示范装置。煤制天然气方面，重点解决反应过程中放热与移热匹配难题，开发新型短流程甲烷化工艺及催化剂，实现国产催化剂的规模化应用，开发劣质原料气制取合成气技术，提高富含 CO_2、富含甲烷和氢等原料气的利用水平。煤直接液化方面，开发高效节水液化新工艺及催化剂、温和液化工艺、煤与煤焦油 / 重油类加氢共处理等工艺，发展高值特种油品及芳烃等的制备技术，研究液化残渣制高端炭材料、沥青等综合利用技术；煤间接液化方面，开发高效、高选择性钴基 / 铁基费托合成新工艺及催化剂，开发超清洁航空煤油、超净柴油、高端润滑油、固液石蜡、高熔点费托蜡等产品加工技术，发展煤直接 – 间接液化耦合工艺。

低阶煤分质利用和分散用煤等方面还存在不足。在低阶煤分质利用方面，目前技术尚不成熟，包括高温含尘热解气除尘技术未突破易造成管道堵塞、焦油重质化且含尘量高、装置大型化及粉焦综合利用困难等，研究解决气 / 固 / 液分离、废水处理、装备规模化稳定运行等关键共性技术，建设百万吨级煤热解及联产示范工程，形成产业化潜力突出、配置灵活可调、高油气收率的热解联产清洁燃料及化学品新工艺。在分散用煤方面，分散用煤量由 2015 年的 6 亿吨减少到 2021 年的 2.6 亿吨左右，但也存在民用型煤质量不稳定和燃烧取暖效果不好、民用炉具产品质量和性能较差、燃料和炉具不配套等问题。

2. 煤制高附加值产品技术

在“双碳”背景下，要进一步加强技术创新，加强新产品开发，通过延伸产业链，发展高附加值、精细化、差异化产品，重点以合成气 / 甲醇转化为平台，耦合石油基原料（苯、甲苯、石脑油等），实现烯烃、芳烃和含氧化合物大宗化学品 / 燃料的合成技术变革，坚持煤化工与石油化工的协调发展，构建更加合理的产业结构。

在大规模、高选择性煤制大宗含氧化合物技术方面，开发煤制乙醇技术，煤制聚甲氧基二甲醚、低碳醇等含氧清洁燃料及化学品技术，突破合成气直接制低碳醇、高碳伯醇、丙烯酸的工艺及催化剂。

在煤转化制烯烃 / 芳烃技术方面，开发新一代甲醇制烯烃反应器及催化剂，实现乙烯 / 丙烯产品比例灵活调控，开展甲醇制芳烃、甲醇甲苯制对二甲苯反应器及催化剂研究，突破合成气直接制烯烃、甲醇石脑油耦合制烯烃、合成气直接制芳烃等高选择性、高稳定性催化剂制备技术。

在煤转化与可再生能源制氢耦合技术方面，研究煤转化过程与可再生能源制氢耦合工艺，发展新型复合电极材料、大规模电解装备，提高电流密度并降低制氢能耗。开展可再生能源制氢与煤转化耦合系统稳定运行技术研究，提高系统运行的可靠性。

3. 煤清洁转化装备技术

我国在煤化工领域已形成一批核心技术，正处于完成工业示范并大规模推广应用的有利时期，煤化工装备的研发和国产化还有待提高。

目前，虽然我国煤气化炉、甲醇合成塔等装备技术取得了重大突破，并成功应用于工业化生产，但为大型煤化工项目配套的核心反应器、压缩机、关键泵阀等主要装备还不能满足要求。过去十多年里，依托兴建和运营首条百万吨煤直接制油生产线，已经实现了减压阀等大部分关键设备的国产化，但是有个别核心设备仍然依赖进口。循环泵，目前只有美国一家企业生产，煤化工企业必用的大型工业控制系统也严重依赖进口。现代煤化工企业广泛使用的大型气化炉、空分等大型装置严重依赖进口。因此，需要加快煤化工关键设备和成套技术装备的开发，这不仅可以降低煤化工项目的投资，增强竞争力，还可以提升我国装备制造业技术水平，带动相关产业的发展。

4. 煤转化过程污染物控制技术

煤转化过程污染物控制方面，研究固废协同制备绿色充填材料，废弃催化剂无害化、精细化处理技术，多种废盐固废协同利用技术，实现固废处理的资源化、减量化、无害化。

针对煤热解、固定床气化、直接液化等工艺产生的高盐、高浓度有机物废水难以处理问题，突破多环芳烃、酚等有机物脱除技术，提高废水的可生化性。

在煤转化过程中的粉尘、挥发性有机物等气体污染物处理方面，针对煤热解、焦化生产过程中污染源分散、种类多样、难处理等特点，重点开发挥发性有机物及颗粒物捕集净化、低氮燃烧、烟气脱硫脱硝除尘一体化等技术，开展示范推广，实现污染物的源头消减、过程消纳、末端资源化、近零外排。

参考文献

[1] 2023年煤化工市场规模为5.4万亿元[EB/OL]. 制造业排名数据库，https://baijiahao.baidu.com/s?id=1806815957167047244&wfr=spider&for=pc.

[2] 2023年世界煤炭总产量首次突破90亿吨 同比增长3.1% - 资讯[EB/OL]. https://www.coaledu.net/c/2024-06-26/168013.shtml.

[3] 安高军，熊春华，鲁长波. 煤基合成柴油的性质与发动机试验研究[C]//2011中国汽车工程学会年会论文集.

[4] 曹亦俊，刘敏，邢耀文，等. 煤矿井下选煤技术现状和展望[J]. 采矿与安全工程学报，2020，37(1)：192-201.

[5] 常鸿雁，张元新，李克健，等. 煤液化沥青制备针状焦的试验研究［J］. 煤炭技术，2017，36（8）：274–276.

[6] 陈茂山，要辉，王洪学，等. 煤直接液化残渣制备高附加值产品的探索研究［J］. 中国煤炭，2020，46（5）：74–80.

[7] 戴彦德，田智宇，杨宏伟，等. 重塑能源：中国——面向2050年能源消费和生产革命路线图（综合卷）［M］. 北京：中国科学技术出版社，2017.

[8] 公磊，吴秀章，卢卫民，等. 煤基高温费托合成技术进展［J］. 化工进展，2016，35（增刊1）：122–128.

[9] 宫晓颐，张胜振，盛英，等. 一种从煤直接液化残渣中分离芳烃树脂的多组分芳烃熔混剂：CN103254921A［P］. 2013.

[10] 郭中山，王峰，许明，等. 费托合成催化剂流化床还原的数值模拟［J］. 煤质技术，2017（6）：1–4.

[11] 国际能源署：2023年全球煤炭供应量达87.41亿吨 创历史最高纪录［EB/OL］. 中国能源报，http://www.chinasdcoal.org.cn/XHDT/01125749.html.

[12] 国家能源局. 百万吨级煤直接制油系列关键装备国产化［EB/OL］.（2019–05–06）. http://www.nea.gov.cn/2019–05/06/c_138037326.htm.

[13] 国家统计局. 2022国民经济和社会发展统计公报［R］. 2023.

[14] 国家统计局. 中国统计年鉴［M］. 北京：中国统计出版社，2017.

[15] 国家统计局. 中华人民共和国2021年国民经济和社会发展统计公报［J］. 中国统计，2022（3）：9–26.

[16] 郝成亮. 煤炭消费的碳排放特点与减污降碳措施［J］. 煤炭经济研究，2022，42（9）：55–59.

[17] 黄戒介，房倚天，王洋. 现代煤气化技术的开发与进展［J］. 燃料化学学报，2002，30（5）：385–391.

[18] 贾彧智. 科林CCG粉煤气化技术特点及应用［J］. 煤炭加工与综合利用，2014（8）：40–44.

[19] 贾振斌，刘永. 煤直接液化产品的组成、特性及应用［J］. 中国煤炭，2020，46（5）：81–86.

[20] 金玲，郝成亮，吴立新，等. 中国煤化工行业二氧化碳排放达峰路径研究［J］. 环境科学研究，2022，35（2）：368–376.

[21] 聚焦陕西能源化工产业高质量发展丨一块煤也有“七十二变” 榆林化学引领煤化工高端化多元化发展［EB/OL］. https://mp.weixin.qq.com/s?__biz=MzA3NjM0MDQzOA==&mid=2650810624&idx=1&sn=84fabed5712d5a498cdebb857f0dccda&chksm=851ab9666d11d0fbac310e67dfa33ccf24bf87c292d73b084c5ffff0799b096dfebe0c81f095&scene=27.

[22] 康开通. 煤直接液化高附加值环烷基油开发应用［J］. 能源科技，2020，18（12）：59–61.

[23] 李辉，朴英，曹文杰，等. 高热安定性煤基喷气燃料理化性能的试验研究［ J ］. 煤炭学报，2016，41（9）：2348–2351.
[24] 李江兵. 提高费托合成低碳烯烃含量的研究［ D ］. 上海：华东理工大学，2014.
[25] 李凯，孟迎，袁秋华. 煤间接液化技术的发展现状及工程化转化［ J ］. 煤炭与化工，2017，40（8）：34–36.
[26] 李小强，刘永，秦光书. 神华煤直接液化示范项目的进展及发展方向［ J ］. 煤化工，2015（4）：13–15.
[27] 刘兵，彭宝仔，方薪晖，等. 水煤浆气流床的气化能效比较［ J ］. 煤炭转化，2018，41（4）：62–66.
[28] 刘均庆，宫晓颐，郑冬芳，等. 煤直接液化残渣制备中间相沥青炭纤维［ J ］. 功能材料，2015，46（增刊 2）：176–180.
[29] 刘雷，毛燕东，李克忠. 煤气化灰渣资源化利用分析［ J ］. 电力与能源进展，2018，6（6）：173–180.
[30] 刘玲玲. 国际煤炭市场价格今年或将继续高位运行［ N ］. 中国煤炭报，2023–04–04.
[31] 刘明亮，韩勇，栗波. 航天炉粉煤气化系统氯元素迁移规律的研究［ J ］. 煤化工，2018，45（1）：10–12.
[32] 刘明亮，彭书，姜从斌，等. 粉煤气化系统中 Cu、Ni、Zn 等重金属元素迁移规律的研究［ J ］. 煤化工，2020，48（1）：10–14.
[33] 刘团会. 煤间接液化制油的研究［ D ］. 西安：西北大学，2007.
[34] 鲁野. 费托合成催化剂制备及工艺研究［ D ］. 北京：北京化工大学，2018.
[35] 马哲，张同功. 国际煤炭价格波动对国内煤炭市场的影响研究［ J ］. 中外能源，2022，27（11）：10–16.
[36] 煤炭行业复盘 30 年，投资逻辑的更迭——煤炭行业更新报告［ R ］. 国君煤炭数据库行业数据更新，2024–07–10.
[37] 莫非. 以颠覆性技术实现煤炭清洁高效利用［ N ］. 中国电力报，2023–03–21.
[38] 倪建军，崔洁. 气流床煤气化高位热能分级回收技术研究［ J ］. 锅炉技术，2020，51（5）：11–15.
[39] 牛芳. 我国煤粉工业锅炉技术及应用推广现状分析［ J ］. 煤质技术，2020，35（4）：6–12.
[40] 潘盼，董卫果，高明龙，等. 煤炭气化过程中的分析［ J ］. 煤炭加工与综合利用，2016（4）：39–41.
[41] 庞明瑾，陈曦，周广瑞，等. 碳达峰、碳中和战略目标下煤炭洗选技术的发展［ J ］. 选煤技术，2022，50（1）：1–6.
[42] 沙兴中，杨南星. 煤的气化与应用［ M ］. 上海：华东理工大学出版社，1995.
[43] 尚建选，牛犇，牛梦龙，等. 以煤热解为龙头的煤分质利用技术：回顾与展望［ J ］. 洁净煤技术，2023，29（7）：1–20.
[44] 宋子阳，刘建忠，王明霞，等. 煤化工废水对水煤浆气化合成气影响模拟计算［ J ］. 热

力发电，2019，48（12）：82–86.
[45] 孙启文，吴建民，张宗森，等. 煤间接液化技术及其研究进展[J]. 化工进展，2013，32（1）：1–12.
[46] 孙旭东，张博，彭苏萍. 我国洁净煤技术2035发展趋势与战略对策研究[J]. 中国工程科学，2020，22（3）：132–140.
[47] 孙旭东，张蕾欣，张博. 碳中和背景下我国煤炭行业的发展与转型研究[J]. 中国矿业，2021，30（2）：16.
[48] 田磊，付晓晴，刘小丽，等. 2017年我国石油市场形势政策分析与2018年展望[J]. 中国能源，2018，40（1）：10–14.
[49] 田磊，金琴琴，付晓晴. 2018年我国石油市场形势分析与2019年展望[J]. 中国能源，2019，41（2）：25–28.
[50] 卫小芳，王建国，丁云杰. 煤炭清洁高效转化技术进展及发展趋势[J]. 中国科学院院刊，2019，34（4）：409–416.
[51] 吴谋远. 2021年国内外油气行业发展报告[M]. 北京：石油工业出版社，2022.
[52] 现代煤化工清洁高效的关键技术——碳一化工[EB/OL]. 新华网，http://www.xinhuanet.com/science/2022-08/25/c_1310655762.htm.
[53] 谢克昌. 让煤炭利用清洁高效起来[N]. 人民日报，2020-09-22（20）.
[54] 谢克昌，王永刚，田亚峻. 煤炭清洁转化总论[M]. 北京：化学工业出版社，2024.
[55] 解娅男，李复. 基于Aspen Plus的煤气化黑水处理方案对比[J]. 煤炭技术，2019，38（12）：147–149.
[56] 熊春华，安高军，鲁长波，等. 煤基直接液化低凝点柴油试验研究[J]. 中国石油大学学报（自然科学版），2017，41（5）：182–186.
[57] 熊小平. 加快我国能源绿色低碳发展[N]. 中国经济时报，2021-11-04.
[58] 徐振刚. 中国现代煤化工近25年发展回顾·反思·展望[J]. 煤炭科学技术，2020，48（8）：1–25.
[59] 许祥静，刘军. 煤炭气化工艺[M]. 北京：化学工业出版社，2008.
[60] 杨军军，秦容军. 我国煤炭清洁利用政策研究[J]. 煤炭经济研究，2018，38（7）：53–57.
[61] 姚强. 洁净煤燃烧技术的现状与未来[J]. 太原科技，2004（4）：15.
[62] 尹兆祥. 国外煤炭液化技术研究的概述[J]. 能源技术，1989（1）：59–61.
[63] 英国英荷壳牌石油公司. BP世界能源统计年鉴[R]. 2022：256–258.
[64] 于杨，孙航，林云，等. 国际煤炭市场及进口煤研究[J]. 煤炭经济研究，2022，42（12）：12–19.
[65] 岳光溪，周大力，田文龙，等. 中国煤炭清洁燃烧技术路线图的初步探讨[J]. 中国工程科学，2018，20（3）：74–79.
[66] 张德祥. 煤制油技术基础与应用研究[M]. 上海：上海科学技术出版社，2013.

[67] 张景．添加助熔剂降低大同石炭纪煤的高灰熔融性研究［J］．煤质技术，2019，34（7）：52–55.

[68] 张俊凤．关于提高工业废水可生化性的方法探讨［J］．山西科技，2014，29（3）：124–125.

[69] 张全斌，周琼芳．基于“双碳”目标的中国火力发电技术发展路径研究［J］．发电技术，2023，44（2）：143–154.

[70] 张胜振，盛英，刘均庆，等．中间相沥青及其制备方法：CN104004536A［P］．2014-08-27.

[71] 张亚雄．推进“双碳”，煤炭行业并非夕阳产业［N］．光明日报，2022-07-02（9）.

[72] 赵海坤．年产 100 万吨煤间接液化合成油过程模拟及分析［D］．太原：太原理工大学，2012.

[73] 赵旭，张一昕，苗泽凯，等．气化飞灰精准分离及资源化利用［J］．洁净煤技术，2019，25（1）：41–46.

[74] 中国煤炭工业协会．2018 煤炭行业发展年度报告［R］．北京：中国煤炭工业协会，2019.

[75] 中国煤炭工业协会．2019 煤炭行业发展年度报告［R］．北京：中国煤炭工业协会，2020.

[76] 中国煤炭工业协会．2020 煤炭行业发展年度报告［R］．北京：中国煤炭工业协会，2021.

[77] 中国煤炭工业协会．2021 煤炭行业发展年度报告［R］．北京：中国煤炭工业协会，2022.

[78] 中国能源大数据报告（2024）：第六章　非化石能源发展［EB/OL］．https://news.bjx.com.cn/html/20240625/1384975.shtml.

[79] 中国青年网．神华宁煤集团每年 400 万吨煤炭间接液化项目建设纪实［EB/OL］．（2016-12-28）.http://news.youth.cn/gn/201612/t20161228_8992271_1.htm.

[80] 朱琳麒．燃煤电厂烟气脱硫脱硝一体化应用研究［J］．工程技术研究，2020（9）：257–258.

[81] 朱妍．现代煤化工产业亟需拓“新路”［N］．中国能源报．2021-10-25.

第3章
煤炭清洁高效转化产业技术路线图分析

3.1 制定煤炭清洁高效转化利用产业技术路线图的主要思路

3.1.1 背景

当前，在能源革命和数字革命双重驱动下，全球新一轮科技革命和产业变革方兴未艾。能源科技创新进入持续高度活跃期，可再生能源、非常规油气、核能、储能、氢能、智慧能源等一大批新兴能源技术正以前所未有的速度加快迭代，成为全球能源向绿色低碳转型的核心驱动力，推动能源产业从资源、资本主导向技术主导转变，对世界地缘政治格局和经济社会发展带来重大而深远的影响。我国已连续多年成为世界上最大的能源生产国、消费国和碳排放国。社会主义现代化强国建设的深入推进对能源供给、消费提出更高要求。在“双碳”目标、生态文明建设和“六稳六保”等总体要求下，我国能源产业面临保安全、转方式、调结构、补短板等严峻挑战，对科技创新的需求比以往任何阶段都更为迫切。经过前两个五年规划期，我国初步建立了重大技术研发、重大装备研制、重大示范工程、科技创新平台“四位一体”的能源科技创新体系，按照集中攻关一批、示范试验一批、应用推广一批“三个一批”的路径，推动能源技术革命取得重要阶段性进展，有力支撑了重大能源工程建设，对保障能源安全、促进产业转型升级发挥了重要作用。

化石能源清洁高效转化技术方面，具有自主知识产权的神华宁煤400万吨/年煤炭间接液化等一批煤炭深加工重大示范工程建成投产。国际首创的135万千瓦高低位布置超超临界二次再热机组投入运行，煤电超低排放水平进入世界领先行列。具有完全自主知识产权的50兆瓦燃气轮机已实现满负荷稳定运行。

“十四五”是我国全面建设社会主义现代化国家新征程的第一个五年规划期。进入新时期新阶段，要充分发挥科技创新引领能源发展第一动力作用，立足能源产业需求，着眼能源发展未来，健全科技创新体系、夯实科技创新基础、突破关键技术瓶颈，为推动能源技术革命，构建清洁低碳、安全高效的能源体系提供坚强保障。

3.1.2　目的

现代煤化工产业作为中国能源化工产业的重要组成部分，“十四五”是实现该产业革命性重塑的关键历史时期。如何实现保障国家能源安全和应对气候变化的目标任务，实现现代煤化工产业的高质量发展，提升服务新时代国家能源发展战略需求的能力，是当前及今后该产业亟待解决的问题。

基于我国富煤、贫油、少气的能源资源禀赋，需要推动煤炭由燃料向燃料与原料耦合转变，发挥好煤炭的压舱石作用。一方面，需要突破煤炭高效燃烧技术门槛，目前我国大容量、高参数燃煤发电机组已经达到世界先进水平，但在超临界燃煤发电等方面与国际先进水平存在较大差距；另一方面，需要凸显煤炭的物质属性，以煤为原料，通过气化、液化、焦化等途径制取油品和替代石油制取大宗化学品的现代煤化工，不仅可缓解石油供应紧张的局面，同时也可弥补现有石油加工与石油化工行业的结构性缺陷，紧急情况下还可以成为保障油气供应的重要支柱。通过技术创新，研发高附加值、精细化、差异化产品，重点以合成气、甲醇转化为平台，实现烯烃、芳烃和含氧化合物大宗化学品 / 燃料的合成技术变革，促进煤化工与石油化工的协调发展，构建更加合理的能源产业结构。

为深入贯彻落实“四个革命、一个合作”能源安全新战略和创新驱动发展战略，加快推动能源科技进步，国家能源局、科学技术部联合编制了《“十四五”能源领域科技创新规划》，对煤炭清洁高效转化技术进行了规划（图 3.1）。

3.1.3　方法及原则

煤炭清洁高效转化利用产业技术路线涉及以下七个关键方面：①研究与开发清洁高效转化技术；②继续实施煤炭清洁高效低碳利用；③推动煤炭洁净燃烧技术；④推进煤炭气化技术研发；⑤促进煤炭液化技术的发展；⑥推动煤炭废弃物综合利用；⑦引导产业结构调整和政策支持。

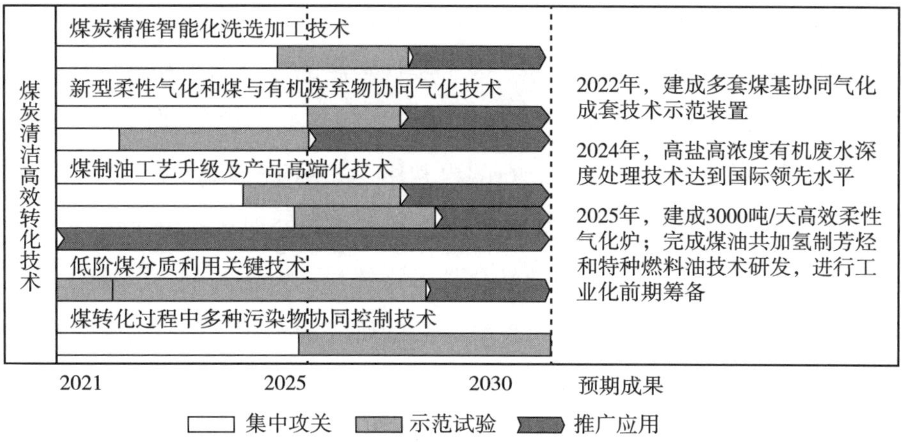

图 3.1　煤炭清洁高效转化技术路线

3.1.3.1　研究与开发清洁高效转化技术

为了实现煤炭清洁高效转化利用，必须进行广泛的研究与开发，开发新的技术和创新解决方案，以减少环境污染和提高能源利用效率。下面将重点介绍几个关键领域的研究与开发方向。

首先是煤炭燃烧技术的研究与开发。煤炭燃烧是传统能源转化方式之一，但其排放的污染物对环境和人类健康带来严重影响。因此，需要致力于开发洁净燃烧技术，以提高燃烧效率并减少污染物排放。这包括改进燃烧控制技术，优化燃烧过程中的燃料－空气混合和燃烧温度控制，以减少一氧化碳、氮氧化物和颗粒物等有害物质的生成。同时，研发脱硫、脱硝和除尘等技术，以降低燃煤电厂的大气污染物排放。

其次是煤气化技术的研究与开发。煤气化是一种将煤炭转化为合成气的过程，合成气可用于化学品生产、合成燃料和发电等。为了实现清洁高效的煤气化，需要开发先进的气化技术和高效的催化剂。这包括改进气化反应器设计，提高气化过程的热效率和质量效率，减少副产物和污染物的生成。此外，研究利用煤气化废热回收和余热利用技术，提高能源利用效率，降低碳排放。

再次是煤炭液化技术的研究与开发。煤炭液化是将煤炭转化为液体燃料的过程，液化煤可用于交通燃料和化工原料等。为了实现高效清洁的煤炭液化，需要研发先进的液化工艺和催化剂。研究应聚焦于改进液化反应器设计，优化反应条件和催化剂配方，提高液化煤的能源密度和环境友好性。此外，研究液化废热和副产物的综合利用技术，实现能源和资源的高效利用。

最后是煤炭废弃物的研究与开发。煤炭转化过程中产生大量废弃物和副产品，如煤炭灰渣、煤矸石和煤化工副产品等。为了实现资源的综合利用和减少环境影响，需要研究开发废弃物的综合利用技术。这包括煤炭灰渣的资源化利用，如生产建筑材料、水泥和填埋场覆盖材料等；煤矸石的再利用，如用于土壤修复和建材生产等；以及煤化工副产品的回收利用，如煤焦油、煤气和废水的处理与利用。

总的来说，研究与开发清洁高效转化技术需要投入大量的人力、物力和财力，并需要多学科的合作和创新思维。通过持续不断的研究和实践，可以为煤炭清洁高效转化利用提供技术支持，推动能源转型和可持续发展。

3.1.3.2 继续实施煤炭清洁高效低碳利用

能源资源约束趋于紧张，调整结构、提高能效、减少碳排放、保障能源安全等矛盾交织，需要加强煤炭清洁高效低碳利用，切实发挥煤炭的兜底保障作用，确保能源发展主动权。加强能源领域战略性前沿技术、重大应用技术研发，开展以清洁低碳、安全高效为核心的煤炭清洁高效与低碳利用技术创新，将目前依靠需求拉动的“被动式”创新逐步转向由技术积累 / 需求拉动双重推动、主 / 被动相结合的创新模式。提升煤炭行业的集约化、高效化、智能化发展水平，科学保护煤炭资源，严格限制散煤利用，全面提升煤炭加工利用的集中度和清洁性。建立煤电、煤化工发展的准入及退出机制，淘汰落后产能，驱动煤电的集约化、高参数、大容量、清洁化、智能化发展；有序发展煤基新材料、炭材料，引导现代煤化工的高端化、清洁化、低碳化发展，实现煤炭由单一的燃料属性向燃料 / 原料并举转变。开展大规模（百万吨级 / 年）CCS/CCUS 关键技术研发和工程示范建设，发布综合配套政策，推进 CCS/CCUS 的碳减排量核实研究并纳入碳市场认证交易。

3.1.3.3 推动煤炭洁净燃烧技术

煤炭燃烧是目前世界上主要的能源转化方式之一，但其排放的污染物对环境和人类健康造成了严重影响。因此，推动煤炭洁净燃烧技术的研发和应用至关重要。通过改进燃烧过程及采用先进的控制和治理技术，可以实现煤炭燃烧过程中污染物的减排和能源利用效率的提高。

首先，改进燃烧控制技术是实现煤炭洁净燃烧的关键。通过优化燃烧过程中的燃料 – 空气混合、燃烧温度和燃烧时间等参数，可以有效降低燃烧产生的一氧化碳、氮氧化物和颗粒物等有害物质的生成。燃烧控制技术涉及燃烧系统设计、燃烧器改进和燃烧过程监测与控制等方面的研究和开发。

其次，脱硫、脱硝和除尘等技术也是推动煤炭洁净燃烧的重要手段。脱硫技术可以去除燃烧过程中产生的二氧化硫，主要包括湿法脱硫和干法脱硫两种方法。脱硝技术用于减少氮氧化物的排放，常见的脱硝技术包括选择性催化还原（SCR）和选择性非催化还原（SNCR）等。此外，除尘技术用于捕集燃烧过程中产生的颗粒物，包括静电除尘器、布袋除尘器和湿式电除尘器等。

再次，研发和应用先进的煤炭洁净燃烧技术也需要关注燃料预处理和氧燃烧等领域。燃料预处理可以通过煤质改善、干燥和煤粉细度调整等手段，提高煤炭的燃烧性能和燃烧效率。氧燃烧技术是一种将空气中的氮气部分或全部替换为氧气进行燃烧的方法，可以显著降低氮氧化物的生成，减少排放。

最后，推动煤炭洁净燃烧技术的研发还需要加强监测和评估体系的建设。通过建立全面的监测体系，可以实时监测煤炭燃烧过程中的污染物排放情况，为燃烧控制和治理提供数据支持。同时，还需要建立科学的评估方法和指标体系，对煤炭洁净燃烧技术的性能和效益进行评估，以指导技术的优化和应用。

总之，推动煤炭洁净燃烧技术的研发和应用是实现煤炭清洁高效转化利用的关键一环。通过不断改进燃烧控制技术，采用脱硫、脱硝、除尘等技术手段，以及加强燃料预处理和氧燃烧等方面的研究，可以有效减少煤炭燃烧过程中的污染物排放，提高能源利用效率，推动能源转型和可持续发展。同时，加强监测和评估体系的建设，为煤炭洁净燃烧技术的应用提供科学依据。

3.1.3.4　推进煤炭气化技术的研发

煤气化是一种将煤炭转化为合成气的过程。合成气可用于化学品生产、合成燃料和发电等领域。通过研发和应用先进的煤炭气化技术，可以实现煤炭清洁高效转化利用的目标，减少环境污染，提高能源利用效率。

首先，改进气化反应器设计是推进煤炭气化技术的关键之一。气化反应器是将煤炭与气化剂进行反应的关键设备，其设计对气化效率和产品气质具有重要影响。研究人员可以通过改进反应器结构和布置、优化物料的热力学和流体力学特性，提高反应器的热效率和质量效率。此外，应注重研发高效的催化剂和吸附剂，以提高气化过程的催化效率和产品纯度。

其次，提高气化过程的热效率也是推进煤炭气化技术的重要方向。煤气化过程中需要大量的热能来提供煤炭的热解和气化反应所需的能量。因此，研究人员可以通过改进气化反应器的热力学循环，采用热交换和余热回收技术，实现煤气化废热的有效回收和利用。此外，应考虑多能联供的能源系统，将煤气化过程与其他能源转化过程进行耦合，提高整体能源利用效率。

最后，减少副产物和污染物的生成是推进煤炭气化技术的重要目标。在煤气化过程中，除了产生合成气，还会产生一些副产物和污染物，如焦炭、煤灰和有机废水等。为了减少这些副产物的产生和排放，需要研发高效的分离和处理技术。例如，可以采用高温气化和快速气化等技术，以减少焦炭的生成。同时，还可以研究废水处理和废气处理技术，将废水中的有机物和废气中的污染物进行回收和净化。

此外，推进煤炭气化技术的研发还需要关注系统集成和经济性分析。煤炭气化技术通常需要与其他技术和设备进行集成，形成完整的能源转化系统。因此，应注重研究不同技术之间的协同作用和优化配置，实现整体能源系统的高效运行。同时，还需要进行经济性分析，评估煤炭气化技术的投资成本、运营费用和经济效益，为决策者提供科学依据。

总之，推进煤炭气化技术的研发对实现煤炭清洁高效转化利用具有重要意义。通过改进气化反应器设计、提高热效率、减少副产物和污染物的生成，以及进行系统集成和经济性分析，可以推动煤炭气化技术的发展，实现煤炭资源的高效利用和环境友好的能源转化。

3.1.3.5 促进煤炭液化技术的发展

煤炭液化是一种将固态煤炭转化为液体燃料或化工产品的过程，具有高能源密度、低污染排放和应用领域广泛的优势。通过研发和应用先进的煤炭液化技术，可以实现煤炭清洁高效转化利用的目标，推动能源转型和可持续发展。

首先，改进液化反应器设计是促进煤炭液化技术发展的关键。液化反应器是煤炭液化过程中最核心的设备，其设计直接影响到液化效率和产品质量。研究人员可以通过改进反应器结构和增强传热传质效果、优化反应条件和催化剂配方，提高液化反应器的反应效率和产物选择性。此外，应加强对反应器内部流体力学特性的研究，改善反应器的气液分布和混合效果，进一步提高反应效率。

其次，优化液化煤的制备和预处理技术也是促进煤炭液化技术发展的重要方向。煤炭液化过程中，煤炭的物理和化学性质对液化效果和产物质量具有重要影响。因此，研究人员可以通过煤炭的细碎、干燥和煤质改善等预处理手段，提高煤炭的可液化性和反应活性。此外，还可以研发新型的溶剂和添加剂，以提高液化反应的选择性和产物质量。

最后，综合利用液化废热和副产物是促进煤炭液化技术发展的重要途径。煤炭液化过程中会产生大量废热和副产物，如煤焦油、煤气和废水等。为了实现能源和资源的高效利用，需要开发液化废热的回收和利用技术，如余热发电和废热利用。同时，可以研究液化副产物的资源化利用方法，如煤焦油的加工利用和煤气的能源转化。

此外，煤炭液化技术的发展还需要关注环境友好性和经济性的综合考虑。煤炭液化过程中会产生大量的废气、废水和固体废弃物，对环境造成一定的影响。因此，应加强对液化过程中污染物的控制和净化技术的研究，以实现煤炭液化的环境友好性。同时，还需要进行经济性分析，评估煤炭液化技术的投资成本、运营费用和经济效益，为决策者提供科学依据。

总之，促进煤炭液化技术的发展对实现煤炭清洁高效转化利用具有重要意义。通过改进液化反应器设计、优化煤炭预处理技术、综合利用废热和副产物，以及关注环境友好性和经济性的综合考虑，可以推动煤炭液化技术的创新和应用，实现煤炭资源的高效利用和环境可持续发展。

3.1.3.6　推动煤炭废弃物的综合利用

煤炭产业在生产过程中会产生大量的废弃物，如煤矸石、煤灰、煤泥等，这些废弃物的综合利用是实现煤炭资源的可持续利用和环境保护的关键环节。通过研发和应用先进的废弃物利用技术，可以实现废弃物资源化、能源化和循环利用，推动煤炭产业的可持续发展。

首先，研究开发废弃物资源化利用技术是推动煤炭废弃物综合利用的重要方向。煤矸石是煤矿开采和处理过程中产生的主要废弃物之一。可以通过研究开发煤矸石的综合利用技术，将其转化为建筑材料、填充材料和制备煤矸石砖等，实现煤矸石的资源化利用。同时，煤灰和煤泥等废弃物也可以通过技术手段进行资源化利用，如生产水泥、砖块、煤灰微球和煤泥砖等。

其次，开发废弃物能源化利用技术是推动煤炭废弃物综合利用的重要途径。煤炭废弃物中蕴含有可燃物质，通过合适的技术处理，可以将废弃物转化为能源，如煤矸石气化、煤灰焚烧和煤泥燃烧等。煤矸石气化技术可以将煤矸石转化为合成气，用于化工品生产和发电；煤灰焚烧技术可以将煤灰中的可燃物质燃烧为热能，用于供热或发电；煤泥燃烧技术可以将煤泥转化为热能和电能。通过能源化利用，不仅可以减少废弃物的堆放和处理成本，还可以提供清洁能源，减少对传统能源的依赖。

最后，推进废弃物循环利用技术是促进煤炭废弃物综合利用的重要手段。废弃物的循环利用是将废弃物作为原料或辅助材料，参与到其他生产过程中，实现资源的再生利用。例如，煤灰可以作为混凝土掺合料、路基填料和水泥制品的原料，实现煤灰的循环利用；煤矸石可以作为土地复垦的填充材料，实现煤矸石的循环利用。通过循环利用，不仅可以减少对自然资源的开采，还可以减少废弃物的排放和环境污染。

此外，推动煤炭废弃物的综合利用还需要加强技术创新和政策支持。煤炭废弃物的综合利用技术还存在一些技术难题和经济性问题，需要通过创新研究和工程示范来解决。同时，政府和相关部门应加大对煤炭废弃物综合利用的政策支持和资金投入，推动技术的商业化应用和产业的发展。

总之，推动煤炭废弃物的综合利用是实现煤炭清洁高效转化利用的重要举措。通过研究开发废弃物资源化利用技术、能源化利用技术和循环利用技术，可以实现煤炭废弃物的可持续利用和环境保护。同时，需要加强技术创新和政策支持，推动废弃物利用技术的商业化应用和产业化发展，促进煤炭产业的可持续发展和绿色转型。

3.1.3.7　引导产业结构调整和政策支持

随着能源转型和环境保护的需求不断增强，煤炭产业需要进行结构调整和转型升级，以适应新的发展要求。通过制定合适的技术路线和提供政策支持，可以推动煤炭产业的转型升级，实现清洁高效转化利用的目标。

首先，制定清晰的技术路线是引导煤炭产业结构调整的关键。技术路线应基于科学研究和实践经验，明确煤炭清洁高效转化利用的技术路径和发展方向。技术路线图可以包括各个环节的关键技术和装备要求、研发重点和时间节点，以及产业发展规划和政策支持措施。通过明确技术路线，可以引导煤炭产业进行技术创新和转型升级，推动清洁高效转化利用技术的研发和应用。

其次，提供政策支持是促进煤炭产业结构调整的重要手段。政策支持可以包括经济激励措施、税收优惠、财政资金支持、科技创新引导等方面。例如，可以通过给予清洁高效转化利用技术的研发和应用项目财政补贴，鼓励企业投入研发和示范应用；建立煤炭产业转型升级专项基金，支持技术研发、装备更新和人才培养；制定优惠税收政策，降低清洁能源生产和利用的成本等。政府还可以加强与企业和研究机构的合作，共同制定产业发展规划和技术创新项目，形成产学研相结合的良好合作机制。

最后，加强技术创新和人才培养是推动煤炭产业结构调整的关键。煤炭清洁高效转化利用的实现离不开技术创新的支撑。政府和企业应加大对清洁高效转化利用技术的研发投入，建立创新平台和联合实验室，提升核心关键技术的研究和开发能力。同时，还应加强人才培养，培养和引进具备清洁能源技术研发和应用能力的专业人才，构建人才队伍支撑技术创新和产业转型的需求。

此外，还需要加强产学研用的协同创新机制建设，加强与相关行业的合作与交流，推动技术的转移和推广应用。通过制定标准和政策导向，加强技术创新和示范项目的推进，形成良性的产业生态系统，促进清洁高效转化利用技术的广泛应用。

总之，引导煤炭产业结构调整和提供政策支持是实现煤炭清洁高效转化利用的重要手段。通过制定清晰的技术路线、提供政策支持、加强技术创新和人才培养，可以推动煤炭产业的转型升级，实现清洁高效转化利用的目标。这将有助于提高能源利用效率、减少环境污染、实现可持续发展，为建设清洁低碳的能源体系和美丽中国作出积极贡献。

3.2 具体领域路线图分析

3.2.1 碳中和背景下煤炭行业发展的环境分析

煤炭是集能量和有机原料于一体的化石能源。根据我国富煤、贫油、少气的能源资源禀赋，在相当长时期内，煤炭仍将是我国能源和有机化工原料的重要来源。大力推进煤炭绿色高效开采与清洁高效转化利用，将是促进我国能源结构优化升级，推动能源革命的最现实有效的途径之一。煤炭是我国的主体能源，按照绿色低碳的发展方向，对标“双碳”目标，控制总量、兜住底线，实施有序减量替代，促进煤炭消费转型升级。推进煤炭清洁高效转化是实现煤炭清洁高效利用的重要途径之一。经过多年的科技攻关和升级示范，我国煤炭转化产业实现了由煤炭资源向油气燃料和化学品转化的全产业链贯通，为发挥煤炭所拥有的资源和原料双重属性优势、保障国家能源安全开辟了新途径。

当前，煤炭资源仍然处于我国资源利用领域的重要地位。“绿水青山就是金山银山”，在利用煤炭资源的同时，不得不重视其给环境带来的影响，因此煤炭清洁工作是一项重要的环节。同时面对煤炭这类不可再生资源，必须重复利用、采取手段适当地将其转化，发挥煤炭自身全部的价值。除此之外，煤炭清洁高效转化技术对于环境保护也具有非凡的意义，不仅提高了资源的利用率，同时还有效地保护了环境，可以说是两全其美的技术，由此促进国民经济以及社会稳定的共同发展。

优势方面，短期内，特别是在碳达峰之前，煤炭的资源赋存条件与生产供给能力、产业规模及能源结构占比、经济性与消费灵活性等方面存在明显优势，为煤炭行业的发展与转型提供了基础条件。首先，新能源替代煤炭成为基础能源短期内不易实现，煤炭基础能源地位和资源优势依然明显。随着我国煤炭工程科技的进步，煤炭资源开发已经向规模化和智能化发展，同时煤炭资源利用不受气候、季节的影响，具有经济、稳定、可靠等优点，而新能源短期内无法解决相关问题，也为煤炭的发展提供了客观条件。从碳达峰目标上看，即便到 2030 年碳达峰前非化石能源占一次能源消费比重达到 25%，煤电下降量有限且仍然是主要电力供应者。根据《中国统计年鉴 2020》数据，2019 年全国全口径发电量中，煤电占比 62.15%，核电占比 4.76%，并网风电占比 5.53%，并网太阳能发电占比 3.05%，核电与风光发电的占比仍然较低。其次，煤炭行业具有一定的行业优势和市场基础。由于煤炭资源大宗商品的属性，企业、产业、市场、全社会消费等层面具有良好基础和积累，从技术、投资、建设到运营和维修服务形成完整的产业链，形成了一批大型的现代化煤炭企业，如 2020 年《财富》世界 500 强排行榜中有 12 家煤炭企业上榜，其中排名最靠前的国家能源投资集团有限责任公司的营业收入达到 804.98 亿美元（排名 108 名），而非化石能源领域只有中国核工业集团有限公司上榜，排名 493 名。同时，新能源装机和实现并网的过程需要煤电作为调峰电源，短期内煤炭基础能源地位变化有限，煤炭发展的优势依然存在。

劣势方面，我国以煤炭为主的能源结构决定了能源系统的碳排放强度较高，其中煤电、工业用煤是我国煤炭消费的主要碳排放源。根据国际能源署数据，2018 年仅煤电一项就占我国化石燃料燃烧相关碳排放量的 48.4%，相当于美国化石燃料燃烧的碳排放总量，并高于欧盟各国总和。全球新能源发展趋势下的国际压力和社会舆论给我国煤炭的发展带来了阻碍，未来投资环境和金融环境可能恶化，资金使用成本将大幅提高，资金链风险将提升，不利于煤炭行业相关企业的生存与发展。此外，煤炭开采长期存在安全、生态环境破坏、水资源约束、矿工职业病等现实问题，还存在一定比例的落后产能、废弃矿区环境治理的遗留历史问题。同时，社会上散烧煤问题仍然没有得到有效解决，散烧煤量约占煤炭消费的 10%。上述问题叠加严重制约了煤炭的高质量发展。预计在碳达峰后，碳减排问题、国际与社会舆论压力以及不利的投资环境和愈加严格的生态制约等煤炭行业发展的劣势，都会随着时间推移而更加严峻。

机会方面，目前煤炭行业科技创新发展十分活跃，未来 30 年先进发电技术和碳封存与利用技术有望实现重大突破，将大幅实现煤炭消费的碳减排。表 3.1 给出相关前沿技术的发展现状，例如 700℃超超临界发电技术、IGCC/IGFC 等颠覆性的发电技术都具备清洁高效利用的特点，同时在实现超低污染物排放的基础上，可以大幅提高当前燃煤发电的效率。CCUS 产业方面，目前盐 / 咸水层的地质封存技术、EOR 技术已逐步从示范项目转向商业化，例如 EOR 技术在大比例提升产油量的同时，将二氧化碳封存在油田中，已具有很好的经济性。目前我国油田基于 EOR 技术的二氧化碳封存能力可达到 99 兆吨 / 年，同时未来我国在煤层气开采、地热开发、食品加工、人工养殖等领域的二氧化碳利用潜力巨大；CCUS 技术也可以通过二氧化碳重整循环实现，例如 SOEC 技术，利用可再生能源将煤炭发电排放的二氧化碳制取为合成气（作为化工等工业的原料，非能源燃料用途），即通过碳转化方式实现煤炭发电的零碳排放，有望成为最具潜力的煤电碳排放解决方案之一。另外，参与国际碳汇市场、增加植树造林等具有较高的可行性。碳中和的大背景也将倒逼全社会用煤效率提升，有助于减少煤基资源消耗的碳排放量。目前，我国冶金、建材、化工三大行业煤耗量占全国煤炭消费总量的 30% 左右，碳减排潜力较大。此外，我国油气对外依存度高，油气

表 3.1　我国煤炭行业前沿技术方向发展现状

序号	技术名称	技术特点	技术成熟情况
1	700℃超超临界发电	供电效率可提升到 48% ~ 50%	关键技术不成熟，国内建设了示范实验平台，无具体示范项目
2	IGCC	联合循环效率可达 60%	技术基本成熟，建成天津华能 IGCC 示范电厂
3	IGFC	利用效率为 60% ~ 80%	正在研发，开展示范项目，但 SOFC 及系统集成技术不成熟
4	CCS	实现二氧化碳的物理封存	盐 / 咸水层的地质封存技术基本成熟，建成了多个示范项目，其他封存技术尚不成熟，多处于实验室阶段
5	CCUS	将二氧化碳利用或转化	油田二氧化碳驱油技术基本成熟，形成了示范项目；废弃矿井二氧化碳提取煤层气、SOEC 等利用技术还在实验室阶段
6	煤基深加工	替代石油、天然气资源，转化为化工原料及碳基材料	我国煤制油、煤制天然气、煤制烯烃等煤化工技术已经基本成熟，各类示范项目初具规模

供给安全形势严峻，2019 年石油对外依存度已达 72%，天然气对外依存度已达 43%，我国对外油气资源的获取环境可能恶化，可利用煤炭资源实现进口油气原料的部分替代。未来现代煤化工领域将成为煤炭转型的重要方向，目前我国煤制燃料、煤制烯烃等煤化工技术已成熟，基本形成了完整的产业链，已具备建立大型现代煤炭深加工市场的条件。

挑战方面，新能源技术发展迅速，核电、风力发电和光伏发电等新能源产业初具规模，且保持高强度的装机增速，发电成本不断下降，经济性不断提升，加之绿色低碳能源优势，新能源竞争力不断增强。随着非化石能源消费占比加速提升，煤炭资源优势下降，劣势更加显著，也将迎来一系列新的挑战。而当前对洁净煤技术突破和创新速度的要求也持续提升。此外，碳中和背景下煤炭领域人才培养、高校招生和招工用人等将受到极大的影响，出现专业性人才缺口的可能性大，装备制造、维修、技术服务等煤炭关联产业链的稳定性和可靠性也将受到影响。

近年来，我国在煤炭清洁转化方面的技术发展很快，取得了一系列重大成果：成功研发出 2000 ~ 3000 吨 / 天水煤浆和干煤粉气化技术并投入商业化运行，100 万吨 / 年煤直接液化示范工程和 400 万吨 / 年煤间接液化示范工程建成并投产，十多套 60 万吨 / 年甲醇制烯烃工业装置投入商业化运行。在煤气化、煤液化、煤制烯烃等方面，我国总体上处于世界领先水平，但还需进一步降低水耗和能耗，实现产品的灵活调变；在煤热解及多联产、煤制天然气、煤制芳烃和含氧化合物等方面，需要进一步突破关键技术，形成成套工艺技术，开展工业示范。

3.2.2 2020—2030 年煤炭清洁目标

本阶段碳减排的实现路径主要通过节能提效来减少煤炭消耗（表 3.2）。加强煤炭清洁高效利用，优化煤炭利用结构，从淘汰落后用煤、节能技术更新、清洁利用技术改造等方面发展洁净煤技术，以提高煤炭利用效率，协同减少煤炭消耗总量和污染物排放。应逐步降低火电厂的平均供电标准煤耗，同时注重燃煤锅炉的节能减排技术应用与管理，淘汰高煤耗的落后供热锅炉，继续推进燃煤机组的节能技术与超低排放技术的改造，加强余热利用技术，发展煤电热冷多联产，全面提升建筑、交通、工业各行业煤炭的综合利用效率，基本杜绝单一的燃煤热利用，力争 2030 年前实现全面的煤炭清洁高效利用，完成煤炭行业向技术密集型行业转型。

表 3.2　碳中和背景下我国煤炭行业发展形势研判

主要研判	2021—2030 年	2031—2050 年	2051—2060 年
发展阶段	前期（准备期）	中期（竞争期）	后期（完成期）
定位描述	重要战略窗口期，即碳达峰前 10 年的准备期	与新能源在技术、碳汇、占比等方面的竞争与合作共存期	实现转型发展，碳中和任务完成期
煤炭消费趋势	进入平台期	持续下降，但下降速度难确定	下降到相对稳定水平
能源定位	基础能源	重要能源	备用能源

3.2.3　煤炭清洁高效转化技术

3.2.3.1　煤热解技术

1. *产品市场及发展愿景*

传统的固体热载体煤热解工艺，如美国的 Garrett 研究与研发公司开发的 Garrett 工艺、美国油页岩公司开发的用陶瓷球作为热载体的 Toscoal 工艺、德国鲁奇和鲁尔公司研发的 LR 工艺、大连理工大学开发的 DG 工艺等都尚未进行产业化推广，主要不足在于系统热效率低、产物利用价值低、稳定运行差、能耗大等。

相比于传统工艺，与循环流化床燃烧相结合的固体热载体煤热解工艺在一定程度上可以提高煤炭资源的利用效率，实现热、电、油、气多联产，且具有煤种适应性宽、清洁高效、热效率高等优点。然而，目前所开发的基于固体热载体的煤热解工艺要实现多联产也存在一定的问题，诸如大连理工大学 DG 工艺就有分离装置多、煤炭与焦炭混合时间长、排渣温度高的不足；济南锅炉厂热电煤气多联产工艺（BJY 工艺）存在半焦循环利用率低、高温热灰的输送稳定性不强的缺点；浙江大学循环流化床热解联产工艺（ZDL 工艺）则暴露出容易结焦、气化炉温度不易控制等不足之处。从现代煤热解技术发展的趋势进行考量，基于粉煤热解的新型煤基多联产工艺将是今后煤化工产业实现多元产业耦合发展模式的主流方向。

当前煤热解技术需要解决的重点问题是：热解工艺技术的选择、环保因素的调控以及产品经济效益的获取。基于煤热解工艺的研究现状和最新进展，煤热解未来的重点研究工作应当以"双碳"为核心，在使用简单工艺、设备的基础上，利用有效的技术手段去除煤中的有害杂质，保证下游装置清洁利用，实现低阶煤的节能、环保和高效能转化。

热解技术今后的发展应主要关注以下 3 个方面：①新型热解技术应主要针对目前储量巨大的小粒径低阶煤，降低原料成本，减少细小颗粒及粉尘对环境的破坏。但小粒径的低阶煤在受热过程因磨损、粉化会产生更多的粉尘。因此，最小化颗粒运动抑制粉尘的产生和夹带，在反应器内实现自除尘是保障焦油品质、防止系统堵塞的重要措施。②通过减小颗粒粒度、反应器内设置加热元件等手段可提高煤颗粒的升温速率，但过高的温度会加剧挥发分的二次反应，导致轻质焦油产率的下降。因此，通过创新反应器结构来调控挥发分的逸出路径，降低挥发分在高温区的停留时间，抑制焦油发生结焦反应和析碳反应。③各种热解条件对焦油产率和品质的影响作用是交互的，各因素产生影响的主次关系尚不清楚，需要进一步研究来揭示煤颗粒自身物理化学性质与热解焦油产率和品质的关系，构建热解条件和焦油组成之间的协同调控方法，实现低阶煤的分级分质利用。

高效利用煤炭的关键技术是煤热解技术，对提高我国煤炭资源的利用率有着至关重要的作用。不断地研究煤热解技术，了解国内外的现状和技术水平以及煤热解技术的发展趋势，有助于我国创新并提高新型煤热解的技术水平，从而实现提升煤热解转化率和焦油率的目标。通过对煤热解特性的研究，我国可以更好地掌握热解产物的分布，以利于提高热解产物的质量。

2. *存在问题*

环境污染严重：环保问题是化工行业亟待决的问题之一，尤其是焦化行业排污环节较多、大气污染及碳排放严重；在低温干馏过程中，会产生废水、废气、废渣等多种有害物质，对生产人员的健康造成威胁，亟须企业加强管理，探索低碳化绿色发展路线。

生产能耗大：热解气利用方向上，由于产出的热解气是常压状态下的，需要进行加压利用，此过程产生的能耗较高。

经济效益较差：资源综合利用率低，煤的低温干馏工艺生产的焦油能够实现较大的经济价值，但难以形成成熟的产业经济链，产品综合利用水平不高。

技术发展尚不成熟：热解生产出的半焦中含有较高含量的焦渣，分离技术尚未成熟；焦油与粉尘相互融合，容易堵塞管道，难以进行有效分离等。

基于我国的能源现状，发展低阶煤热解技术是实现煤炭分质利用，高效清洁转化的重要手段。不同的煤热解工艺，其优势和适应性各不相同，也都存在相应的弊端，要实现煤热解工艺的大规模工业化进展，需要对这些问题有合适的解决办法，也必将要经过一个长时间的摸索。

3. 建议

（1）对于煤焦油加工产业要加强新技术与新产品的研发

目前煤焦油产业深加工能力不足，高质量产品种类少，与国际市场竞争难度大。亟须加强煤焦油加工工艺及装备的研发，探索精细化深加工领域，研究提高沥青等重组分的利用效率，以及提高加工过程中节能技术与低能耗高效利用技术的研发水平。

（2）探索热解煤气高效利用途径

以往，对于低阶煤热解以兰炭生产为主，热解气资源难以有效利用。但随着对富油煤热解领域的日益重视，热解煤气资源的高效利用受到广泛关注。企业应基于富油煤多联产分质高效利用思路，按照热解气的性质合理规划下游产业链，开展热解气制氢联产焦油加氢等综合利用工艺研究。

（3）建立富油煤分质转化多联产工业路径

目前，陕煤化集团、广汇能源、大连理工大学等企业及院校围绕长焰煤、褐煤等低阶煤开展了大量的分质利用研究，对于富油煤转化多联产技术的研发应结合产品路线及工业化应用，解决已发展的技术在工业化过程中出现的问题，努力加快工业化进程。

据自然资源部发布的《中国矿产资源报告（2021）》，截至2020年年底，我国煤炭探明剩余技术可采储量1622.88亿吨，我国的能源结构现状依然是富煤、贫油、少气。对煤焦油进行分馏处理，可以得到轻质馏分油和多种工业原料及产品，相关产品有较大的市场需求，因此发展煤热解技术，对低阶煤进行分质高效清洁转化利用有重大意义。

3.2.3.2　煤直接加氢液化

1. 产品市场及发展愿景

随着中国经济的高速发展，石油短缺的问题变得越来越严重，引起了政府的高度重视。我国煤炭资源丰富，如果能以此为基础，大力发展煤炭直接液化技术，解决石油短缺问题，对我国具有重大的战略意义。煤炭直接液化技术在我国有广阔的发展前景，主要有下列因素：我国有丰富的煤炭资源，可供直接液化使用；经过开发与研究，神华集团已经掌握煤炭直接液化的工艺，从技术上讲，已经没有问题。煤炭直接液化技术发展有如下建议。

（1）确保氢气供应稳定

氢气是煤直接液化的重要原料，只有保证氢气供应稳定才能保障下游产品系统运行稳定。煤直接液化项目一期第一条生产线未设计备用气化炉，导致气化炉在故障或检修期间氢气供应能力下降，致使下游产品系统被迫降负荷或者停工。未来再建煤直接液化项目时必须统筹考虑增加备用气化炉，确保氢气供应的稳定和连续性。

（2）解决煤气化排放的大量 CO_2 难题

未来解决煤直接液化生产过程中产生的 CO_2 主要从以下几方面入手。一是发展二氧化碳封存捕集技术。这一技术已在煤直接液化项目中成功示范并实现工业化运行。二是加大二氧化碳的利用。用二氧化碳替代氮气作粉煤输送介质，一定程度上可以减少二氧化碳的排放。三是研究二氧化碳化学转化技术。应用化学手段将二氧化碳转化成其他化学物质，是实现根本上的减排。当前比较成熟的转化技术就是把二氧化碳制成对烃基苯甲酸、双氰胺、硼砂、水杨酸、碳酸盐。四是可降解塑料。该技术在环境保护中体现出了巨大的价值。除此之外，将二氧化碳当作催化剂也是比较常见的，其附加价值很高，但为了更好地使用需要进一步研究，从而发挥催化剂价值。

（3）解决关键核心设备国产化难题

煤直接液化项目一期工程设备国产化取得了巨大进步，但比如反应器、循环泵、煤浆增压泵和高压比压缩机等核心设备主要依靠进口，供应受制于人，存在较大安全风险。未来仍需与科研院所和设备厂家共同研究关键设备国产化问题，最终实现核心设备全部国产化目标。

（4）布局稀缺性高端煤基特种燃料和煤基沥青深加工产业

煤基特种油品在煤直接液化项目一期工程第一条生产线中取得了丰硕成果，煤基特种油品具有很高的附加值。所以在未来的产品路线选择上要增加煤基特种燃料地面装备煤基通用柴油的生产，增加煤基喷气燃料和煤基航天煤油的生产，增加白油及环烷基原油等稀缺油品的生产，增加以煤基沥青为原料的炭材料、碳纤维及针状焦等深加工项目，以填补我国在高端材料领域的缺口。

与国外相比，在我国建设煤炭液化生产厂可减少投资，降低液化油成本，这是在我国发展煤炭液化技术的有利条件。煤炭液化技术作为平衡能源结构、解决石油资源短缺、减少环境污染的重要途径，受到了政府高度重视。同时，我国作为一个发展中的经济大国，对能源的需求量很大，不应该只依赖于从某些地区或某几个国家进口的石油。作为保障国家能源安全的重要战略举措，依托丰富的煤炭资源优势，通过直接液化技术将煤炭转化为清洁液体燃料，不仅有效降低石油对外依存度，更为构建清洁低碳、安全高效的现代能源体系开辟了可持续的技术路径。

2. 发展瓶颈

（1）氢气供应不稳定

神华煤直接液化项目气化工艺采用Shell粉煤气化技术，气化装置为煤直接液化提供原料氢气。Shell粉煤气化炉运行150天左右需要停炉检修，因设计未考虑备用气化炉，当一套气化炉检修时，氢气产量减少约40%，上游核心装置被迫降负荷生产。氢气供应不稳定是影响煤直接液化长周期、高负荷运行的主要因素之一。

（2）环保形势严峻

神华煤直接液化生产运行中，高度重视环境保护工作，为改善污水排放对环境造成的污染，2009—2015年，先后投入大量资金，用于解决现有污水处理装置运行存在的瓶颈问题，2015年基本实现了污水“零排放”目标。但是随着“双碳”等更高、更严绿色环保政策的出台，煤气化等装置排放的大量CO_2成为制约产业发展的瓶颈，必须尽早解决。

（3）设备国产化任重道远

神华煤直接液化项目是在没有成熟经验可供借鉴基础上建成的示范项目，核心工艺虽然采用了自主研发，但其核心设备如煤浆泵、循环泵、反应器和高压差阀，仍以引进为主。通过多年的技术攻关，耐磨离心泵、耐磨球阀和高压差阀等先后实现了国产化，但仍有大量诸如煤液化反应器、循环泵、煤浆增压泵和高压比压缩机等核心设备主要依靠进口，进口设备运行维护成本高，供应受制于人，存在较大安全风险，这将是煤直接液化技术未来发展道路上必须攻克的难题。

3. 建议

煤直接液化项目是“十五”期间国家煤炭清洁高效转化重点项目之一，是我国石油安全战略的重要组成部分，项目的成功运营为实现国家石油安全提供了重要技术路径，对解决我国石油资源短缺、优化能源结构、保障能源安全具有重大战略意义。

煤直接液化项目的成功运营实现了煤炭资源的就地、清洁、高效转化，实现了传统能源清洁化利用，是煤炭产业供给侧结构性改革的重要途径之一。煤直接液化技术的能源转化率近60%，远高于煤电和其他煤化工40%左右的水平，是用煤生产液体产品最有效的技术途径之一，实现了煤炭从燃料到原料的质的转变。不但提高了煤炭利用效率，同时与煤炭作为燃料相比，大幅减少了对环境造成的污染。

我国已经掌握百万吨级煤直接液化工业化技术。煤基喷气燃料、煤基航天煤油、煤基通用柴油及环烷基油已取得了突破性试验成果，完全具备工业化应用条件；以煤基沥青为原料的炭材料、碳纤维及针状焦等多项研究取得可预见性成果，正在中试验证，是未来填补我国在高端炭材料领域缺口的重要研究方向。未来要加快推进煤直接液化技术的布局，充分体现煤直接液化产品的高端化、稀缺性、差异化，进而提高煤直接液化产业的核心竞争力。

3.2.3.3 煤间接液化技术

1. 煤液化技术的新发展

（1）新型催化剂的开发

通过研究可以发现，在煤液化的生产流程中，无论何种工艺，都需要使用催化剂。因此，加快开发新型的催化剂成为煤液化技术发展的必然趋势。而在新型催化剂的开发过程中，需要注意以下几个方面：①不同工艺流程需要使用的反应器；②提升催化剂的活性，从而促进生产效率的提升；③新型的催化剂需要能够与原料进行充分的混合。只有在这几个方面尽量做到完美，才能保障新型催化剂在煤液化生产中发挥重要的作用。

（2）新型溶剂的研制与应用

在煤液化的生产流程中，首先需要对煤炭进行溶解，之后才是对煤炭的溶解物进行生产加工，进而生产出各种不同类型的液态燃料或工业原料。因此，新型溶剂的开发也是煤液化技术的重要发展趋势之一。在进行新型溶剂开发的过程中，不仅需要注意新型溶剂对于煤炭等原料的溶解效果，而且需要保障溶解之后的产物能够在之后的生产流程中快速、彻底地发生反应。

（3）间接液化技术的应用愈发广泛

与直接液化技术通常只能生产一种产品相比，间接液化技术不仅能够生产出主要产品，而且能够生产出种类繁多的副产品。这些副产品中，很多都可以作为其他工业的燃料或原材料。此外，在产品价格方面，某些副产品的价格往往会超过主要产品，因此，各种副产品的出售也能够成为煤液化生产企业的重要利润来源。同时，直接液化技术对于生产条件也有比较严格的要求，因而使用成本较高。因此在当下，间接液化技术在煤液化技术中的应用变得越来越广泛。这也是煤液化技术的重要发展趋势之一。

2. 发展愿景

目前，我国石油开采远远满足不了对石油高速增长的需求，造成对进口原油和石油产品的过度依赖。同时，进口容易受到出口国家政治经济是否稳定、运输路线是否受到干扰等因素的影响，能源问题愈发突出。这样的被动局面是需要改变的。为此，寻找原油替代能源日趋重要，对煤炭的利用再次引起人们的关注。

当今石油需求量逐年增多，而世界的石油开采储量逐年下降，两个曲线之间会形成一个越来越大的空位。“煤制油”便可以填补这个空位。“煤制油”技术有助于摆脱对进口原油和石油产品的过度依赖，从而提高能源安全。从能源结构来看，我国具备开发“煤制油”产业的各种战略驱动因素。

3.2.3.4　煤气化技术

1. 发展煤气化技术的价值

我国国土疆域辽阔，可开采煤炭总量较大，在煤炭资源储量方面位居世界第三。同时，我国煤炭资源种类多样，能根据不同煤炭资源的类型进行相应的煤气化技术研究和气化工艺流程设计，可以最大限度地满足煤气化技术研究的个性化需求，并在煤炭使用方面提供有力的保障。一直以来，我国都极为重视生态环境保护、生态环境污染治理、自然环境修复工作，不断加大对资金、技术、人才的投入力度。我国目前整体能源结构分布存在不合理之处，在三大主要能源中，煤炭资源的储量最多，石油与天然气的储备量相对较为匮乏。

从人均占有率、可开发量和技术来看，我国石油与天然气产业的整体发展与其他国家相比较为落后，每年都要花费大量资金进口石油、天然气，对推动我国社会经济的稳步提升和行业的快速发展无疑是一个阻碍。而煤气化技术是一种生产清洁能源技术，不但可以实现煤炭资源的清洁化利用，而且具备较高的利用率，能代替石油、天然气满足日常生活和经济生产所需。因此，我国极为重视煤炭资源技术研究。

我国社会经济的发展速度一直保持着稳定状态，社会生活与经济生产对能源的利用形式也随着现代科技与社会经济的发展而发生变化，尤其对能源利用率方面有着较高的要求。为了对不合理的能源结构进行有效调整，我国从未停止对相应技术的研究，并已经取得了很多研究成果，为煤气化技术的研究提供了有力保障，同时，煤气化技术的发展条件日渐成熟，对其进行发展研究有较高的社会与经济价值。

2. 产品市场及发展愿景

我国现代煤气化技术的研究起步相对较晚，相比西方发达国家，尤其相比欧美国家有着不小的差距。早在19世纪中期，德国就已经开始研发煤炭生产煤气的相关技术。我国借鉴了德国的研究成果和相关技术经验，在20世纪90年代进行了相关的技术研究，并在不断的实践和改进后开始在全国范围内推广，经济效益十分可观。

我国最早使用的煤气化技术属于老式的UGI炉块煤间歇气化技术，后逐渐向较为先进的粉煤加压气化工艺过渡。当前，我国对煤气化技术的研究速度不断加快，随着资金、人力和设备的大量投入，逐渐取得了一些研究成果，并将其转化为实际效益，使现代煤化工项目越来越多，其中超过50%的项目已经商业化。而在煤气化技术的应用与改进方面，我国主要围绕如何提高煤气化的转化率和煤种的适应性等展开工作。

此外，由于生态环境恶化较为严重，能源枯竭产生的危机及生态的压力较大，因此，在应用煤气化技术的过程中，必须要向绿色工艺的研究方向迈进，尤其要注重降低污染物排放量，减少对生态环境的压力。此外，集约型和新型煤化工技术是目前现代煤化工项目煤气化技术的应用与研究的发展趋势之一，其中部分研究侧重于高压大容量气流床气化技术，有着较高的可靠性，且能获取较好的社会和经济效益，是洁净煤技术的关键技术之一，是煤气化技术中清洁率最高的一种。

针对不同煤气化的煤种，各种工业化的气化技术都有其优势和缺陷。技术选择和使用主要取决于煤种以及所需要的产品，目前并没有一种能够适用所有煤种的煤气化工艺。总的来说，我国环保力度不断加大，能源需求量不断增长，要求煤气化技术向清洁型、智能化、规模化的方向发展，这样能够有效降低气化炉的使用数量、节约人力成本、改善工作环境、降低运用成本等。

国家正在推进节能降耗生产措施，针对煤气化生产工艺，最关键的技术攻关之一就是有效降低耗能，并且提高有效合成气的性能。降低能耗首先就应该保证气化炉运行的稳定性，保证煤质、种类的稳定性，避免频繁调节气化炉的工作状态，保证气化炉长时间稳定运行。再者，进行气化装置的改进与优化，进行技术创新，提高设备运行的可靠性。如今，我国仍然是世界范围内的能源消耗大国、制造业大国、用电量大国，这就要求我国对煤炭资源的利用需要进一步升级与开发，提高煤炭的附加值。为了保障我国可持续发展，提高自然环境的保护，进行煤气化技术的升级刻不容缓。

目前，一些大型新煤气化工艺可用于各种新气化工程和技术装备。具体来说，可以对气流床气化技术、流化床气化技术、固定床气化技术同时使用。其主要特点之一是简单的先筛分块煤，10～50毫米块煤不用干燥就可以直接加压气化。1～10毫米块煤可广泛应用于小流化床中，小于1毫米块煤可用于大气流床的气化处理。筛分后，既可大大降低化工企业块煤原料的加工成本，又可同时结合多种气化工程原料。作为新型气化技术体系的重要组成部分，气流床固定床工艺在电气化生产过程中副产的氯甲烷，通过高效回收与定向提纯技术，可广泛应用于燃气轮机冷却介质、干法磨煤系统惰性保护气以及精密气浮机床动态平衡控制等工业场景。该技术凭借其独特的模块化反应器设计，成功规避了气体置换过程中的燃爆风险与传质效率衰减问题，现已成为我国清洁能源装备技术迭代的主流方向。

总的来说，目前我国乃至世界在煤气化技术的应用仍然有较大的升级空间，并且应该尽可能降低能耗，避免产生“三废”对环境造成污染。

我国煤气化技术近20年来发展势头迅猛，技术升级加快，大型化、高压化趋势明显，研发综合实力不断增强；展望未来，煤气化技术将进一步朝着安全、高效、节能、绿色环保、专业化、智能信息化等方向发展，这也将继续促使我国煤气化行业技术水平始终处于国际领先地位。

伴随着我国能源格局的政策性调整，碳排放税的征收势在必行；CO_2制甲醇、CO_2制油品、CO_2制DMC等CO_2资源化利用绿色技术的经济性将逐步显现，这将促使我国煤气化技术朝着“零碳排放量”的绿色煤气化目标持续迈进。现代煤气化技术应用领域未来将朝着大型化工合成气领域、炼油化工深加工制氢领域、绿色冶金还原气领域发展，具有千亿级市场经济规模。对煤气化技术的研究虽然在不断推进，但仍然存在一些碎片化问题，需要煤气化技术人员进行积极、不断探索和研发，实现煤气化技术的完善和升级改进，融入更为积极的思想和先进的技术，使煤气化技术向着节能、减排、绿色、环保方向迈进。

3. 建议

目前，国内实现工业化应用的不同煤气化技术各有特点，对煤质要求不尽相同，不存在适用于所有煤种的气化技术。所以在未来的发展过程中应参考不同的气化技术对煤质的不同要求，有针对性地改进现有煤气化技术或开发适用于相关煤种的煤气化技术。通过对比分析宁东地区煤质特点和在用的气化工艺发现，宁东地区煤种属于煤阶较低的长焰煤，矿区大部分煤种的特点难以达到水煤浆气化炉要求的高浓度水煤浆，更适合采用GSP干煤粉气化技术。在未来煤气化发展过程中应注重提升技术适用性，而不应该盲目注重技术先进性。同时可考虑将三高煤与优质煤进行配煤使用，提升经济性。还可通过加入石灰石、石英砂等黏土助熔剂来对煤灰黏温特性及灰熔融温度进行改善，进而有利于液态排渣。

在选择气化技术时，需要考虑气化原料的水分含量、灰含量、灰熔点、成浆性、反应活、粒度等因素。原料煤水分含量高且不易干燥，不宜选择干煤粉气流床气化技术。原料煤的灰含量高对于以液态形式排渣的气化技术会带来额外的运行能耗和费用。原料煤的灰熔点高，不宜选择液态排渣的气化技术，否则需要添加助熔剂，相当于增加了煤的灰含量。原料煤是否易于制备成水煤浆，决定了是否可以选用水煤浆气化技术。对于反应活性差的原料煤不能选择高温温克勒气化技术（HTW）等传统流化床气化技术。原料煤的粒度分布决定了选择气化技术的大方向，原料煤为块煤时固定床气化技术可以作为选择方案之一，当原料煤为粉煤时则不能选择固定床气化技术。

在进行气化技术选择时还需要考虑煤气规模的影响。为了保持项目连续运转，在项目运行时不能出现煤气断供或者供应出现大幅波动的情况，因此在确定气化技术时应考虑单台气化炉的规模，并设置备用气化炉。

当项目所在地生产煤时，则尽量以当地煤为气化原料，选择适合当地煤的气化技术。否则，就需要到外地购买原料煤，这在一定程度上增加了原料煤采购的费用。

煤气化技术是实现煤炭清洁高效利用的龙头技术之一，也是现代煤化工的关键技术之一。不同的煤气化技术都有其独特的气化技术特性，有其一定的适应性和局限性。应根据煤气用途、气化原料、气化规模和原料来源等选择合适的气化技术，以在实现节能降耗减排的同时，提高整体的经济效益。

3.2.4　我国进一步发展重点与对策建议

中国的能源禀赋是缺油、少气、煤炭相对丰富，通过煤炭直接转化获得产品弥补原油不足，符合国家重大战略需求。针对中低阶煤高挥发分特点，以油气为目标，形成煤炭直接加氢液化，以及以热解为先导的煤炭分级高效综合利用技术，对我国国民经济可持续发展具有重大意义。在科技部“973 计划”“863 计划”以及能源局“国家能源应用技术研究及工程示范”等科技项目的支持下，我国已成为全球煤化工产业发展引领者，多种技术已进入示范或工业应用。在现有基础上，“十三五”期间，我国启动了“煤炭清洁高效利用和新型节能技术”国家重点研发计划，针对热解、加氢液化、气化等煤炭直接转化技术，在煤炭 / 合成气直接转化制燃料与化学品反应和催化基础研究、煤制清洁燃气关键技术研究、煤制液体燃料及大宗化学品关键技术研究等方面进行了全面部署。

结合国家重点研发计划、煤炭直接转化技术的研究任务推进、成果推广应用以及后续研究布局等工作，建议：

（1）着眼全局，提升技术市场竞争力

我国已完成百万吨级煤直接加氢液化技术工业示范，具备进一步推广的基本条件。新一代煤直接液化技术发展需放眼整体技术全局，投资要大大降低，产品附加值和经济效益要有本质的变化，技术特征主要体现在核心工艺的优化和催化剂的创新，寻求更为廉价和性能更高的催化剂，简化生产工艺，进一步降低操作成本，使产品市场竞争力得到提高。

（2）加强政策支持，推动工业化应用

近10年来，国内多达十几种煤热解技术进入中试或示范，由于对遇到问题的准备不足，尚无大规模热解技术进入工业化应用。应进一步加强政策引导和财政支持，优选具有规模和技术优势的工艺给予特别支持，尽快实现其工业化示范，为我国中低阶煤的高效利用提供技术支持。

（3）突出共性技术研究，促进降本增效

世界上现有各种煤气化技术在我国几乎都能找到示范或工业应用的实例，各种气化工艺均以适应不同的煤质差异而得到一定范围的使用，并以一定特点、优势，以及与煤的匹配适宜性，而得到市场认可。应进一步研究煤气化各种工艺的共性关键技术，提高煤气化效率，降低设备投资及运行成本；开发超高温气化工艺技术，实现气化原料全覆盖；发展催化气化工艺技术，满足煤制天然气的要求。

3.2.5　中美两国关于煤炭清洁高效转化技术的进展

3.2.5.1　煤气化技术

煤气化技术是指煤和气化剂（如 H_2O、O_2）在气化炉中反应生成煤气，经过净化处理后用作气体燃料和化工原料的技术。煤气化技术是整体煤气化联合循环发电系统（IGCC）、煤基液体燃料和化学品合成、多联产技术等过程工业的关键技术，是煤清洁高效利用的核心技术。

现代大型煤化工的发展要求煤气化技术向大规模高效的方向发展，并提高煤种适应性。提高温度、增加压力、强化混合是实现大规模高效煤气化过程的重要途径。目前工业化的气化技术有固定床、流化床和气流床。固定床只能适用于活性较低、挥发性较低的无烟煤块煤，所用煤种局限性太大，且反应规模小，目前单台炉加煤量小于2000吨/天，同时在生产过程中还产生焦油和含酚废水，这些缺点限制了固定床工艺的推广应用。气流床和流化床拓展了对煤种的适应性，气流床气化温度和压力高，适用于高灰、高硫、高熔点煤种，不产生焦油和废水，气化规模大，气流床单台炉加煤量达3200吨/天。流化床单台炉加煤量达4000吨/天。同时气流床和流化床在强化混合方面优势明显，并有进一步提高温度和压力的潜力，是开发大规模清洁高效煤气化技术的首选技术。

现阶段中美两国典型的气流床和流化床气化具体技术指标如表 3.3 所示。从表 3.3 中可以看到，气流床按照进料可以分为水煤浆和干粉进料。其中美国壳牌石油集团有限公司（Shell）的煤气化技术代表了美国的干粉气流床气化技术，这个技术的特点是气化温度压力高，单台炉加煤量达 3200 吨 / 天。与此对应的中国干粉气流床气化技术则生产规模相对较小，气化温度也较低，在碳转化率、冷煤气效率和有效气含量等方面与美国先进的干粉煤气化技术存在较为明显的差距。中国研制的多喷嘴对置水煤浆气化技术，单台炉加煤量可达 3000 吨 / 天，已经超过美国通用汽车公司（GE）的水煤浆气化技术，同时在碳转化率、冷煤气效率和有效气含量等指标与美国通用汽车公司技术相当。

表 3.3 中美两国气流床和流化床技术对比

技术名称	气流床					流化床	
	壳牌石油集团有限公司煤气化（美国）	两段干粉加压气化技术（中国）	美国通用汽车公司水煤浆气化（美国）	多喷嘴对置水煤浆气化（中国）	熔渣非熔渣分级气化（中国）	输运床气化（美国）	灰熔聚气化（中国）
成熟程度	工业化	工业化	工业化	工业化	工业化	工业化	工业化
排渣方式	液态排渣	液态排渣	液态排渣	液态排渣	液态排渣	固态排渣	固态排渣
单炉最大投煤量 /（吨 / 天）	3200	2000	2000	3000	1000	4000	500
气化压力 / 兆帕	2.0 ~ 4.0	3.0 ~ 3.5	4.0 ~ 6.5	3.0 ~ 6.5	4.0 ~ 6.5	3.5 ~ 4.5	0.1 ~ 2.8
气化温度 /℃	1400 ~ 1700	1400 ~ 1600	1300 ~ 1400	1300 ~ 1400	1300 ~ 1400	900 ~ 1050	1000 ~ 1100
冷煤气效率 /%	78 ~ 83	83	71 ~ 76	—	71 ~ 76	78 ~ 83	70 ~ 76
有效气成分 /%	90 ~ 94	91	78 ~ 81	83	83	72 ~ 80	72 ~ 78
碳转化率 /%	99	＞ 98	＞ 98	＞ 98	＞ 98	＞ 98	＞ 90
气化煤种	褐煤、烟煤、石油焦	褐煤、烟煤、贫煤、无烟煤	煤、石油焦	多数烟煤、部分褐煤	高灰分、高熔点、高硫煤	褐煤、次烟煤等低阶煤	褐煤、次烟煤、烟煤、无烟煤

有数据表明低阶煤的储量占到中国、美国、澳大利亚等国家储煤量的近 50%。因此，针对低阶煤开发相关的气化技术显得尤为重要。例如，美国开发的输运床气化（TRIG）技术，气化规模可达 4000 吨 / 天，碳转化率超过 98%。中国开发的灰熔聚气化技术与输运床气化技术相比，在规模和气化效率上存在不小的差距。高碳能源低碳利用是世界的大势所趋，在气化过程中耦合 CO_2 捕集将是一项有前途的煤转化技术。燃前捕集、燃后捕集和富氧燃烧技术等常规 CO_2 减排技术存在建设成本高、系统效率损耗较高等问题。化学链气化技术，以载氧体中的晶格氧替代纯氧为氧源，气化过程在两个反应器中单独进行，在气化反应器内得到以 H_2 和 CO 为主要组分的合成气，在再生反应器中载氧体恢复晶格氧，通过载氧体在两个反应器中循环，实现化学链气化过程。化学链气化技术产生的 CO_2 浓度高，可直接用于封存，与第一代 CO_2 减排技术（化学吸收法、富氧燃烧、整体煤气化联合循环发电系统）相比，可在实现 CO_2 低排放的同时获得较高的系统效率。化学链燃烧在 CO_2 富集与捕捉方面优势明显，受到了很多发达国家的重视，国内外研究者也开展了大量研究工作。

3.2.5.2 煤液化技术

煤液化技术指将煤加工转化成替代石油及其制品的先进煤化工技术。煤液化技术对降低石油对外依存度，保障中国和美国两国能源安全具有极其重要的意义。现阶段煤液化技术按照生产工艺可划分为煤直接液化和煤间接液化。早在 1923 年德国就以煤为原料通过费托合成法制取液体燃料，南非则于 1955 年在萨索尔堡兴建了全球第一座煤间接液化制油（CTL）工厂。1973 年的世界石油危机，促使了第二代煤直接液化工艺的开发研究（表 3.4），如美国的氢 - 煤法（H–Coal）、溶剂精炼煤法（SRC- Ⅰ、SRC- Ⅱ）、供氢溶剂法（EDS）等，这些工艺目前均已完成大型中试，技术上也完全具备建厂条件，但煤液化制油建设投资大、生产成本高，影响了其工业化推广。因此，为降低生产成本，美国随后开发了双孔径分布的催化剂提高馏分油收率，为降低氢气消耗，工艺改进为双反应器串联。而且在 20 世纪 80 年代和 90 年代，基于煤分解和液化产品提质的最佳工艺条件不同，开发了两级催化液化技术，如两级催化液化法（CTSL、HTI）。我国在 2004 年以神华集团有限责任公司为牵头单位开始研发悬浮床两级催化液化技术，并在 2008 年 12 月建成投产，成为第二次世界大战后世界上唯一商业化运行的煤直接液化工厂，其具体工艺流程见图 3.2。

表 3.4　中美两国煤直接液化技术对比

项目	美国						中国
工艺	SRC- Ⅰ	SRC- Ⅱ	EDS	H-Coal	CTSL	HTI	神华
研发阶段	中试	中试	中试	中试	中试放大	中试放大	商业化
规模 / (吨 / 天)	6	50	200	600	2	3	3000
流程	单段	单段	单段	单段	两段	两段	两段
反应器	浆态床	浆态床	携带床	流化床	流化床	悬浮床	悬浮床
催化剂	非催化	非催化	非催化	Co-Mo	Ni/Mo	Fe	FeS
馏分油收率 /%	—	—	24	33	60 ~ 65	67.2	64.1
温度 /℃	—	440 ~ 466	425 ~ 450	435 ~ 465	435 ~ 440	440 ~ 450	445 ~ 460
压力 / 兆帕	—	14	17.5	20	17	17	18.5 ~ 19.5
年份 / 年	1974	1974—1981	1979—1983	1979—1982	1985—1992	1990—1995	2004 年至今

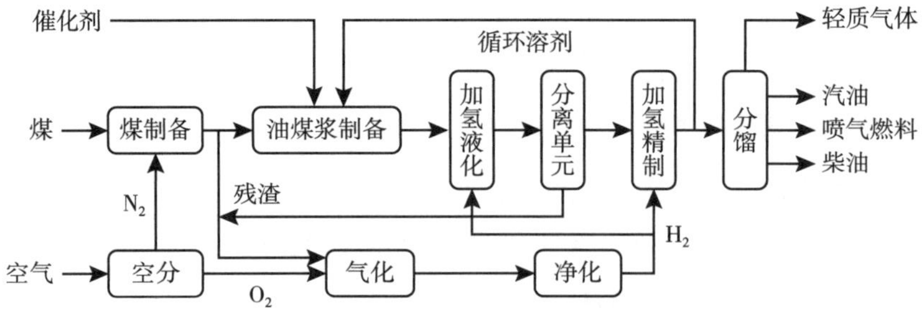

图 3.2　煤直接液化工艺流程图

与中国煤液化技术发展相比，美国商业化煤液化技术发展较缓慢。可能是 20 世纪 80 年代国际油价下跌和煤液化技术成本较高导致了美国煤液化技术研发工作的中断。直到 2005 年，由于飓风对美国原油炼制装置的严重破坏造成了能源供应中断，美国才重启煤液化技术的研发。据美国能源部规划预测，到 2040 年，煤液化油将满足美国 27% 的燃油需求。美国煤液化项目都采用煤间接液化技术，目前大多处在前期可行性研究和设计阶段。如美国 Rentech 公司 2007 年才将费托技术首次应用到科罗拉多州 10BPD（BPD= 桶 / 天）煤制油中试项目上。美国 Syntroleum 公司开发的钴系浆态床费托合成技术的煤液化小型装置示范成功。煤液化的主要合成反应器有固定床反应器、流化床反应器和浆态床反应器。三种反应器的特点分别是：固定床反应器催化剂与产品分离简单，但传热性能差，床层压降大，且反应器的设计和制造非常复杂；浆态床反应器单套装置处理量大，适合大规模生产，但浆态床的传质、传热行为非常复杂，反应器的放大研究和设计比较复杂，产物与催化剂的分离也是浆态床工业研究的难点问题；流化床反应器必须在较高的温度下操作，操作和控制较为复杂。基于三种反应器的优缺点，美国 Velocys 公司开发的由 900 多个微通道组成的费托合成反应器集成了固定床和浆态床的优势，结构紧凑，可以有效地控制温度，使整个反应器保持很好的等温性能，且不存在催化剂和蜡分离的难题；同时微通道内装填具有高活性的 Co 基催化剂，使得反应具有很高的单程转化率，生产速率是常规系统的 4 ~ 8 倍。煤液化油品的全生命周期 CO_2 排放量约是传统的石油炼制油品的两倍，导致煤液化油品在碳排放约束时期竞争力不足。煤液化过程消耗的大量能量是 CO_2 的主要来源。煤液化过程理论能量利用效率：煤直接液化为 70%，费托煤间接液化为 60%。这远低于石油炼制生产油品的能量利用效率（约为 90%）。实际工业煤液化过程的能量利用效率约为理论能量利用效率的 80%。煤本身的 C/H 元素比石油高，生产特定的 C/H 的烃类燃料（CTL）工艺会释放更多的 CO_2。中美两国面临着严峻的 CO_2 减排压力，提高煤液化过程能量利用效率，补充富氢的原料 / 能量，开发先进的 CO_2 利用存储技术，降低全生命周期 CO_2 排放，提高煤液化油品在碳排放约束时期的竞争力将会是未来两国煤液化技术的研发方向。

3.2.5.3　煤制烯烃

烯烃传统上来自石脑油裂解。煤制烯烃技术是以煤炭气化生产的合成气为原料，进一步生产烯烃的工艺技术。合成气制烯烃技术一般可以分为间接合成路线和直接合成路线，见图 3.3。间接合成路线中，以甲醇为中间产物的烯烃 / 丙烯（MTO/MTP）技术与传统的石脑油裂解相比，成本优势明显。中美两国都开发各自的甲醇制烯烃技术，如美国环球油品公司（UOP）的烯烃工艺、中国科学院大连化学物理研究所的甲醇制烯烃（DMTO）工艺、中国清华大学的流化床甲醇制丙烯（FMTP）工艺，都已经得到工业化验证。中国科学院大连化学物理研究所的甲醇制烯烃工艺与美国环球油品公司的烯烃技术在甲醇转化率、烯烃甲醇单耗等指标上相当，但在烯烃选择性、碳产率、单位催化剂的处理量上稍低于美国环球油品公司的技术。

中国石油化工股份有限公司开发了以二甲醚为中间产物合成气制烯烃工艺（SDTO），该工艺由两段反应构成，第一步反应是合成气在金属 - 沸石双功能催化剂上高选择转化为二甲醚，第二步反应是二甲醚在 SAPO-34 分子筛催化剂上高选择转

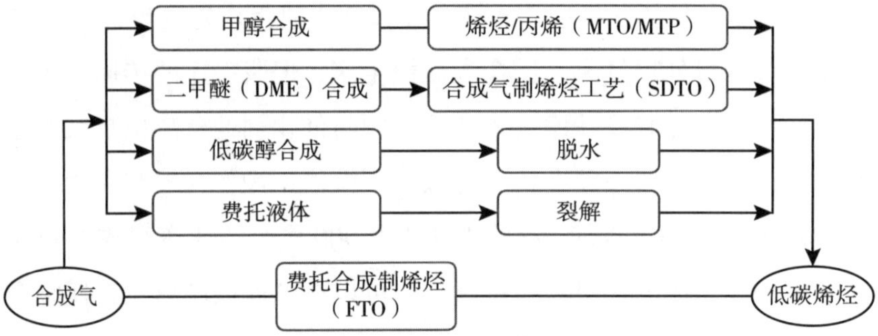

图 3.3　合成气制烯烃工艺路线图

化为乙烯、丙烯等低碳烯烃，二甲醚转化率为 100%，C_2 ~ C_4 烯烃选择性为 90w%（C_2H_4，≤ 60w%，C_3H_6，≤ 20w%）。从热力学上来讲，合成气制二甲醚比制甲醇具有更高的效率。中原石油化工有限责任公司采用合成气制烯烃技术的 60 万吨 / 年的烯烃示范装置于 2011 年试车成功。

以低碳醇为中间产物生产烯烃的工艺路线，美国陶氏化学公司（DOW）采用硫化钼（MoS_2）催化剂，在 200 ~ 300℃、3.4 ~ 20.6 兆帕下，可将合成气直接转化为混合醇。山西煤炭化学研究所 2010 年开发了 Cu–Fe 基催化剂催化合成低碳混合醇的技术，在 200 ~ 260℃、4 ~ 6 兆帕，时空产率大于 230 克 /（千克・时），低碳混合醇选择性低于 50%。

3.2.5.4　煤制乙二醇

乙二醇生产目前主要采用以石油为初始原料的生产路线，它的工艺是以石油生产出来的乙烯为原料，经环氧乙烷生产乙二醇。煤制乙二醇可以替代部分石油，同时满足国内对乙二醇的需求。煤制乙二醇采用合成气制乙二醇技术。合成气制乙二醇技术可主要分为直接合成法和间接合成法。其中直接合成法通过合成气直接合成乙二醇。由于此反应在标准状态下属于吉布斯（Gibbs）自由能增加的反应，在热力学上不利于反应的发生，需要在高温高压催化剂等苛刻反应条件下进行。20 世纪 50 年代，美国杜邦公司（DuPont）采用羰基钴为催化剂，在 340 兆帕下合成乙二醇，乙二醇收率低。20 世纪 80 年代，美国联合碳化物（UCC）公司采用铑催化剂，在 230℃、50 兆帕条件下，合成气整体转化率和乙二醇选择性仍然较低。

甲醇甲醛路线主要包括有甲醇脱氢二聚法、二甲醚氧化偶联法、羟基乙酸法、甲醛缩合法、甲醛氢甲酰化法、甲醛和甲酸甲酯偶联等方法。

合成气－甲醇－乙烯－环氧乙烷水合路线将煤制烯烃、乙烯氧化制环氧乙烷、环氧乙烷水合法制乙二醇相结合，采用成熟技术，工艺流程较长，同时副产物为丙烯。采用该技术路线，中国宁波富德能源建有年产 50 万吨乙二醇装置，于 2013 年投产运行。CO 氧化偶联草酸酯合成乙二醇的路线主要分两步进行：CO 在钯（Pd）催化剂下与亚硝酸酯氧化偶联制取草酸酯；草酸酯在铜基催化剂下加氢合成乙二醇。第一步反应已经成熟，采用 Pd 催化剂具有很好的活性和寿命；但第二步草酸酯催化加氢反应较为复杂，普遍认为草酸酯首先加氢生成乙醇酸酯，乙醇酸酯再加氢生成乙二醇，如果过度加氢则会生成副产物乙醇。催化剂选择和反应条件控制非常重要。气相法草酸酯加氢工艺研究比较成熟。20 世纪 80 年代中期，美国联合碳化物公司对草酸酯气相法催化加氢生成乙二醇的催化剂和工艺进行了大量研究。在 180～240℃、30 兆帕、氢酯摩尔比为 67、Cu/SiO_2 催化作用下，草酸二甲酯几乎完全转化，乙二醇选择率达 97%。美国阿尔科（ARCO）公司开发了 Cu–Cr 系加氢催化剂，乙二醇收率为 95%。福建物质结构研究所、天津大学、华东理工大学等国内多家单位研发的煤制乙二醇技术均采用气相法加氢工艺。CO 氧化偶联草酸酯合成乙二醇的路线反应条件温和，工艺要求不高，易于实现大规模工业化生产。美国草酸酯合成乙二醇技术尚未见工业化报道。中国乙二醇产能不足，严重依赖进口，刺激了中国煤制乙二醇技术的发展。

美国 Liquid Light 公司开发出通过催化电化学的方法以 CO_2 为原料生产乙二醇的技术。该技术采用覆有催化剂的电极使 CO_2 反应生成草酸碳，分离出催化剂后，将草酸碳转化得到乙二醇。乙二醇的生产成本预计可降至 125 美元 / 吨，远远低于传统以石油和天然气生产乙二醇的成本 600 美元 / 吨。

3.2.6 煤炭清洁高效利用发展建议

煤炭作为我国重要的主体能源，未来发展将以低碳、清洁为主导。如何实现其清洁高效的开发与利用，不仅是煤炭企业，也是中国政府乃至全社会所必须共同面对和解决的重要课题。在煤炭清洁高效利用发展过程中，构建健全完善的实施体系不可或缺，不仅需要国家出台完善相关政策，还应推进煤炭的市场化改革，进而高效地推动与实现煤炭的清洁高效利用。

3.2.6.1 健全完善煤炭行业法律法规及标准规范，推动煤炭采选高质量发展

加强政策支持，明确电厂、水泥、化肥等行业用煤标准，鼓励用户使用高质量

商品煤，针对煤炭采选中存在的问题，科学合理地修订煤炭采选标准和条例，制定煤炭品质分级指标体系，不搞“去煤化、一刀切”“逢煤必转”，明确其能源主体战略地位，保证政策的连续性、有效性；进一步推动煤炭入选率，因地制宜配套完善相关选煤厂和选煤设备，努力实现商品煤全部入选，争取无原煤销售；着力提升商品煤质量，大规模推行干法选煤，完善智能化煤炭筛选系统，达到提升发热量的作用；建立有效的市场监管体制，加强相关政策落地实施，发挥好煤炭作为我国基础能源的保障作用；明确政府、企业对煤炭矿区生态破坏和治理过程中的责任及义务，借鉴美国等发达国家在土地坍塌控制、土地复垦、矿井水处理等领域的经验和做法，建立健全煤矿开发过程中生态环境保护法律法规和约束性政策。

3.2.6.2 控制煤电规模，发展超低排放燃煤发电，注重煤炭资源整合

随着可再生能源比重的增加，燃煤发电机组面临着提高燃煤发电效率，向煤炭清洁高效利用方向转变的挑战。应积极推广先进燃煤发电技术，大力发展高参数、大容量、低排放的清洁高效先进节能技术，如超超临界燃煤发电、高效超低排放循环流化床锅炉发电、超临界发电、整体煤气化蒸汽燃气联合循环发电及燃料电池发电系统集成优化技术；优化提升现有煤电机组潜力，逐步有序淘汰煤电落后产能，加大力度规范管理和整治燃煤自备电厂，广泛开展煤电升级改造，重点推动燃煤发电能耗在 305 克标准煤 / 千瓦时以上的煤电机组节能减排改造、利用可再生能源的灵活性配套改造、对主要产煤地区和煤化工工业园区供热环保改造；设立煤炭清洁高效利用专项基金，在煤电清洁高效利用、清洁供热、二氧化碳捕集利用与封存和煤电企业电煤保供等领域予以重点支持，建立健全碳交易市场体系，为实现“双碳”目标奠定坚实基础。

3.2.6.3 科学布局发展煤化工，加强技术创新

现代煤化工是煤炭清洁高效利用的重要途径，面临着发展和减排的双重挑战，在“双碳”目标约束下，现代煤化工需走技术高端化、设备多元化、排放低碳化的道路。国家层面应尽快制定发展纲要，引领现代煤化工发展方向，设立统一全面系统评价标准，坚持以“双碳”为目标引领，明确产业技术能耗强度、碳排放等关键指标准入门槛，规范能耗统计和计算方法，由传统的“一刀切”项目调整为有针对性的重点扶持，鼓励产业结构优化升级和融合，构建现代煤化工生态化产业体系，实施开展煤炭、煤化工、新能源一体化的综合能源项目；建议加强科技项目布局，重点实施煤炭清洁高效利用科技研发，如煤基特种燃料、近零碳排放煤化工工艺、低成本 CO_2 捕集技术、CO_2 地质封存等技术，大力发展 CCS/CCUS 技术，为碳达峰提供技术储备，在

碳中和阶段主动减碳，重点推广超大型废锅气化炉技术、低位热能利用技术、高效精馏技术等节能环保技术，搭建煤化工领域核心技术和创新平台，构建以国家重点实验室和高水平研究型高校为引领的科技力量，实现“产学研”深度融合；加快资源综合利用水平，明确煤制油气的战略储备定位，将高端煤化工作为战略性新兴产业进行部署，支持其有序高质量发展，加强与石油化工、天然气化工等产业的融合，发展产品附加值高的产品，积极开发煤基特种燃料，差异化、高端化研发聚烯烃牌号化工品，由限制发展项目转为高技术产业项目，实现现代煤化工产业高质量发展。

3.2.6.4　煤炭清洁高效转化政策建议

对于焦炭、电石行业，设立更严格的产能淘汰标准、更高要求的行业准入限定值来控制焦炭、电石产品的产能。对于目前发展较快的煤制烯烃产业，应制定政策严格控制煤制烯烃、煤制乙二醇的产能和分布，防止出现产能过剩和供需不合理的情况。

根据社会总体需求定量规划发展，逐步加快淘汰落后产能；传统煤化工行业后期发展应在总量控制上实施上大压小、产能置换等方式，以提升技术水平和产业集中度，降低能耗和排放。

制定科学合理的煤化工产业碳排放考核指标评价体系，将碳排放指标列入行业准入条件中，在煤化工项目审批环节增加煤化工单位产品碳排放考核指标。

制定煤化工各产业碳排放交易权核算标准，积极推进全国碳排放权交易市场的建设，引导鼓励 CCS、CCUS 等减碳技术在煤化工行业示范推广。

针对煤化工制定更严格的排污能耗标准，对符合能耗环保标准的煤化工企业给予一定的环保补偿；制定推进大型化装备、节能减排技术研发的相关激励政策，提高企业升级装备技术的积极性。

制定跨行业的政策和标准，打破电力、石化、化纤、盐化工、冶金建材、煤炭开采等行业界限，建设高起点高水平的产业多联产一体化体系，最大限度提高资源综合转化和利用效率，推进煤化工跨行业联产节能减排。

充分考虑水资源与煤炭资源逆向分布而带来的水资源局部强约束问题，科学规划水资源分配，根据区域的水约束合理布局煤化工项目。

建立完善煤化工行业标准体系。借鉴国际先进标准，加快标准制修订速度，提高标准水平、调整标准结构；制定和发展有关煤化工安全、环保、节能方面的国家标准，重点关注目前大量缺失的清洁生产标准、技术安全导则、分类命名规范等重要的导向型、规范性基础通用标准。

结合实际情况对煤制油项目制定灵活的财税政策，保有一定规模的煤制油企业和从业人员，管控石油危机。

科学制定天然气价格，提高煤制天然气的经济性，促进煤制天然气在一定规模上得到发展，管控天然气危机。

丰富国家“一带一路”倡议，充分利用资源、市场，灵活运用市场机制和政策引导，强化科技创新引领，为我国煤化工的“走出去”提供全方位的支撑。

3.2.6.5 煤炭清洁高效转化产业措施建议

不断推进产品升级，提高煤化工产品附加值。进一步提高产品性能、延伸产品链条、拓宽用途，产品向精细化和高附加值方向发展。如：改进间接液化油工艺，生产超净汽油、润滑油基础油、溶剂油等；改进直接液化工艺生产低凝点柴油、航空煤油、火箭煤油等军用特种油品；以烯烃为原料衍生乙二醇、乙醇胺、丙烯酸及酯、聚醚等高附加值产品；热解固体（兰炭）作洁净固体燃料，替代散烧煤；焦油加工成油质调和油，增加附加值等。

加强“产学研用”合作，积极开展技术自主创新与转化。通过原始创新、集成创新、引进消化再创新，聚焦重点领域和关键环节，加强共性技术研发和成果转化，提升产业自主发展和创新发展能力。依托煤化工示范工程和产业化基地建设，加快核心技术产业化进程，完善技术装备、标准体系；在工程建设中加快实现国内自主开发技术工程化，大力推进煤化工装备国产化。如：加大推广使用新型气化技术、煤直接液化技术、二代 MTO 技术等先进煤化工技术，积极推进百万吨级低阶煤热解、50万～100万吨中低温煤焦油深加工等项目工业化示范；研发适应于高灰熔点煤的新型超高温气流床气化技术、日处理能力3000吨级以上大型气化炉、日处理能力千吨级连续自动液态排渣床加压气化炉；突破大型流化床加压气化关键技术，开展日处理能力2000吨级气化炉工业示范；研制日输送量千吨以上煤气化专用粉煤输送泵等国产化大型设备。

加强 CCS、CCUS 等净减碳技术研发。拓展 CO_2 资源化利用途径，鼓励有条件的地区和煤化工企业积极开发 CO_2 回收和利用技术，包括 CO_2 转化及固定化技术和 CO_2 循环利用技术，并加大其推广力度，如碳汇、CCS、CCUS、CO_2 驱油、CO_2 制化学品等。

大力发展节水工艺技术，努力开发引水工程，促进现代煤化工产业可持续发展。

发展先进的污染物减排技术。通过采用先进的洁净煤气化技术、多联产工艺、烟气脱硫、污水处理等技术，实现污染气体的超低排放，废水的近零排放。

大力推广多联产，将不同产品生产工艺技术优化耦合，开展油、气、化、电多联产的千万吨级低阶煤分质利用工业化示范。建立煤油气综合利用体系，进行碳氢互补，提升能效，实现碳约束条件下煤化工低碳高效发展。

加大园区化建设，进一步发展煤化工基地格局，加快形成规模化、多联产和一体化的煤化工产业集群，为我国煤炭资源的综合利用、区域废弃物的集中治理和上下游产业配套生产创造便利条件。

加强可再生能源替代互补，促进煤化工行业减煤耗降排放。如：生物质替代部分煤炭直接生产或者和煤协同生产化学品或液体燃料；太阳能替代煤电为煤化工行业提供生产过程所需动力，同时为生产反应、换热过程提供热量；风电并网替代煤电，间接降低煤化工生产过程煤炭消耗，发展风 / 煤多能源系统绿色煤基化工，建设绿色煤基清洁能源产业基地。

3.2.7　碳达峰、碳中和背景下煤炭科技创新需求

美国、日本等发达国家均把能源技术创新视为新一轮科技革命和产业变革的突破口，力争实现化石能源的低碳化革命。面对新时代赋予煤炭行业的新定位和新要求，伴随着煤炭产业绿色低碳转型步伐加快，我国更加需要创新低碳科技，在煤炭开发、利用、环境保护、煤炭与新能源协同等领域加强科技攻关与任务布局。

3.2.7.1　煤炭智能绿色开采水平亟待提高

发达国家积极发展智能制造，制定了智能制造战略，提升了智能化装备设计制造水平和可靠性水平，如德国推出了工业 4.0、美国积极布局工业互联网、澳大利亚广泛推广长壁工作面自动化技术和三维移动定位技术、日本小松和德国艾克夫也开始在智能采矿领域推广装备。

近年来，我国加速推进煤矿智能化建设，截至 2021 年年底，全国智能化采掘工作面达 687 个，其中采煤工作面 431 个，掘进工作面 256 个，并有 26 种煤矿机器人在煤矿现场实现不同程度的应用。但煤炭行业智能化发展水平整体仍处于示范培育阶段，在智能开采基础理论、智能地质保障、智能快掘、大型设备联动控制、智能感知与决策等领域存在技术短板，煤炭开发与物联网、云计算、5G 通信等新一代信息技术融合也亟须加强。

此外，我国构建的以充填开采、煤与瓦斯共采、保水开采、优质遗煤精采细采、无煤柱开采等为主的绿色开采理论与技术体系，亟须加强绿色开采模式、开采设计和

技术装备等方面研究。同时，随着煤炭开发重心向西部转移，亟须针对西部生态脆弱区攻关低损害开采与生态环境保护理论与技术，形成矿区环境采动损伤精准监测感知与控制、矿区生态健康预警与修复技术体系等。

3.2.7.2 煤炭清洁高效低碳利用任重道远

在700℃超超临界发电、先进IGCC/IGFC及多联产等领域，美国、日本、欧盟等发达国家和地区超前部署，商业化应用走在世界前列。在煤炭深加工及CO_2捕集循环利用方面，美国积极部署煤基高性能材料、煤基电池材料、煤基复合建筑材料等研发，并于2020年投入2.7亿美元支持CCUS项目发展。

近年来，我国已形成了包含煤炭分选、提质加工、清洁转化与污染物控制的洁净煤技术体系，在燃煤超低排放发电、高效煤粉型和水煤浆工业锅炉、现代煤化工等领域取得重大技术突破，能源利用效率不断上升，环保水平不断提高。但受地区和企业间煤炭清洁利用技术发展不平衡、核心技术自主创新能力短板、管理机制与政策环境不完善等多因素制约，我国煤炭清洁利用水平还存在差距，仍亟待加强科技创新、提升煤炭清洁利用效率和质量。

在煤炭产业低碳转型背景下，未来亟须对700℃等级高温合金材料、低阶煤规模化提质利用、煤炭转化与产品深加工成套装置、低成本CCUS等领域持续加大核心技术攻关，推动煤炭清洁低碳利用。

3.2.7.3 煤炭开发利用生态环境形势依然严峻

发达国家通过严格立法、产业转移、技术进步等手段促进环境质量改善，在煤矿开采前就已规划好污染物处理、固废利用、土地复垦等措施，实现了水、气、渣等废弃物的无害、减量、资源化利用。

我国在低浓度瓦斯利用、矿井余热回收、煤矿低品位热能利用、采煤沉陷区治理、矿井生态环境修复和矿井粉尘防治等节能环保与职业健康领域取得进展。但仍面临残采区遗煤，关闭矿井空间、矿井水、地热、瓦斯等资源利用率低，采动塌陷面积大，产生大宗固体废物和煤矿职业危害等棘手问题。同时，在煤化工废水协同治理、煤电污染物一体化脱除、大宗固废综合利用等领域仍存在核心技术短板，亟须开展攻关研究以不断提高污染控制效率、降低污染控制成本和能耗。此外，针对黄河流域煤炭资源绿色开采与生态修复的高要求，亟须研发煤水资源协调开采技术、采空沉陷区精细治理与安全高效利用技术、局部精准充填技术、井下采－选－充一体化技术及装备、矿区固废资源利用技术等。

3.2.7.4　煤炭与清洁能源协同发展处于起步阶段

发达国家已掌握煤炭转化、绿电制氢、光热发电、先进燃料电池等核心技术，初步实现了煤炭与清洁能源协同发展，既有利于煤炭行业碳减排，又可大幅提升清洁能源应用规模。

随着我国“双碳”目标任务的落实，在大规模低成本储能尚未突破、以新能源为主体的新型电力系统尚在构建的情况下，灵活性煤电机组是未来可再生能源大规模发展和系统运行的坚强后盾和支撑，高比例可再生能源接入能源系统需要依靠煤炭和煤电支撑，煤炭安全兜底保障作用仍需进一步强化。

当前，我国煤炭与清洁能源协同耦合利用主要体现在电力调配上，未来亟须开展煤炭与清洁能源在化学转化、电力、热力等多场景下的深度协同研究，攻关风能、水能、太阳能等发电制氢与煤转化过程耦合、生物质能与煤形成共转化（如共热解、共气化、共液化）等多项深度耦合技术，协同提升能源系统整体用能效率。

3.2.8　创新领“路”：绿色低碳技术重点方向

创新绿色低碳技术不仅是当前煤炭行业转型发展的需要，也是国际竞争的热点。结合短期与中长期目标，统筹稳增长与调结构，围绕升级换代、低碳融合、颠覆突破、负碳固碳四大技术类型，提出煤炭未来的绿色低碳科技创新重点方向。根据煤炭行业绿色低碳技术发展现状与态势，现有低碳升级技术在 2025 年左右可实现规模化应用推广。2025 年前，主要进行低碳融合技术与负碳技术的攻关；2025—2030 年，开展技术试验与示范，并根据技术成熟度和减碳需求适时规模化应用推广；2030 年前，主要目标是完成重大颠覆突破技术的集中攻关和试验示范；2030 年后，取得突破的技术进行规模应用，实现大规模减碳，为 2060 年实现碳中和奠定基础。绿色低碳技术发展路线如图 3.4 所示。

3.2.8.1　升级换代技术

1. 智能绿色开采

1）精准地质探测与 4D-GIS 系统：研发基于随掘、随采、随钻的智能精准探测技术与装备，形成快速掘进工作面地质异常体超前探测、智能开采工作面探 - 掘 - 采一体化协同动态探测、煤矿井下钻孔径向探测等关键技术与装备；研发面向智能开采的“透明矿井”构建与综合预测技术，开发矿井三维地质信息系统等。

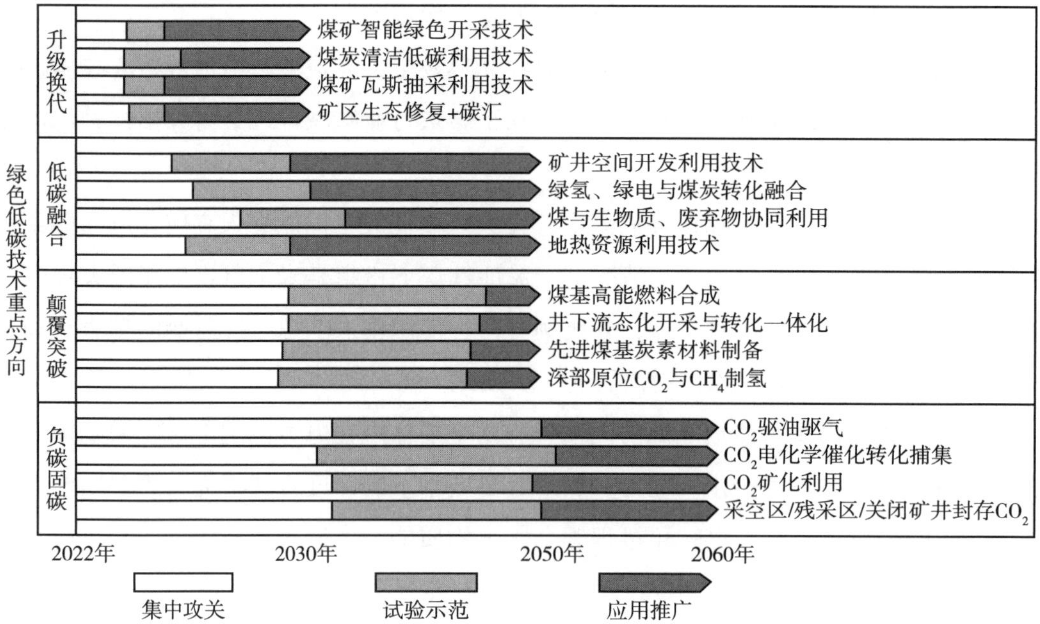

图 3.4 绿色低碳技术发展路线

2）煤矿智能快速掘进关键技术：研究掘进设备可靠性、巷道围岩状态在线感知、巷道围岩时效控制、低能耗高效截割、掘进粉尘综合防治等五类智能掘进保障技术；攻克掘锚（探）一体化、自动截割、智能支护、掘进导航、远程集控等智能掘进关键技术；研发井下空间定位导航新技术、掘锚一体机器人、掘进工作面高精度智能感知与数字孪生、掘进系统平台化等。

3）智能无人开采成套技术：攻关采煤机自适应割煤和自主感知防碰撞系统、基于煤流量智能感知的协同联动系统、工作综机装备与超前支架系统联动系统等；研发综采设备的精准定位与导航技术、薄煤层和 9 米以上超大采高可靠采煤装备、综采设备群智能自适应协同推进技术与装备等。

4）煤矿绿色开采关键技术：研究基于西部煤炭主产区的煤炭开采地下水运移规律、地表生态损伤机理和固体废弃物有毒物质迁移变化规律，攻克优质难采遗留煤炭资源精采细采技术、地下水保护和生态减损的开采工艺、西部矿井水井下储用和地表生态恢复重建技术、东中西不同采煤区的地表植被修复技术等。

2. 清洁低碳利用

1）超超临界发电技术：研制超超临界发电技术高温材料，开发 630℃超超临界二次再热技术、650℃/700℃超超临界发电技术；开发适合我国电网需求的大容量、高参数灵活调峰下一代超超临界发电机组技术；强化机组洁净化发电技术，研究现有机组 NO_x、SO_2、汞、SO_3 等污染物生成与排放规律，实现燃煤发电的超低排放。

2）新型煤气化和煤与有机废气物协同气化技术：突破催化气化、加氢气化等新一代煤气化关键技术，研发催化气化反应催化剂，开发新型加压流化床工艺和反应器、高温高压氢气加氧喷嘴、加氢气化炉等关键技术；研发煤与城市垃圾、生物质共气化技术，高温垃圾气化装备，共气化示范装置；研发面向大规模煤制工业清洁燃气的灵活气化技术，低焦油或无焦油的新型固定床气化技术，研究大型气化炉不同温度区间的反应段结构，调整产物分布，研究含尘焦油的回用分布器或反应器顶部的内件结构，使大型化气化炉产洁净焦油，研发不同水质污水的回用技术；实现新一代煤气化，降低装置投资和运行成本；促进油气联产大型柔性气化，提高甲烷产率、降低高压蒸汽消耗、减少污水排放量、缩小酚氨回收规模。

3）煤经合成气一步法制化学品关键技术：煤经合成气一步法转化液体燃料和高值化学品技术，实现煤气化合成气不需水煤气变换，一步高选择性合成目标化学品，可大幅减少水耗和能耗。煤经合成气一步法制化学品技术制烯烃在陕西榆林进行工业性试验，制取了高品质汽油、芳烃和含氧化合物。未来重点攻关方向是新型功能催化剂的研究。

3. 煤矿瓦斯抽采利用

1）关闭矿井瓦斯抽采技术：开发关闭矿井煤层气资源评价及“甜点”优选技术，研制关闭矿井煤层气立体全空间精准探测技术与装备、矿井“呼吸”监测技术及瓦斯抽采装备等。

2）低浓度瓦斯高效利用技术：研究高分离系数、低成本的新型膜材料，优化复合膜材料的结构、极性、磁性等属性；开发多属性复合膜法提浓技术及装备，研究 CH_4 运移规律和水合物生成热力学机理，研制水合反应器，开发吸附 - 水合耦合分离提纯工艺技术及成套装备，研究高效能的吸收液，并开发溶液吸收分离技术及装备。

3）低品位气源分布式发电技术：研究多能互补基础理论，研发瓦斯发电、地热、太阳能、风能多能互补技术、装备及示范；研制分布式煤层气资源储能技术及装备；开发低浓度煤层气与抽采管路内高浓度煤层气、煤制气管网内气体及其他可配高浓度气体的智能混配技术及装备。

4. 矿区生态修复 + 碳汇

1）黄河流域煤炭开发生态修复机制与关键技术：围绕黄土区、风沙区、冲积平原区，研究煤炭开采对生态环境因子以及生态系统功能与结构的影响过程及演变规律；基于黄河流域不同区域煤炭开发的生态环境影响特征，结合区域地理环境特征及社会需求，研究流域煤矿脆弱区开发过程对水土流失、水沙运移、土壤提质、生态重构的影响程度与范围，揭示冲积平原煤矿区湿地生态系统的修复原理，开发耕地生产力受损修复方法。

2）矿区碳汇管理技术：研究矿产资源开发对区域发展的影响，核算碳汇量和碳排放量等，分析影响因素，并对未来情景进行预测；确定碳管理的干预、对策及权衡的途径，研究实现增汇目标需采取的具体操作。

3.2.8.2 低碳融合技术

1. 矿井空间开发利用

系统评价井工煤矿地下空间地质存储的适应性和可改造性，开展关闭矿井地下空间资源定量评估；选择地热资源丰富的废弃矿井，研发地热资源反季节循环利用技术和关键装备、设计智能监控系统；推进废弃矿井地下仓储、煤层气抽采等其他综合利用技术的应用，并建设废弃矿井地下空间资源利用示范工程。同时，针对煤矿地下建设抽水蓄能电站、压缩空气蓄能、储油、储气、地热资源开发等不同利用方式的空间条件要求，开展围岩适应性评价与改造，研究长期蓄水和循环放水条件下煤岩流固耦合行为与响应特征及矿井和巷道等储水库长期稳定性、安全性和密闭性技术。

2. 绿氢、绿电与煤炭转化融合

1）大规模低成本绿氢制备技术：研发超低载量或有序化膜电极、低成本高性能的隔膜材料、膜电极、双极板等减少贵金属催化剂用量等，攻克适应宽功率波动的大容量电解制氢设备及其大容量线性扩容集成与调控技术。

2）绿氢与煤化工耦合关键技术：研究提升耦合过程系统的运行效率和稳定性相关技术，创新煤化工自身技术及其耦合模式。

3. 煤与生物质、废弃物协同利用

研发适用于难燃煤、生物质及其他有机固废等多燃料的类流态化回转炉头燃烧器技术及锅炉系统；开发二元低碳耦合粉体燃料预处理技术及装备；研究制粉外加剂种类、添加比例以及配套低温脱硝技术及装备。

4. 地热资源利用

研发水热型地热资源精准勘查与评价、生产矿井煤－热协调共采、关闭矿井气－

水热联采、园区地热 + 多能冷热联供、余热回收与高效储能、污水固废处理与循环利用等技术与装备。

3.2.8.3 颠覆突破技术

1. 井下流态化开采与转化一体化

研发深部原位流态化开采的地质保障技术、精准导航技术、智能开拓布局技术、智能化分选技术；研发深部原位采 – 选 – 充 – 电 – 气 – 热一体化流态化开采技术、无人化智能输送与提升技术；研发深部原位能量诱导物理破碎流态化开采技术、化学转化流态化开采技术、生物降解流态化开采技术和煤粉爆燃发电关键技术等。

2. 煤基高能燃料合成

突破煤制高能燃料和高值化学品关键技术，构建煤基组分定向制备高能液体燃料理论，研制相关过程核心装置，开发特种蜡、PAO 润滑油、特殊取代基芳烃和混合醇等高值油品和化学品。

3. 先进煤基炭素材料制备

研究煤基石墨化结构材料（高性能石墨、石墨烯、纳米炭管、富勒烯）、碳基储能材料（多孔炭、负极材料）、碳纤维及其复材等功能炭材料制备的关键科学问题和工程基础问题，构建高性能锂离子电池、燃料电池和超级电容器等储能器件，开发能量密度高、功率密度高、循环寿命长和安全性高的器件制备技术。

4. 深部原位 CO_2 与 CH_4 制氢

研究井下 CH_4、CO_2 原位制氢低温化技术，基于羧甲基纤维素钠（CMC）矿化电池原理，开展阳极气体室催化剂改性，建立重整、制氢、产碱、制酸、发电一体化技术体系；此外，研究井下 CH_4、CO_2 原位制氢高温化技术，改进质子传导的高温固体氧化物燃料电池技术，研发新型燃料电池。

3.2.8.4 负碳固碳技术

聚焦亚临界及超临界 CO_2 在多孔介质中的运移特性研究，开发 CO_2 在常规煤岩储层、常规及非常规油气储层、深部咸水层和深海岩层中的封存技术，研究 CO_2 电化学捕集技术，CO_2 驱替置换煤层气、石油、页岩气和可燃冰等技术，研究 CO_2 制金刚石、CO_2 加氢制甲醇和 CO_2 合成聚氨酯等技术。

1. 煤矿采空区、残采区、关闭矿井封存 CO_2

研发煤矿采空区、残采区、关闭空间井下空间封存 CO_2 的机理、地质条件、精准智能监测、封存稳定性控制研究，开展井下 CO_2 封存工程示范。

2. CO_2驱油驱气

开展强化煤层气开采过程中CH_4脱附与CO_2吸附机理、CO_2–轻烃–岩石系统组分传质、相关组分在固体介质表面吸附解析等基础研究；研发吸附态CO_2监测技术，研制驱煤层气、页岩气与封存压裂设备。

3. CO_2电化学催化转化捕集

研究高效低能耗CO_2吸收剂、吸附剂、膜材料对捕集CO_2的强化机制，攻克规模化储备技术，突破大规模高效低能耗吸附法/膜分离法CO_2捕集技术和CO_2电化学捕集技术；研究提升有机电解液抗氧中毒能力，规模化制备有机电解液工艺，并开发高电流密度捕集器件。

4. CO_2矿化利用

研究地球大空间CO_2地质平衡情形，开发拓展除钙、镁元素矿物之外的矿物原料种类与规模，包括研究大规模采矿固废副产物固化CO_2，影响矿化反应的元素及先进矿化技术、工艺、装备，提高矿物/废渣矿化反应活性和效率、降低过程能耗工艺，烟气CO_2直接矿化固定关键技术。

3.2.9 煤炭清洁高效转化技术的政策建议

3.2.9.1 目前存在的问题

我国采取了一系列措施推动煤炭清洁高效利用，取得了很大成绩。但总的来说，在实施中以行政方式推动为主，发展方式较为粗放，效果欠佳，亟待改进。

1. 经济政策工具利用不够，影响力度小

以控制燃烧污染物排放的政策为例，在落实燃煤污染物排放控制目标的过程中，我国注重通过目标分解、关停小火电等行政命令手段直接推动。此外，排污控制的经济政策工具利用不够、影响力度小。总的来说，经济政策工具实施力度不足，推进缓慢。多项政策缺乏统一标准及长效机制，未形成面向全国的统一大市场，致使这一政策工具的作用有限。从项目梳理的30项煤炭清洁高效利用政策中来看，仅有3项政策涉及经济政策工具，占比为10%，经济政策工具利用不足。

2. 推动煤炭清洁高效利用技术发展的相关政策不足

我国从20世纪90年代开始支持煤炭清洁利用技术研发，并通过国际合作引入先进的洁净煤技术。由于对污染物排放控制不严、治理成本传导机制不畅等原因，企业缺乏采用先进煤炭清洁技术的积极性。据全国工商联环境商会调研，我国主要的煤炭清洁高效利用技术已经达到国际先进水平，但目前缺乏国家层面相关的管理制度和推动政策，导致煤炭清洁高效利用技术推广应用缓慢，煤炭利用水平比较落后。

3.2.9.2 政策建议

1. 加强财税扶持政策

加强煤炭清洁转化项目财税支持，使煤炭清洁转化技术企业在实际应用中克服成本与资金障碍。

1）将达到一定水平的煤炭清洁转化项目列入《环境保护专用设备企业所得税优惠目录》《环境保护、节能节水项目企业所得税优惠目录》等目录，大气污染防治等专项资金支持范围，落实相关税收优惠政策。

2）降低或减免煤基合成油项目相关税费。根据国家现行税收政策，对煤基合成汽油与石油基油品同等征收相关消费税。但与按照从量计征消费税的石油炼化企业相比，煤制油项目投资大、固定成本高。煤制油中消费税占成本的33.64%，财务费用等其他经营费用占成本的19.96%，消费税已成为影响煤制油项目顺利建成运营的关键因素。建议充分考虑煤制油和炼油过程的差异，煤制油品与石油基油品在稀缺性和清洁度方面的不同，研究适用于煤制油的增值税和消费税率，降低或减免煤基合成油项目相关税费。

3）财政补贴由“前端”补贴转向“前后端”补贴并重。即一方面对主动改造不清洁用煤工艺的污染企业给予一定的财税扶持，另一方面针对研发推广煤炭清洁转化技术的环保企业给予一定的补贴，补贴方式可按照单位产品清洁用煤量来核算。

4）开征环境保护税。启动绿色税收制度，通过开征环境保护税，刺激高能耗、高污染的传统企业转型升级和加强环境管理，取得环境保护与经济发展的双赢。

2. 引导形成煤炭清洁转化技术创新联盟，加快技术商业化

通过政策引导国内大企业和研究机构合作，形成煤炭清洁转化技术创新联盟，通过合理的联盟运行机制，有效整合研发投入，选择若干关键共性技术集中攻关或统一引进国外先进技术，加快清洁转化技术商业化。通过产学研一体化的技术创新联盟，整合资金、技术、人才等投入，既有利于集中力量攻克技术难关，又有利于技术推广应用，还可避免重复引进国外技术。

3.2.9.3 展望

当前能源节约和环境保护的可持续发展要求煤炭清洁高效转化技术不断进步，各行各业关于该要求都在不断进行技术上的研究和学习，煤热解技术、煤气化技术、煤

炭直接液化技术以及煤炭间接液化技术都是当前应当大力应用于煤炭清洁高效转化工作的技术，需要相关人员促进煤炭清洁高效转化工作的进步。

1）由于我国以煤为主的能源资源禀赋现状，在保障能源安全的前提下，推动煤炭消费转型升级是实现“双碳”目标的必然选择，也是全面推动能源安全新战略向纵深发展的具体举措。煤炭行业更加需要科技创新，需要用系统思维谋划、从多个方面统筹未来煤炭科技发展路径。

2）以科学定“量”、绿色提“质”、创新领“路”为纲，探索推进煤炭消费转型升级的技术路径。在日益严峻的能源安全形势下，更好发挥煤炭兜底保障作用的前提是开展煤炭安全区间研究，分析安全区间上下限影响因素，提出煤炭安全区间需要研究的科学命题。

3）煤炭工业坚持自我革命，经历了开拓前进、发展改革、洁净煤技术框架形成、清洁高效利用发展和高质量发展阶段，将绿色低碳理念贯穿发展全过程。借鉴发达国家绿色低碳发展经验，我国仍需在煤炭智能绿色开采、清洁高效低碳利用、煤炭开发利用生态环境保护、煤炭与清洁能源协同发展等方面加强科技攻关与任务布局。

4）结合短期与中长期目标，统筹稳增长与调结构，围绕升级换代、低碳融合、颠覆突破、负碳固碳四大技术类型，提出煤炭未来的绿色低碳科技创新重点方向，为新形势下煤炭绿色低碳转型发展的相关科技政策制定提供决策参考，对引导煤炭行业顺应能源革命新形势、满足行业高质量发展新要求、抓住世界经济和能源格局调整新机遇具有重要意义。

参考文献

[1] AKASH B A. Thermochemical liquefaction of coal [J]. Int J of Thermal & Environmental Engineering, 2013, 5 (1): 51-60.

[2] BOB D. Pilot gas-to-liquids plant operating in central Ohio [EB/OL]. http://www.netl.doe.gov/File%20Library/Research/Coal/ccbtl/Fuels-Industry-Newsletter-2013-05.pdf.

[3] FAN L, LI F, RAMKUMAR S. Utilization of chemical looping strategy in coal gasification processes [J]. Particuology, 2008, 6 (3): 131-142.

[4] Fischer tropsch catalyst test on coal-derived synthesis gas [EB/OL]. http://www.netl.doe.gov/gasifipedia/fischertropsch-catalyst-test-coal-derived-synthesis-gas.pdf.

[5] KNIFTON J F. Process for low pressure synthesis of ethylene glycol from synthesis gas plus formaldehyde: US4616097 [P]. 1982.

[6] LIU Z, SUN C, WANG G, et al. New progress in R&D of lower olefin synthesis [J]. Fuel

Processing Technology，2000，62（2–3）：161–172.
[7] MERRICK K. Sequestration of CO_2 from CTL processes [EB/OL]. http://www.iea.org/ciab/papers/workshopreport_nov06.pdf.
[8] MOCHIDA I，OKUMA O，YOON S H. Chemicals from direct coal liquefaction [J]. Chemical Reviews，2014，114（3）：1637–1672.
[9] RIZEQ G，WEST A，FRYDMAN R，et al. Fuel flexible gasification combustion technology for production of hydrogen and sequestration–ready carbon dioxide in annual DOE technical progress report [R]. Report Number：FC26–00NT40974—01，US Department of Energy，2001.
[10] US EIA. Annual energy outlook 2014 [EB/OL]. US Department of Energy，Energy Information Administration，2014 [2024–05–07]. http://www.eia.gov/forecasts/aeo/.
[11] VALLENTIN D. Policy drivers and barriers for coal–to–liquids（CtL）technologies in the United States [J]. Energy Policy，2008，36：3198–3211.
[12] ZHANG Y Z，SHU G P，et al. Process for direct coal liquefaction：US，7763167 B2 [P]. 2010–07–27.
[13] ZHOU P Z，LEE T. HTI coal conversion technologies in China [J]. Fuel Chemistry Division Preprints，2003，48（1）：155–157.
[14] ZIOCK H，ANTHONY E，BROSHA E L，et al. Technical progress in the development of zero emission coal technologies [C]//19th Annual Pittsburgh Coal Conference，Pittsburgh，PA，2002，9：23–27.
[15] 安磊. 低阶洗中煤热解反应特性研究 [D]. 延安：延安大学，2022.
[16] 岑可法. 先进清洁煤燃烧与气化技术 [M]. 北京：科学出版社，2014.
[17] 陈贵锋，罗腾. 煤炭清洁利用发展模式与科技需求 [J]. 洁净煤技术，2014，20（2）：99–103.
[18] 邓靖. 固体热载体法褐煤热解及产物特性的研究 [D]. 太原：太原理工大学，2013：17–24.
[19] 冯勇，杜秀荣. 低阶褐煤清洁高效转化利用热电气多联产技术开发探讨 [C]//《山东煤炭科技》编辑部. 纪念中国煤炭学会成立五十周年省（区、市）煤炭学会学术专刊. 山东省煤炭科学研究所，2012：165–169.
[20] 高天明，张艳. 中国煤炭资源高效清洁利用路径研究 [J]. 煤炭科学技术，2018，46(7)：157–164.
[21] 国家能源局和科学技术部. “十四五”能源领域科技创新规划 [R]. 2022.
[22] 郝成亮. 我国煤炭清洁高效利用现状与未来发展方向研究 [J]. 煤炭经济研究，2022，42（12）：38–42.
[23] 黄传峰，李大鹏，杨涛. 煤油共炼技术现状及研究趋势讨论 [J]. 现代化工，2016，36（8）：8–13.
[24] 黄戒介，房倚天，王洋. 现代煤气化技术的开发与进展 [J]. 燃料化学学报，2002，30

(5)：385–391.
[25] 霍鹏举. 低阶煤的分质利用技术现状及发展前景 [J]. 应用化工，2018，47(10)：2287–2291.
[26] 蒋永州，杨玉芳，尉秀峰，等. 甲醇制烯烃工艺及工业化进展 [J]. 天然气化工(C1 化学与化工)，2020，45(1)：97–102.
[27] 靳立军，王学斌. “煤炭清洁高效转化理论与技术”专刊 特约主编致读者 [J]. 洁净煤技术，2021，27(4)：2–3.
[28] 开展碳预算制度试点 有序推进碳达峰碳中和目标实现 [N]. 人民政协报，2023–06–30(4).
[29] 康红普，王国法，王双明，等. 煤炭行业高质量发展研究 [J]. 中国工程科学，2021，23(5)：130–138.
[30] 李刚，凌开成. 煤直接液化研究评述 [J]. 洁净煤技术，2008，14(2)：18–21.
[31] 李克健，程时富，蔺华林，等. 神华煤直接液化技术研发进展 [J]. 洁净煤技术，2015，21(1)：50–55.
[32] 李克健，史士东，李文博. 德国 IGOR 煤液化工艺及云南先锋褐煤液化 [J]. 煤炭转化，2001，24(2)：13–16.
[33] 李全生，郭俊廷，张凯，等. 西部煤炭集约化开采损伤传导机理与源头减损关键技术 [J]. 煤炭学报，2021，46(11)：3636–3644.
[34] 李文英，易群，谢克昌. 中美煤炭清洁高效利用技术对比 [M]. 北京：科学出版社，2014.
[35] 刘峰，郭林峰，赵路正. 双碳背景下煤炭安全区间与绿色低碳技术路径 [J]. 煤炭学报，2022，47(1)：1–15.
[36] 刘壮，田宜水，胡二峰，等. 低阶煤热解影响因素及其工艺技术研究进展 [J]. 洁净煤技术，2021，27(1)：50–59.
[37] 陆小泉. 我国煤炭清洁开发利用现状及发展建议 [J]. 煤炭工程，2016，48(3)：8–10，14.
[38] 吕园，王佳琪，王苛宇，等. 低阶煤热解及其工艺的研究进展 [J]. 应用化工，2022，51(4)：1156–1159，1163.
[39] 孟凡君. 最小生态扰动 煤炭需高效清洁低碳转化 [N]. 中国工业报，2014–07–08(A02).
[40] 慕彦君，宋倩倩，付凯妹，等. 芳烃生产技术进展及产业发展建议 [J]. 石化技术与应用 2021，39(5)：371–377.
[41] 彭学诚，苏耀，郭汉杰，等. 煤中挥发分对热解过程的行为影响分析 [J]. 中国冶金，2022，32(11)：41–49.
[42] 任相坤，房鼎业，金嘉璐，等. 煤直接液化技术开发新进展 [J]. 化工进展，2010，29(2)：198–204.

[43] 沙兴中，杨南星. 煤的气化与应用 [M]. 上海：华东理工大学出版社，1995.
[44] 陕西煤业化工集团（上海）胜帮化工技术有限公司. 粉煤流化床加氢热解与气化耦合方法：201310331116.9 [P]. 2015-02-11.
[45] 陕西煤业化工集团（上海）胜帮化工技术有限公司. 热载气提升快速反应的粉煤热解方法：201410673063.3 [P]. 2016-06-01.
[46] 尚建选，牛犇，牛梦龙，等. 以煤热解为龙头的煤分质利用技术：回顾与展望 [J]. 洁净煤技术，2023，29（7）：1-20.
[47] 尚建选，张喻，刘燕. 陕煤集团低阶煤分质利用绿色低碳发展研究 [J]. 中国煤炭，2022，48（8）：39-47.
[48] 孙旭东，张博，彭苏萍. 我国洁净煤技术 2035 发展趋势与战略对策研究 [J]. 中国工程科学，2020，22（3）：132-140.
[49] 王超，徐绍平，冯艳春，等. 煤液化残渣固体热载体法热解实验研究 [J]. 煤炭学报，2018，43（12）：3525-3531.
[50] 王辅臣. 煤气化技术在中国：回顾与展望 [J]. 洁净煤技术，2021，27（1）：33.
[51] 王国法，刘峰，庞义辉，等. 煤矿智能化：煤炭工业高质量发展的核心技术支撑 [J]. 煤炭学报，2019，44（2）：349-357.
[52] 王慧，杨天敏. 我国煤炭清洁高效利用现状及发展建议 [J]. 能源，2023（3）：64-69.
[53] 王利峰. 我国煤气化技术发展与展望 [J]. 洁净煤技术，2022，28（2）：115-121.
[54] 王鹏，戢绪国. 鲁奇煤料煤种气化技术的发展及应用 [J]. 洁净煤技术，2009，15（5）：48-51.
[55] 王晓磊，陈贵锋，李文博，等. 双碳背景下煤炭清洁高效利用方向构建 [J]. 煤质技术，2021，36（6）：1-5.
[56] 卫小芳，王建国，丁云杰. 煤炭清洁高效转化技术进展及发展趋势 [J]. 中国科学院院刊，2019，34（4）：409-416.
[57] 魏飞. 流化床煤制芳烃技术（FMTA）[C]// 中国科学技术协会，陕西省人民政府. 第十八届中国科协年会——分 8 煤化工精细化发展论坛论文集. 2016：178.
[58] 吴彦丽，李文英，易群，等. 中美洁净煤转化技术现状及发展趋势 [J]. 中国工程科学，2015，17（9）：133-139.
[59] 谢和平，任世华，谢亚辰，等. 碳中和目标下煤炭行业发展机遇 [J]. 煤炭学报，2021，46（7）：2197-2211.
[60] 谢克昌. 面向 2035 年我国能源发展的思考与建议 [J]. 中国工程科学，2022，24（6）：1-7.
[61] 谢克昌. 新型能源体系发展背景下煤炭清洁高效转化的挑战及途径 [J/OL]. 煤炭学报：1-13. https://doi.org/10.13225/j.cnki.jccs. ZZ23.1712.
[62] 许建文，王继元，堵文斌，等. 煤直接液化技术进展 [J]. 化工进展，2012，31（增刊 1）：119-123.

[63] 玄及．煤制氧零排放系统 [J]．工程热物理学报，2001，22（1）：13–15.
[64] 学习贯彻习近平新时代中国特色社会主义经济思想　做好"十四五"规划编制和发展改革工作系列丛书编写组．建设现代能源体系 [M]．北京：中国计划出版社，2020.
[65] 严晓辉，杨芊，高丹，等．我国煤炭清洁高效转化发展研究 [J]．中国工程科学，2022，24（6）：19–25.
[66] 颜新华．高度重视煤炭清洁利用和转化 [N]．中国电力报，2014–03–18（5）.
[67] 杨学萍．碳中和背景下现代煤化工技术路径探索 [J]．化工进展，2022，41（7）：3402–3412.
[68] 袁建军，袁本旺，杜国强．煤炭清洁转化过程中二氧化碳的排放与捕集 [J]．现代化工，2018，38（3）：1–3.
[69] 袁明．煤直接液化技术专利及标准研究现状 [J]．煤炭科学技术，2012，40（7）：116–119，124.
[70] 曾鸣，申炜杰．如何在保证能源安全与经济的前提下顺利实现双碳目标？[N]．国家电网报，2021–06–07.
[71] 张成龙．抢抓机遇　凝聚共识　形成合力　切实把煤炭清洁高效利用产业链打造成全市高质量发展的核心支柱 [N]．平凉日报，2022–11–22（1）.
[72] 张德祥，刘瑞民，高晋生．煤炭直接加氢液化技术开发的几点思考 [J]．石油学报（石油加工），2011，27（3）：229–335.
[73] 张凯，李全生．碳约束条件下我国煤炭清洁高效开发利用战略研究 [J]．煤炭经济研究，2019，39（11）：10–14.
[74] 张伟，金俊杰，俞虹，等．煤的直接加氢液化工艺 [J]．洁净煤技术，2001，7（3）：31–33.
[75] 赵剑峰．低碳经济视角下煤炭工业清洁利用分析及政策建议 [J]．煤炭学报，2011，36（3）：514–518.
[76] 中国煤炭工业协会．中国煤炭工业壮丽七十年——煤炭生态文明建设（煤炭清洁利用）篇（1949—2019）[M]．北京：应急管理出版社，2019.
[77] 中国煤制乙醇技术进入百万吨级工业化时代 [J]．石油炼制与化工，2019，50（3）：62.
[78] 中华人民共和国国务院新闻办公室．新时代的中国能源发展 [N]．人民日报，2020–12–22.
[79] 周杰，周溪峤．日本煤炭清洁利用与高效发电产业国家战略研究 [C]// 国际清洁能源论坛（澳门）．国际清洁能源发展报告（2015）．北京：社会科学文献出版社・当代世界出版分社，2015：124–172，342.
[80] 朱妍．煤炭清洁高效利用迈上新台阶 [N]．中国能源报，2022–04–04（3）.

第 4 章

煤炭清洁高效转化产业技术路线图

4.1 背　　景

煤炭清洁高效转化技术需要采取手段达到高效的清洁与再利用目的，国家能源局、科学技术部联合编制了《“十四五”能源领域科技创新规划》，对煤炭清洁高效转化技术进行了规划，指出煤化工领域方面布局新型柔性气化和煤与有机废弃物协同气化技术、煤制油工艺升级及产品高端化技术、低阶煤分质利用关键技术、煤转化过程中多种污染物协同控制技术等四项关键技术攻关。

新型柔性气化和煤与有机废弃物协同气化技术：

【集中攻关】开发适宜于油气联产的大型柔性气化炉技术，提高甲烷产率、减少污水排放量，实现低阶煤的清洁高效利用。

【示范试验】开展水煤（焦）浆与炼厂废弃物共气化技术研发与示范，协同处理炼厂含油污泥、废油浆等废弃物；开展 3000 吨 / 天粉煤加压气化技术研发与示范，解决高灰分、高灰熔点煤清洁高效气化难题。

煤制油工艺升级及产品高端化技术：

【集中攻关】突破煤炭分级液化的温和加氢液化、残渣热解、固体残渣 - 废水共气化等关键技术，提高煤制油的过程能效、油品收率和油品品质；研发百万吨级煤油共加氢制芳烃、航空燃料等高品质特种燃料油成套技术。

【应用推广】优化升级超百万吨级大型煤炭间接液化成套技术装备，进一步开发汽油等超清洁液体燃料生产技术。

低阶煤分质利用关键技术：

【集中攻关】突破煤焦油深加工制取化工新材料技术。

【示范试验】开展百万吨级低阶煤热解及产品深加工、万吨级粉煤热解与气化耦合一体化等技术装备工程示范，推进低阶煤分质利用。

煤转化过程中多种污染物协同控制技术：

【集中攻关】突破低成本碳基催化剂制备、新型脱硫脱硝反应器及原位再生等关键技术装备，形成适于工业炉窑烟气多种污染物协同净化成套技术；突破煤化工高盐、高浓、难降解有机废水深度处理工艺技术，形成煤化工转化过程中废水协同净化技术。

4.2　碳约束条件下中国煤化工行业发展技术路线规划

以煤制油、煤制烯烃和煤制芳烃等现代煤化工为代表的单位产品煤耗高，对应的单位产品的碳排放也相对较高，主要由于其产业链相对于传统煤化工有所延伸。但是，现代煤化工产品利润更大。相反，以焦化、合成氨和甲醇为代表的传统煤化工产业链较短，碳排放较少，但产品利润较小。为了便于统一分析比较碳减排的经济因素约束，采用单位煤化工产品增加值的 CO_2 排放这一指标进行评价，定义为 CPUVGC，单位为千克 CO_2/ 元。其中，VGC 表示的是煤化工产品的增加值，按收入法计算：

$$\text{VGC}=\text{工资}+\text{利息}+\text{利润}+\text{租金}+\text{间接税和企业转移支付}+\text{折旧}$$

$$\text{CPUVGC}=\frac{\text{TC}}{\text{VGC}}$$

其中，TC 是单位产品的碳排放，单位是吨 CO_2/ 吨产品；VGC 表示的是单位产品的增加值，单位是 CNY/ 吨产品。

2016 年，煤化工行业 CPUVGC 为 0.24 千克 CO_2/ 元。如果不采取积极的减排措施，到 2030 年和 2050 年，其 CPUVGC 将分别达到 0.23 千克 CO_2/ 元和 0.22 千克 CO_2/ 元（表 4.1），相比 2005 年分别降低 34.3% 和 37.1%。与减排的目标要求还有一定的差距，因此煤化工需要进行碳约束生产。

表 4.1　无碳约束下煤化工的碳排放强度

指标	单位	2020 年	2030 年	2035 年	2050 年
VGC	万亿元	2.40	3.66	3.66	3.73
煤化工 CO_2 排放	亿吨	5.51	8.49	8.48	8.50
CPUVGC	千克 CO_2/ 元	0.23	0.23	0.23	0.22

从行业角度来讲，煤化工行业单位增加值的 CO_2 排放（CPUVGC）要高于我国在哥本哈根会议和《巴黎协定》中承诺的减排任务。而根据《巴黎协定》中国的承诺，中国单位 GDP 的 CO_2 排放 2020 年比 2005 年下降 40%～45%，2030 年要比 2005 下降 60%～65%，2035 年目标比 2005 年下降 65%，2050 年减排目标设为比 2005 年单位 GDP 的 CO_2 排放减少 70%～80%。按照这一减排目标，CPUVGC 在 2020 年要小于 0.19 千克 CO_2/元，2030年要小于0.14千克CO_2/元，2035年要小于0.12千克CO_2/元，2050年为0.07千克 CO_2/ 元。因此，需要采取不同的减排措施，在 CO_2 排放的强度和总量方面控制并减少煤化工行业的 CO_2 排放。图 4.1 汇总了不同减排措施下未来煤化工的 CO_2 减排潜力。

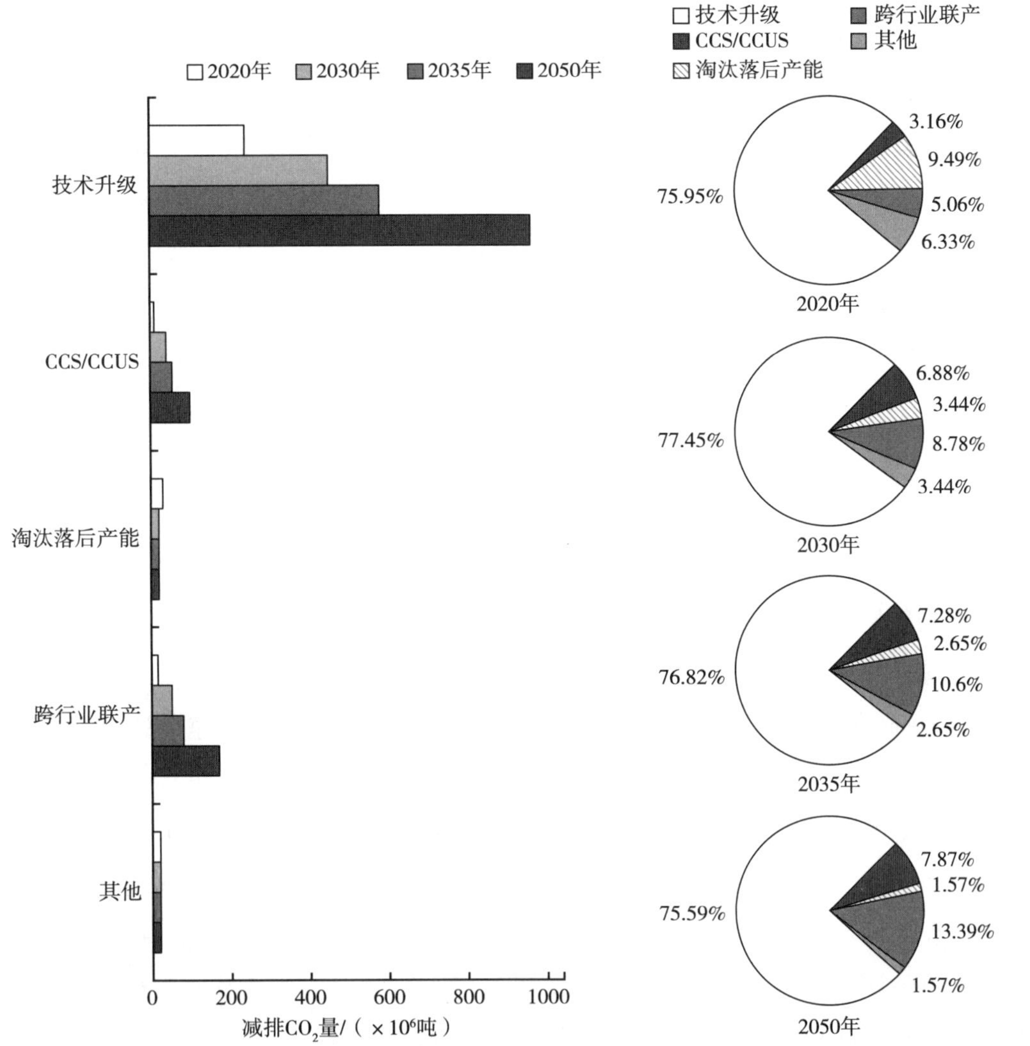

图 4.1　不同减排措施下未来煤化工的 CO_2 减排潜力

煤化工技术的不断发展，使得煤基产品和石油基产品的交叉越来越大，例如煤制油、煤制烯烃等现代煤化工代替了一部分石化产品。但是，受石油资源争夺的日渐激烈和地缘政治的影响，原油价格频繁波动，这必然会对煤化工行业发展带来冲击，部分煤基化工产品利润随原油价格波动较大。在以单位煤化工产品增加值减排量为约束条件时，原油价格成为煤化工行业碳减排的一个重要影响因素。煤化工产品单位产品增加值随原油价格波动变化的情况如图 4.2 所示。

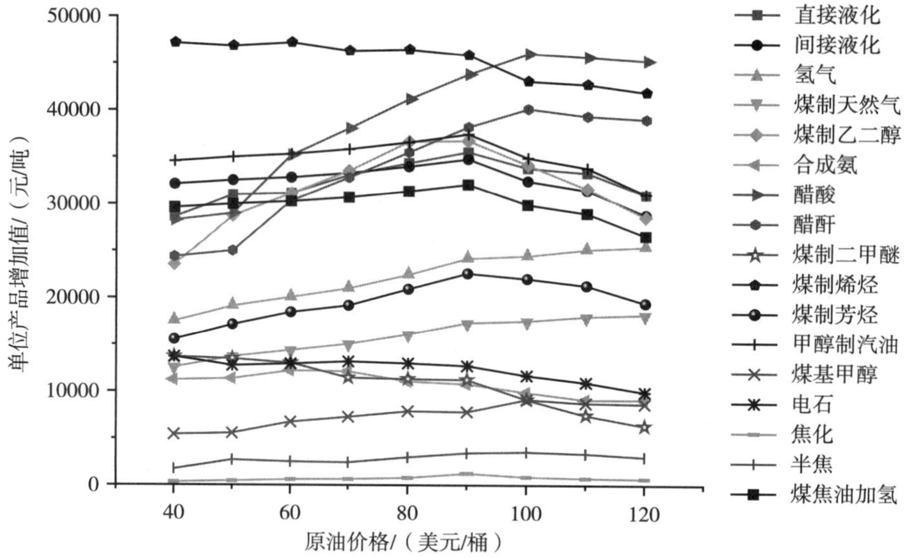

图 4.2　煤化工单位产品增加值随原油价格波动情况

由于受技术进步和不可预见等因素限制，不同减排措施在不同时期的减排贡献可能达不到预期目标，有必要对不同时期减排措施的减排潜力进行不确定分析。不同减排措施减排总量在不同阶段预期值的 100%、50% 和 25% 的情况，如图 4.3 所示。

在保证国家能源安全，国民经济健康发展和满足 VGC 增长速率的前提下，对各减排措施在煤化工行业中的应用进行了优化。根据上述分析获得减排技术路线及 CPUVGC 的预测，如图 4.4 所示。近期主要通过技术改造升级，合理布局，提高门槛，限制盲目扩建，淘汰落后产能，从而提高整体能量利用效率，减少煤炭消耗，达到减排二氧化碳的目的。中远期以提高能效、节能减排为主，高目标的碳减排也需要对产业结构进行深入的调整，并辅以 CCS 和 CCUS 技术、国际能源合作与碳权交易等手段进一步降低碳排放。随着减排措施在煤化工行业的大量应用，CPUVGC 会显著降低，先进减排技术的经济性是其规模化应用的首要突破口。

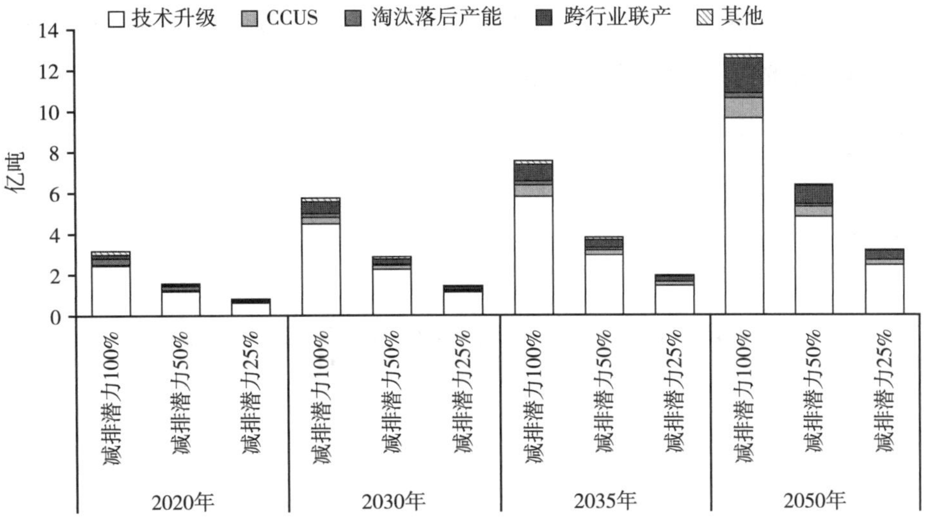

图 4.3　煤化工行业不同减排措施预期效果

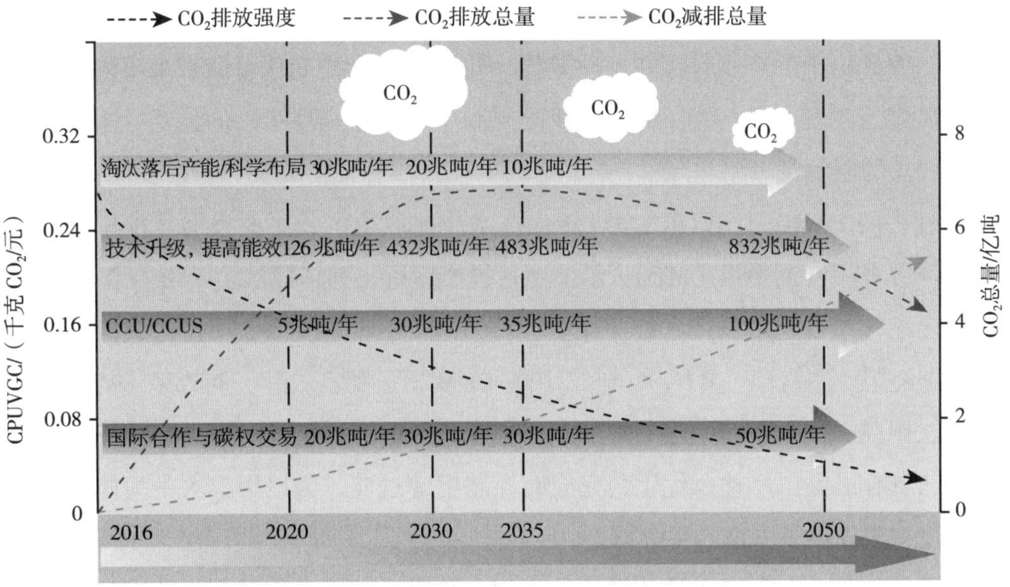

图 4.4　碳约束条件下煤化工行业发展技术路线图

目前，煤炭清洁高效转化利用方式主要分为：热解、气化、液化（直接液化和间接液化）、煤制甲醇、煤制烯烃、煤制芳烃等，煤炭清洁高效转化产业技术路线图如附图 1 所示。煤炭清洁高效转化产业领域包括煤制甲醇（产业链路线图如附图 2 所示）、煤间接制油（产业链路线图如附图 3 所示）、煤制烯烃（产业链路线图如附图 4

所示)、煤制乙二醇(产业链路线图如附图 5 所示)、煤制芳烃(产业链路线图如附图 6 所示)、煤制醋酸(产业链路线图如附图 7 所示)、煤分质清洁高效转化(产业链路线图如附图 8 所示)。

下面重点分析煤制甲醇、煤制烯烃、煤制乙二醇、煤制芳烃、煤制醋酸、煤分质清洁高效转化等领域产业路线图。

4.3 煤制甲醇产业链路线图分析

我国是全球甲醇产量最大的国家，生产结构不同于海外。甲醇生产主要有煤头路线和气头路线，其中以煤为原料制取甲醇有三种方式，分别为煤气化制甲醇、焦炉煤气制甲醇和合成氨联产制甲醇(联醇)。

由于我国富煤、贫油、少气的能源资源禀赋，甲醇生产有 81% 来自煤炭，2010 年以来煤气化制甲醇的占比继续扩大。而海外甲醇的生产原料主要是天然气，占比超过 90%，因此由于生产原料存在本质差异，化石能源价格变化可能带来不同生产路线成本、利润的波动。以上特征决定了我国煤制甲醇行业全球第一的位置，也奠定了行业持续增长的驱动逻辑。

在过去的 10 年里，我国洁净煤转化技术产业取得了长足的发展，神华包头第一个 60 万吨 / 年甲醇制烯烃(MTO)示范项目投产运行，神华鄂尔多斯第一个 100 万吨 / 年煤直接液化项目建成投产，神华宁夏 400 万吨 / 年煤间接液化项目建成投产。除此之外，煤经甲醇制汽油(MTG)、制二甲醚(DME)、制乙二醇、制芳烃(MTA)及制聚甲醛二甲醚(DMM_n)等一系列项目，进入了商业化示范阶段。我国选择以煤为原料，对已有合成氨工厂整合优化，完成向煤制甲醇过渡，为以甲醇为中间体的下游洁净煤转化工艺提供了丰富的甲醇储备。

甲醇与石油化工产业中的乙烯地位类似，是煤化工下游产品生产的中间产品，中国的甲醇下游分为传统需求和新兴需求。传统需求主要包括甲醛、醋酸、MTBE 等，而新兴需求主要包括甲醇制烯烃、二甲醚、甲醇燃料等。煤制甲醇产业链路线图如附图 2 所示。甲醇是极为重要的有机化工原料和清洁液体燃料，是煤气合成化学品的基础产品。甲醇主要用于生产甲醛，还可作为甲基化剂生产甲胺、甲烷、氯化物、丙烯酸甲酯、甲基丙烯酸甲酯、对苯二甲酸二甲酯等。甲醇羰基化可生产乙酸、乙酐、甲酸甲酯、碳酸二甲酯等。甲醇低压羰基化生产乙酸，发展很快。随着碳一化工的发展，由甲醇出发合成乙二醇、乙醛、乙醇等工艺日益受到重视。

甲醇不仅是重要的化工原料，而且是性能优良的能源，可用作车用燃料，可直接用作发电站或柴油机的燃料。甲醇可经 ZSM-5 分子筛催化剂转化为汽油，还可以与异丁烯反应生成甲基叔丁基醚，用作汽油添加剂。

甲醇在银催化剂或铁－钼催化剂上氧化得甲醛，进而可得聚甲醛以及甲醛衍生物，如脲醛树脂、酚醛树脂、氨基树脂等。以甲醇为原料，可生产甲胺、二甲胺、二甲基甲酰胺，形成胺类化学品。甲醇可生产甲酸、羰基化生产乙酸、甲酸甲酯、碳酸二甲酯等。甲醇作为甲基化剂可制得一系列酯类化学品，如甲基丙烯酸甲酯、对苯二甲酸二甲酯、硫酸二甲酯、磷酸二甲酯等。甲醇脱水制得二甲醚，合成气一步法也可以合成二甲醚，由二甲醚可生产一系列化学品，同时二甲醚也是性能优良的民用燃料和柴油替代品。甲醇同系化制乙醇，还可制得乙二醇。甲醇可生产氯甲烷、溴甲烷等卤化化学品。甲醇制低碳烯烃也是非石油资源生产的途径。

总之，甲醇类化学品在化工、医药、涂料、燃料等领域有着广泛的应用。

化工领域：醇类化学品在化工领域中被广泛用作溶剂、反应原料和催化剂等。例如，甲醇可用于生产甲醛、醋酸等化学品，乙醇可用于生产乙醛、乙酸等化学品。

医药领域：醇类化学品在医药领域中被用作溶剂、消毒剂和药物原料等。例如，乙醇可用于制备药膏、口服液等，丙醇可用于制备止痛药、镇静药等。

涂料领域：醇类化学品在涂料领域中被用作溶剂和改性剂等。例如，醇类化学品可用于制备醇酸树脂涂料、丙烯酸涂料等。

燃料领域：醇类化学品在燃料领域中被用作清洁能源和替代能源。例如，甲醇和乙醇可作为生物燃料，用于替代传统的石油燃料。

农业领域：醇类化学品在农业领域中被用作农药和肥料。例如，醇类化学品可用于制备生物农药和有机肥料。

日用消费品领域：醇类化学品在日用消费品领域中被用作清洁剂、消毒剂等。例如，醇类化学品可用于制备洗手液、消毒液等。

4.3.1　煤制甲醇技术路线

煤制甲醇工艺过程复杂，涉及的工艺技术也比较多，煤气化是煤化工产业的核心所在。煤制甲醇中的洁净煤气化技术（水煤浆气化、粉煤气化等）的快速发展，逐步替代固定床生产工艺，使煤制甲醇行业得到快速升级。主要体现在解决了严重依赖价格较高的山西块煤的现状，大大降低了行业生产成本，达到节能降耗的目的。

国家发展改革委《产业结构调整指导目录（2023 年本，征求意见稿）》中仍将“100 万吨 / 年及以下的煤制甲醇生产装置”列为限制类。2021 年，国内以煤为原料生产甲醇的产量占比已经超过了 85%，占据主导地位。同时，煤制甲醇也受到国家能源消费结构调整、能耗水平准入等政策的约束。

甲醇生产中用煤制成合成气是首道关键工序。煤气化是在一定温度、压力条件下利用气化剂（O_2、H_2O 或 CO_2）与煤炭反应生成洁净合成气（CO、H_2 的混合物），是对煤炭进行化学加工的一个重要方法。煤气化技术若按煤气化的炉型分类主要有固定床、流化床、气流床三种。

固定床因产气能力小，需用无烟煤或焦炭为原料，故不适用于大型生产。而流化床有恩德炉粉煤气化技术，目前已在国内中型氮肥厂推广应用。气流床应用在目前国内较普遍采用的大型煤气化技术中。煤气化将根据煤的成分、性能、品种不同而选用不同的技术。当前世界上技术先进、产气能力已商业运行的首推气流床煤气化技术。

气流床煤气化技术的特点是煤种适应性广，属高温加压气化，技术先进，气化指标优良，无污染，是煤气化技术的发展方向。主要有湿法气流床气化和干法气流床气化。湿法气流床气化技术有水煤浆加压气化工艺（如美国 GE、华东理工大学）和多元料浆加压气化技术（如西北化工研究院）；干法气流床气化有壳牌、GSP、航天炉等气化工艺。其中干法粉煤加压气化技术是今后开发的重点。

煤制甲醇行业生产过程能耗较大，对能源依赖度高，如燃料煤、电力资源、天然气等。因此中国能源的市场供给情况及其价格波动是中国煤制甲醇行业发展的重要影响指标之一。近年来，受国际形势影响，中国各项大宗货物、能源交易价格持续上涨，导致中国煤制甲醇行业生产过程中燃料消耗成本大幅上涨。

尽管采用天然气作为原料制取甲醇的成本和设备投资要远低于煤制甲醇，但我国的资源利用现状及国家能源政策决定了在相当长的时间内煤制甲醇将依然是甲醇的主要生产方向，而淘汰市场竞争力低、规模小的甲醇装置，实现装置规模大型化，大力开发新型节能降耗的合成工艺以及高效合成催化剂的研发将是目前甲醇合成工艺的发展方向及趋势。

随着煤气化技术的发展，甲醇行业发生了两种较大的变革：第一，甲醇产能由河北、山西、河南及江苏等地向陕西、内蒙古等地集中，主要原因是煤气化技术的进步改变了严重依赖山西无烟煤的状况，可以采用陕西、内蒙古的烟煤进行生产；第二，由于烟煤价格大大低于无烟煤，行业成本大幅下降。

近年来，随着中国新型煤气化技术逐步发展，中国煤制甲醇生产装置建设逐年增加，煤制甲醇生产能力逐年提升。2021 年，中国煤制甲醇工艺产能规模达 7556.1 万吨 / 年，同比增加 7.33%（图 4.5）。近年来，中国煤制甲醇装置产能占中国甲醇生产产能比例逐年提升。2021 年，中国甲醇生产有效产能为 9738.5 万吨 / 年，其中，煤制甲醇装置产能占比近 80%，比 2017 年占比多近 8 个百分点。中国甲醇生产产能规模扩大，主要来自中国煤制甲醇产能的增加。

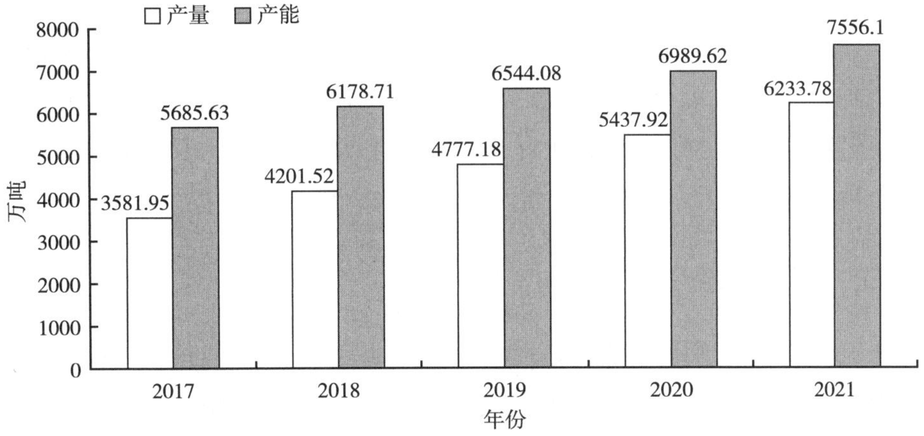

图 4.5　2017—2021 年中国煤制甲醇行业产能和产量规模

2021 年我国有 4 套百万吨及以上的甲醇装置投产，其中 180 万吨 / 年装置 3 套，100 万吨 / 年装置 1 套。2021 年我国 100 万吨 / 年及以上甲醇产能达到 4430 万吨 / 年，同比增加 16.9%；60 万 ~ 100 万吨的甲醇产能为 1858 万吨 / 年，同比提高了 7.7%；60 万吨 / 年以下甲醇产能减少为 3455 万吨 / 年，同比降低了 5%。从产量分析，100 万吨及以上装置的甲醇产量达到 4212.6 万吨，同比增加 16.1%；60 万 ~ 100 万吨的甲醇装置的产量为 1594.1 万吨，同比提高 7.3%；60 万吨以下装置的产量同样有所减少，为 1985.5 万吨，同比下降 8.7%。

目前产能产量集中在资源区，行业规模化趋势明显。煤气化制甲醇项目一般聚集在煤炭产出地区，目的是更方便使用上游的煤炭资源。2021 年全国甲醇产能集中分布在内蒙古（1590 万吨，16%）、陕西（1571 万吨，15.8%）、山东（853 万吨，8.6%）、山西（634 万吨，6.4%），四省份合计占全国产能的 46.8%。2017—2021 年，西北地区贡献甲醇产能增量 483 万吨 / 年，增量贡献率为 35.2%。2017 年甲醇产能在 100 万吨 / 年以上的企业有 14 家，产能占比为 29%；而 2021 年产能在百万吨级以上的企业有 25 家，总产能为 4570 万吨，占比 46%，行业集中度进一步提高。

甲醇生产在装置规模大型化的同时，还表现出集约化发展趋势。国家能源集团、中国石化集团（含中天合创、中安联合）、陕西延长石油集团、晋能控股装备制造集团等 10 家大型企业集团的甲醇总产能达到 5206 万吨 / 年，占全国总产能的 53.4%，2021 年的甲醇产量为 4899 万吨，占总产量的 63.1%。在新型煤气化技术的带动下，煤制甲醇的大型化、高效化、清洁化水平有了显著提高，成为甲醇产业的重要支柱，同时显示出强有力的市场竞争力。

2022—2023 年，超过百亿投资的煤化工耦合绿氢制甲醇的项目在内蒙古及新疆等地不断推进。利用二氧化碳制绿色低碳甲醇联产 LNG 项目也已经在河南安阳落地，该项目采用冰岛碳循环利用公司的 ETL 专有绿色甲醇合成工艺和国内新的焦炉煤气净化冷冻法分离 LNG 及 CO_2 捕集技术，工艺路线整体更加绿色环保。

4.3.2 甲醇下游产业发展

2018—2022 年我国甲醇消费量呈高速增长的趋势，表观消费量年复合增长率为 8.16%，从下游消费结构占比最大的烯烃产品来分析，2018—2022 年我国乙烯表观消费量复合增长率为 8.5%，丙烯表观消费量复合增长率为 13.5%，甲醇制烯烃产能约占烯烃总产能的 6%，烯烃对甲醇消费量拉动的效果明显。2020—2022 年受疫情影响，国内工业经济增速和居民生活消费水平出现了不同程度的下降，导致甲醇消费市场增速回落。

如图 4.6 所示，甲醇消费结构前三位：烯烃占比 52.78%，甲醇燃料占比 17.96%，甲醛占比 7.51%。从目前人均消费量分析，我国乙烯人均消费量远低于美国、西欧等发达国家和地区平均水平，乙烯对甲醇需求呈增加趋势，乙烯需求对煤制甲醇利好、利空因素交织，较为复杂，但总体依然呈增加趋势。

甲醇燃料的添加可部分替代石油制燃料，能够有效缓解我国石油对外依赖度过高的能源危机。相比传统汽油辛烷值 20 ~ 95，甲醇的辛烷值高达 107 ~ 112，抗爆性强，发动机可以更加平稳地工作。同时，甲醇为含氧燃料，可以改善发动机燃烧反应，提高能源转换效率，相比按汽油等热值计算平均能量转换效率可提高 20% 以上。目前市场甲醇燃料应用多见于重卡和公交车。

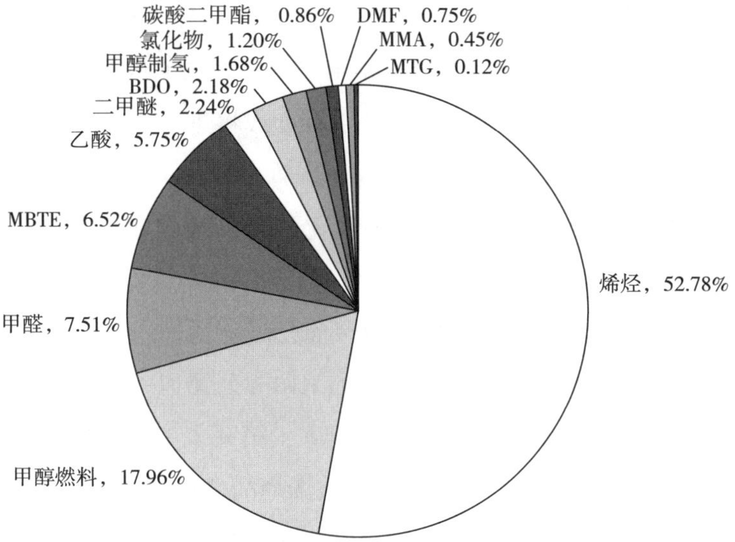

图 4.6 2022 年中国甲醇下游消费占比图

我国自 2012 年开始在甘肃、贵州、山西、陕西、上海试点甲醇燃料汽车，市场保有量至今近 3 万台，2025 年有望达到 5 万台。国家在《"十四五"工业绿色发展规划》中提出，大力发展和推广新能源汽车，促进甲醇等替代燃料汽车推广。目前全球锂资源缺口估计高达 50%，而甲醇来源广泛，甲醇汽车燃料费用 0.2 元 / 千米，在资源获得性、经济性、环保性均具有优势。目前，工信部、吉利汽车以及地方政府、科研院所也在推进纯液态甲醇汽车市场化运行。

承担全球 80% 贸易运输任务的航运业，如今正面临更为严苛的碳排放考验。航运业加快了对清洁燃料应用的探索，甲醇燃料船登上航运舞台并呈快速发展势头。据相关机构显示，2023 年 1—7 月，全球成交甲醇动力船 122 艘，同期液化天然气（LNG）动力船的订单仅有 73 艘；而 2022 年同期的 LNG 动力船订单高达 222 艘，甲醇动力船订单仅为 35 艘。甲醇日益成为海运公司新造船企业的首选替代燃料。船舶用甲醇燃料具有一定的远期前景。

过去几年，国企大规模投产，民营企业小规模跟进，总体上看，国内甲醇产能仍然处于扩张周期中。同时，国内市场消费和需求量还保持高速增长。近五年，煤基甲醇产量稳定增长，但增长率有所放缓。

2019—2022 年，我国每年保持超过 1000 万吨的甲醇净进口量，且出口量非常小，历年平均 21 万吨 / 年。甲醇对外依存度超过 13%。由于天然气制甲醇成本更低，而伊朗的天然气资源非常丰富，甲醇价格相对较低，在国际市场上具有较强的竞争力，且伊朗下游工业对甲醇需求不多，甲醇主要用于出口。加上伊朗目前甲醇产能还在扩张，预测在供需平衡条件下，我国甲醇对外依存度或将进一步提高。

4.3.2.1 MTO

MTO 是在酸催化作用下转化为高附加值化学品的最佳途径。1977 年 Mobil 公司发现 ZSM-5（孔径为 0.55 纳米）在一定条件下可将甲醇转化为丙烯和丁烯，后发现 SASPO-34（孔径为 0.43 纳米）具有更高的酸催化反应活性，对烯烃具有较高的选择性，是一种高效的 MTO 催化剂。UOP 公司和 Hydro 公司以一定比例的粗 / 精甲醇为原料，联合开发了 MTO 技术，并于 1995 年建立了第一个中试装置，连续运行 90 天。随着工艺技术的发展成熟，现有 MTO 工艺低碳烯烃的选择性可达 85%～90%。

1980 年年初，大连化学物理研究所开始研发 MTO 工艺技术，采用 ZSM-5 和 SAPO-34 分子筛为催化剂，获得具有自主知识产权的由二甲醚 / 甲醇联合制烯烃技术（DMTO）。在此基础上，大连化学物理研究所开发了合成气经二甲醚到烯烃的工艺技术路线（SDTO），合成气中 CO 几乎完全转化，且投资节省 5%～8%，该项技术达到世界领先。2004 年，大连化学物理研究所、SYN 能源科技有限公司和中石化洛阳石油化工工程公司合作，完成了世界首个 1 万吨 / 年规模的 MTO 示范项目；2009 年，神华在内蒙古包头建立了第一套 60 万吨 / 年的煤制烯烃装置（采用 DMTO 技术），项目开车顺利，甲醇的转化率达到了 100%，乙烯和丙烯的选择性达到了 80%。该项目的成功，引发国内 MTO 产业发展热潮，因 MTO 技术中采用的 SAPO-34 催化剂极易失活，现有工艺技术广泛采用循环流化床对其进行再生。现有甲醇制烯烃技术有 UOP 公司的 MTO、大连化学物理研究所的 DMTO、中石化的 SMTO 以及神华的 SHMTO，其中大连化学物理研究所的 DMTO 在技术市场中占据了主导地位。

4.3.2.2 MTG 和 MTA

埃克森美孚（ExxonMobil）公司选择 HZSM-5 为择形催化剂，以甲醇为原料反应制得 C_{10} 以下的化合物，是一条可将甲醇有效转化为 92# 无硫汽油的工艺路径。项目（MTG）于 20 世纪 70 年代在新西兰北部新普利茅斯进入工业化运行，甲醇以天然气原料获取，1997 年受持续低油价的冲击，MTG 项目停运。我国于 2014 年由中国科学院山西煤炭化学研究所与赛鼎工程公司合作，在云南建成首套 MTG 工程项目。在中国科学院山西煤炭化学研究所和 ExxonMobil 技术基础上，一些 MTG 项目相继投产运行，但受经济大环境的影响，相比 MTO，MTG 发展迟缓。

芳烃主要由石油经催化裂化、催化重整后制得。我国受石油储备严重不足和芳烃市场缺口较大的双重压力，发展 MTA 是正确的选择。MTA 的反应过程为酸催化反应，见下式：

$$CH_3OH \longrightarrow (RC_6H_5) + nH_2O$$

该反应要求催化剂具有适宜酸性和孔径与苯、甲苯、二甲苯（BTX）的直径相当，而经 La、Ce、Ga、Mo、Zn、Ag 等改性的 ZSM-5，在 MTA 反应过程中表现出了较高的反应活性。

Mobil 公司与 SABIC 研究室分别以 P/ZSM-5 和（La）Ge / ZSM-5 为催化剂，开发了各自的 MTA 技术，单程转化率为 19%～30%，但均未发展至工业化阶段。我国清华大学、中国科学院山西煤炭化学研究所和中石化上海石化研究院联合开发了 MTA 技术，清华大学与华电集团于 2013 年完成了世界首套 3 万吨 / 年芳烃的工业化中试装置，装置成功运行了 443 小时，甲醇转化率为 100%，BTX 选择性达到了 90%以上。

沸石固体酸催化剂因其酸性和孔径可调变、表面可功能化修饰，在 MTO、MTP、MTG 和 MTA 工艺过程中被广泛应用。SAPO-34 具有适宜的酸性、较小的孔道直径，是理想的 MTO 过程催化剂；ZSM-5 的平均孔道直径为 0.55 纳米，是 MTG、MTA 过程最适宜的择形催化剂；改性 ZSM-5 的晶体尺寸较小、骨架硅铝比较低、酸性很强，是理想的 MTP 过程催化剂。

尽管 MTG 和 MTA 工艺开始发展较早，但是目前 MTA 催化剂的稳定性较差、BTX 的选择性不高、工艺过程热利用效率仍需优化、难与石化工艺形成竞争优势以及受原料甲醇成本的约束等，导致其发展处于初始阶段。我国的洁净煤转化工程项目绝大多数选址于内蒙古、陕西、山西、河南及山东等产煤大省。近几年，丙烯的国际市场供给充足，其市场价格降幅较乙烯极为明显，国内 MTP 项目筹建受阻。

4.3.2.3 煤经甲醇制二甲醚（DME）、聚甲醛二甲醚（DMM_n/$PODE_n$）、甲基叔丁基醚（MTBE）

与液化石油气（LPG）性能相似，DME 因其具有较高的十六烷值（55～60），可作为清洁燃料，在近年来备受关注；DMM_n（$1 \leq n < 10$）与 DME 性质类似，十六烷值在 70～104，也可作为传统燃料的替代物；MTBE 具有和 DME、DMM_n 类似的性质，能有效增加汽油的辛烷值、提高燃烧效率，可作为汽油的添加剂。甲醇可以作为汽油的替代物，也可在固体酸催化剂（γ-Al_2O_3、HZSM-5、HY、HZSM-22 和杂多酸等）

作用下，脱水制得 DME，见下式：

$$2CH_3OH \longrightarrow CH_3OCH_3+H_2O$$

由合成气制得甲醇后脱水得到 DME，该级联反应过程是工业生产 DME 的主要方法。1998 年，清华大学和空气化学产品公司采用浆态床反应器，在 250℃、4.5 兆帕、$n(H_2):n(CO)=1$ 的反应条件下，一步法制得 DME，CO 的单程转化率达到 60%，DME 选择性为 95%。2002 年，清华大学与重庆英利燃气化学公司合作建立了 3000 吨 / 年的 DME 中试装置，CO 的单程转化率达到 63.1%，DME 的选择性为 94%。据统计，2013 年 DME 的总产能为 1315 万吨 / 年，产量为 486 万吨，开车率仅为 1/3，发展 DME 应用新途径以解决建设项目产能过剩是当下的突出矛盾。

DMM_n / $PODE_n$ 与 DME 不同，因其在标况下呈液态且适合作为柴油燃料。合成 DMM_n / $PODE_n$ 常用的催化剂有均相（H_2SO_4、离子液体）、非均相（分子筛、离子交换树脂和杂多酸）。DMM_n / $PODE_n$ 能否作为柴油燃料或柴油添加剂取决于聚合度。国外的杜邦、BP 和 BASF 等公司仅对 DMM_n / $PODE_n$ 工艺方面的专利技术感兴趣。2013 年，中国科学院兰州化学物理研究所与山东辰信新能源公司建立了首套 1000 吨 / 年 DMM_n 中试项目，制得 DMM_3 ~ DMM_8 产品，甲醇转化率为 85%，DMM_n 选择性为 50%；四川大兴能源公司、清华大学、山东玉皇和东营润成炭材料科技公司建成了 10000 ~ 100000 吨 / 年规模不同的 DMM_n 工程项目。据生产运行数据，每吨产品 DMM_n/$PODE_n$ 消耗 1.38 ~ 1.45 吨甲醇，产品纯度为 99.5%。当前我国快速增长的 DMM_n/$PODE_n$ 市场受制于地方政策鉴定模糊和行业标准的缺失。

1983 年，齐鲁石化建成我国首套 MTBE 工业装置，1985 年，齐鲁石化与中石化工程公司联合开发催化蒸馏技术 CATAFRACT（MP- Ⅲ），并完成了工业研究测试。1995 年我国 MTBE 的产量仅为 1 万吨，占世界产能的 2.4%，近年来，受市场和国家政策的双重鼓励，2014 年我国 MTBE 产能达到了 1200 万吨 / 年，产量为 700 万吨。在发展过程中，产能小于 10 万吨 / 年的 MTBE 工厂逐步被市场淘汰。

4.3.2.4　煤经甲醇制乙醇、乙二醇

含氧化合物乙醇因其可提升汽油的辛烷值，市场前景广阔。美国大规模使用添加质量分数为 10% 乙醇的汽油，其主要来自玉米或其他谷类物发酵，但在人多地少的中国，这一工艺路径却不适合。合成气在 Rh 或 Fe 催化剂的作用下制得乙醇，也可通过原料甲醇间接合成。合成气直接合成乙醇，工业化中其产率仅为 20%，选择性低于 60%。

在工业上，通过醋酸或醚类加氢制得乙醇，尽管反应步骤较多，但每步反应均有较高的选择性和转化率，所以乙醇的产率相对较高。Celanses 公司选择醋酸路线合成乙醇，于 2014 年在南京建立 27.5 万吨 / 年工业项目；大连化学物理研究所和陕西延长石油公司选择合成气经甲醇转化为二甲醚与 CO 反应得到乙酸甲酯，进而得到乙醇，工艺系统中采用装填非均相催化剂的固定床为反应器，该技术于 2017 年 3 月完成 10 万吨 / 年工业化示范，并为乙醇大规模工业化生产提供了实践基础。神华集团选择产能过剩的醋酸为原料合成乙醇。乙醇在我国的市场前景广阔，当前乙醇消费依赖进口，其工业投资热度不亚于 MTO，我国煤制乙二醇项目发展详细情况见表 4.2。

表 4.2 我国煤制乙二醇项目发展情况

企业	产能 /（万吨 / 年）	企业	产能 /（万吨 / 年）
通辽金煤化工有限公司	20	哈密广汇环保科技有限公司	40
潞安化工集团寿阳化工有限责任公司	20	永金化工投资管理有限公司	40
中化学（内蒙古）新材料有限责任公司	30	内蒙古荣信化工有限公司	40
黔希煤化工投资有限责任公司	30	山东华鲁恒升化工股份有限公司	50
陕西渭河彬州化工有限公司	30	新疆天业汇合新材料有限公司	60
安徽红四方股份有限公司	30	内蒙古久泰新材料有限公司	100
山西沃能化工科技有限公司	30	河南能源化工集团	150
山西美锦华盛化工新材料有限公司	30	陕煤集团榆林化学有限责任公司	180
陕西榆能化学材料有限公司	40		

乙二醇是重要的化工原料和战略物资，国内乙二醇需求量远高于消费量，行业对外依赖度较高。为了减少乙二醇对海外资源的高依赖度，近几年，国内煤化工和大炼化装置齐头并进，乙二醇产能快速增长。乙二醇产能从 2018 年的 1063 万吨 / 年逐年增长至 2022 年的 2519.5 万吨 / 年，5 年增加 1456.5 万吨 / 年，年复合增长率达 18.84%。其中，2022 年我国新增煤制乙二醇产能 280 万吨 / 年，增幅达 34.9%。随着“双碳”政策不断推进，叠加国内新增产能持续释放，我国乙二醇行业正逐步进入挤压进口和落后产能改造升级阶段。煤制乙二醇可选择不同的工艺生产路线，合成气在高温高压下直接生产乙二醇工艺条件苛刻，工业化应用困难，当前采用草酸二甲酯法生产乙二醇是最经济的工艺路线（图 4.7）。

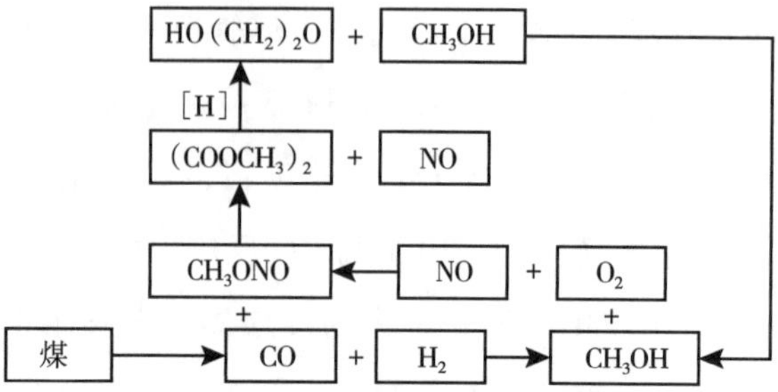

图 4.7　煤制乙二醇工艺流程图

我国特殊的能源结构决定了煤化工产业的特殊地位，近年来，在超大型甲醇生产装置、甲醇产能等方面均取得了长足的发展，以甲醇为中间体的煤制化学品（MTO 和 MTP）和煤制燃料（煤间接液化）等方面的各项技术已处于世界领先水平，甲醇和 DME 作为替代燃料已逐步在我国多个省份试行，生产高附加值化学品的 MTA 技术中试顺利且工业化生产可期，由乙酸为原料的多步法煤制乙醇（混合低碳醇）顺利完成了工程示范，可有效解决乙酸市场过剩现状。甲醇的衍生物 DMM_n 作为柴油添加剂优势明显，CO_2 和 H_2 合成甲醇技术开辟了 CO_2 利用的新途径。但是，成熟的 MTG 技术受持续低油价的冲击发展仍然迟缓，MTBE 作为汽油的添加剂呈现逐步淘汰的趋势，煤化工产业资金密集型的属性受资本市场影响严重，煤化工过程所需大量的 H_2、蒸汽、冷却介质与项目建设地区水资源供给矛盾突出，煤化工过程中“三废”排放配套技术仍需进一步提升，CO_2 捕集、再利用和封存等技术经济可行性较差等问题依然存在。因此，发展以甲醇为中间体的洁净煤转化技术，提升煤的经济附加值，在国家极为严格的环保政策之下仍面临着诸多严峻的挑战。

4.3.3　甲醇下游行业主要特点分析及发展前景

近年来我国甲醇消费状况主要呈现出以下特点：① 2009 年以来甲醇产量持续增长，近几年多数时间产量增幅超过产能增幅，装置开工负荷逐步提高；②甲醇反倾销期间甲醇进口逐年下降，反倾销期满后进口量较大幅度反弹；③甲醇需求潜力巨大，下游消费连续 10 年增长；④甲醇制烯烃消费增长最快，已成为甲醇第一大下游消费品种；⑤煤制烯烃规模将继续扩大，但以配套甲醇为主流。

总体来看，甲醇主要下游行业的发展前景：①甲醇处于产能阶段性过剩，需要逐渐化减，但受煤化工上下游一体化利益驱动，产能仍将持续增长；②甲醇传统下游产品消费不会有太大的需求增长；③甲醇制烯烃成为甲醇的最主要下游消费；④甲醇制芳烃将成为甲醇增长的潜在力量（还不成熟）；⑤甲醇制汽油有待政策和经济性的考验，甲醇燃料行业实现一定突破，但是全国推广仍难度很大；⑥二甲醚行业瓶颈限制，二甲醚的使用尚存在一定政策障碍，不会大幅度增长；⑦醋酸行业过剩，未来几年新建能力进入空窗期，行业好转；⑧甲醛行业严重过剩，环保等问题导致行业需求减弱；⑨ MTBE 环境问题加之其他原料的替代，未来中长期需求有望减少；⑩甲醇制氢行业发展成为甲醇新的需求。

4.4　煤制烯烃产业链路线图分析

烯烃本身就是一种重要的化学原材料，同时这种原材料也是石油化工行业生产加工的核心产品，烯烃在化工行业具有石化工业之母的美誉。而当前，在全球石油价格跌涨起伏较大的背景条件下，乙烯的产量是衡量一个国家石油化工行业发展水平的重要标杆，同时，一个国家对于乙烯的生产能力也能够体现出国家的整体经济实力。我国煤经甲醇制烯烃产业逐步成为“煤化工”向“油化工”过渡的重要桥梁与纽带，也是对传统以石油为原料制取烯烃路线的重要补充。

近年来，煤制烯烃行业市场火爆，其应用场景跨越式发展的根本原因在于技术、安全和多样性的创新。用户需求的爆发式增长，极大地丰富了煤制烯烃的应用场景。一方面，进一步提升煤制烯烃产业链中的原材料和供应商，有利于产业源头的转型升级，优化产业流程；另一方面，煤制烯烃技术、品质、品种的更新迭代，有利于产品的持续开发。进一步满足用户新需求的升级和质量提升，都有利于行业的进一步发展。多方的推动，导致了煤制烯烃应用的爆发式发展。

煤制烯烃通过利用煤炭作为原料生产乙烯、丙烯等烯烃。烯烃是化工行业的重要原料，广泛应用于塑料、合成橡胶、纤维、医药品原料、农药、涂料等领域。传统的烯烃生产主要依赖石油加工，但我国富煤、贫油、少气的国情决定了我们不能完全依赖石油制烯烃。因此，煤制烯烃技术具有重要意义。

煤制烯烃路线可部分替代石油为原料制取乙烯、丙烯，缓解原油需求的压力。中国乙烯产能近年来增长迅猛，但仍无法满足下游市场的需求。国内市场上烯烃类产品供不应求，对外依存度增强，巨大的市场空间引发了投资者对煤制烯烃的关注。

煤制烯烃产业链路线图如附图 4 所示。随着技术的进步和成熟，煤基烯烃化学品产业在我国已经实现了规模化生产。截至 2023 年，我国煤基烯烃产能已达到一定规模，成为全球烯烃市场的重要参与者。煤基烯烃产品广泛应用于聚乙烯、聚丙烯等高分子材料的生产，以及涂料、黏合剂、润滑油等众多领域。

在“双碳”背景下，煤基烯烃化学品产业将继续优化升级，提高能效和降低碳排放。未来，煤基烯烃产业将朝着规模化、绿色化、高端化方向发展，不断提升产业链的附加值和竞争力。

我国煤基烯烃产业主要集中在煤炭资源丰富地区，如宁夏、内蒙古、山西等。这些地区具有资源优势和产业基础，为煤基烯烃化学品产业的发展提供了有力支撑。

4.4.1 国内煤制烯烃产品的发展现状

随着 2010 年 10 月 4 日神华宁煤第一套甲醇制丙烯（MTP）项目的投产，我国煤（甲醇）制烯烃（CTO/MTO）行业发展序幕逐渐拉开。从行业起步期—成长期—快速期—放缓期四个发展阶段看，我国 CTO/MTO 行业已经历了近 13 个年头。截至 2023 年 5 月，该行业涉及有效总产能已突破 1700 万吨 / 年关口，总量达 1732 万吨 / 年。

CTO/MTO 产业于 2010 年起步；2011—2013 年处于缓慢稳步发展阶段，因行业产能基数相对偏低，三年间行业年均产能增速高达 82.17%；随后，2014—2016 年该行业迎来了新增产能集中投放的高速发展期（2014 年增速高达 137%），2014 年、2015 年及 2016 年国内 CTO/MTO 新增产能分别为 334 万吨 / 年、169 万吨 / 年、354 万吨 / 年，同期年内新增企业个数分别为 6 家、4 家、7 家，其间年产能增速稳健在 67.96%。

大连化学物理研究所是最早开始研究制取烯烃产品煤化工工艺的研究所。在研究的过程中发现，甲醇转化成烯烃产品的核心技术，其实就是催化剂的成分和应用性能，催化剂的化学性质和物理性能决定着甲醇制取乙烯工艺技术的发展和应用。因此，大连化学物理研究所开始探索新型的小孔分子筛催化剂，而这种新型小孔分子筛催化剂的应用，也是实现甲醇制取乙烯产品技术上的关键突破，同时也是甲醇制取乙烯技术在未来很长一段时间内的研究方向。大连化学物理研究所从 20 世纪 80 年代之初就已经开始研究甲醇制取低碳烯烃产品的新工艺，后来又相继开发了两代创新型的甲醇制取低碳烯烃产品的技术，并且在 1985 年时正式通过了中国科学院组织在制取工艺方面的技术鉴定。20 世纪 90 年代，大连化学物理研究所又在全球首次创新了合成气通过二甲醚制取低碳烯烃的新工艺方法。

合成气通过二甲醚制取低碳烯烃工艺方法的应用具有以下几个特征。首先，在应用过程中，主要由合成气体制作二甲醚产品，这就打破了传统合成气体制作甲醇流程体系对于温度的要求。其次，通过合成气体直接制作二甲醚，能够有效地提升 CO 的转化效率。在实验中，CO 的转化率高达 90% 以上。这种合成气，经由甲醇制成低碳烯烃产品，相比于传统的烯烃产品制作工艺来说能够节省 5%～8% 的成本投入，同时，在操作的过程中还节省了大量的操作费用。该工艺在运用过程中主要运用了小孔磷硅铝（SAPO-34）作为分子筛催化剂，SAPO-34 分子筛合成催化剂原材料成本较为低廉，而这种成本较低的催化剂对于流化床工艺的持续发展具有重大意义。

该实验的第二阶段采用的主要是硫化反应器。该反应器能够在实验过程中快速导出热量，并且能够实现反应气体再生的连续操作，从而有效地降低了反应器运行过程中对于资源的消耗率。合成气经由二甲醚制取低碳烯烃产品的新工艺方法在应用的过程中具有较强的灵活性。该工艺方法中包含的两段化学反应工艺不仅能够将合成气制作二甲醚以及烯烃类产品的制取联合为一个整体，而且这两个反应阶段还可以独立存在。

之后，大连化学物理研究所又研制出了一款我国独有的，并且成本、价格更为低廉的新一代微球小孔磷硅铝分子筛型催化剂（DO123），该烯烃产品制取过程中的催化剂以及其活性分子 SAPO-34 分子筛，都已经在国内进行了大规模的烯烃产品制取实验，并在接下来几年的发展过程中取得了突破性的进展。2010 年，该工艺在包头建设的工业化煤制烯烃产品项目中正式投入使用。除此之外，中国化学工程集团公司联合清华大学以及安徽淮化集团有限公司还合作开发了甲醇制备丙烯产品的万吨级工业实验装置。该实验装置在 2009 年 12 月份正式投入使用并且取得了成功。这项实验装置的投入和应用，也为我国日后煤制烯烃品化工工艺产业化发展奠定了基础，这项实验装置的成功应用，也是我国化学工艺发展历程中的重大突破。

截至 2023 年 6 月 14 日，国内烯烃（CTO/MTO/MTP）总产能 1692 万吨（包括新投产的天津渤化 60 万吨 MTO 装置，见表 4.3），配套甲醇总产能 3177 万吨，理论年度甲醇需求量 4170 万吨，甲醇缺口 993 万吨。由图 4.8 可知，国内烯烃企业大部分分布在西北（陕西、内蒙古、宁夏、新疆、青海）及港口（江苏、浙江）地区，占比分布为 63% 和 20%。其中西北地区基本是从煤开始，即煤－甲醇－乙烯和丙烯 -PE 和 PP 工艺路线，产品较为单一，同质化竞争压力大；港口地区与西北不同，其甲醇多以外采为主，终端产品也多样化，包括 PP、PE、PO、EO、MMA、EVA、乙二醇、聚醚、丙烯腈等，多样化的下游为产业链的发展提供了强有力的支持，避免产品同质化影响。

表 4.3　国内烯烃项目一览表

公司名称	配套甲醇 / 万吨	烯烃产能 / 万吨	装置类型
常州富德能源化工有限公司	—	33	DMTO
青海盐湖镁业有限公司	100	33	DMTO
宁波富德能源有限公司	—	60	DMTO
中煤内蒙古大新能源化工公司	100	60	DMTO
国能包头煤化工有限责任公司	180	60	DMTO
陕西延长中煤榆林能源化工有限公司	180	60	DMTO
神华榆林能源化工有限公司	180	60	DMTO
陕西延安能化集团有限公司	180	60	DMTO
陕西蒲城清洁能源化工公司	180	70	DMTO
江苏斯尔邦石化有限公司	—	80	DMTO
吉林康乃尔化工股份有限公司	—	30	MTO
山东阳煤恒通化工股份公司	25	30	MTO
山东鲁西化工集团股份有限公司	80	30	MTO
山东联泓化工有限公司	92	36	MTO
天津渤化化工发展有限公司	—	60	MTO
中煤陕西榆林能源化工公司	200	60	MTO
浙江兴兴新能源科技有限公司	—	69	MTO
宁夏宝丰能源有限公司	400	120	MTO
中天合创能源有限责任公司	180	137	MTO
南京诚志清洁能源股份有限公司	50	90	MTO/OCP
沈阳化工股份有限公司	—	10	MTP
新疆恒友化工能源有限公司	—	20	MTP
大唐多伦煤化工有限公司	168	46	MTP
宁夏神华宁煤集团	252	100	MTP
神华新疆能源有限责任公司	180	68	SHMTO
中石化中原石油化工公司	—	20	SMTO
中安联合煤化有限责任公司	170	70	SMTO
久泰能源内蒙古有限公司	100	60	UOP

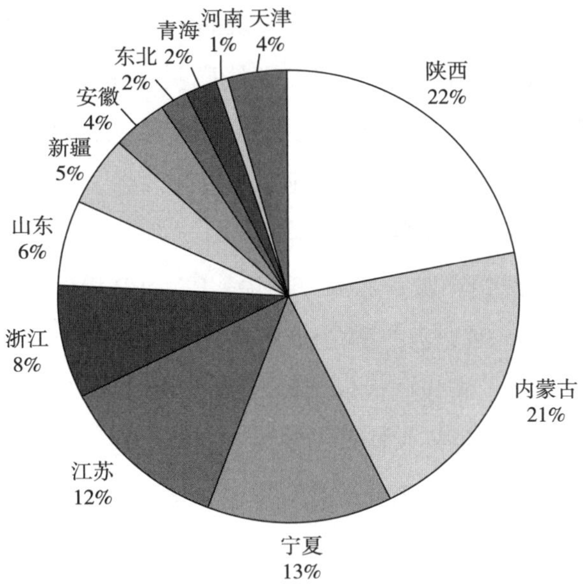

图 4.8　国内煤（甲醇）制烯烃产能分布情况

4.4.2　煤（甲醇）制烯烃未来发展方向

我国煤制烯烃产业发展虽然很快，但产品结构单一、同质化现象严重，市场竞争激烈。基本上以煤基甲醇制烯烃为主，其烯烃产能大多在 60 万吨 / 年以上。单纯从终端产品来看，主要为 PP 和 PE，且牌号相对同质化，附加值低。未来煤制烯烃项目需要更多理性分析、完善规划以及差异化产品。

近几年国内浙江石化、恒力石化、盛虹石化以及中国石油、中国石化的多个大型炼化一体化项目陆续投产，未来 3 ~ 5 年新的大型炼化一体化项目产能也将陆续释放。在国内烯烃总产能快速增长的背景下，煤制烯烃企业的产品营销和经济效益无疑面临严峻挑战。

未来，随着我国对环境保护的高度重视，煤制烯烃清洁生产也面临巨大压力。从目前发展现状和趋势看，煤制烯烃将更加重视采用先进节水技术和废水、废气及废渣处理回用技术，进一步减少水耗，实现污染物“零排放”，同时积极开发利用 CCUS 技术，减少碳排放，在实现清洁生产的同时，降低烯烃生产成本。

从工艺对比来看，PDH 除原料对外依存度较高之外，其发展限制因素有限，因此在丙烯生产中受到更多的青睐。此外，PDH 工艺在原料选择性、转化率及加工成本方面逐渐改进，加之其更契合当前“双碳”的发展趋势，因此 PDH 仍不失为生产丙烯的优质路线。而在“双碳”发展背景下，煤化工固有的“两高”特性制约了其发展空间，在未来 5 年的烯烃发展规划当中，CTO 路线已明显减少。

甲醇制烯烃作为煤制烯烃核心技术，仍有进一步改进提高的空间，未来主要是研发新一代 MTO 催化剂，降低催化剂生焦速率，提高丙烯、乙烯收率，并且可灵活调整丙烯和乙烯比例，增强抗风险能力。

大炼化、PDH 投资热情不减，乙烯、丙烯、PE、PP 均处于大产能扩张周期，因地产及消费低迷，近两年 PE、乙二醇、PP 等需求难有增加，过剩的烯烃产业面临洗牌，大炼化、PDH 的扩产，挤压国内煤制烯烃的生存空间，石油化工与煤化工的竞争将不断加剧。为此，需要立足行业特点，发挥石油化工与煤化工行业自身优势，加快技术创新与产品结构调整，努力实现产品结构差异化、高端化，促进石油化工与煤化工优势互补，推动我国化工行业高质量发展。

4.5 煤制乙二醇产业链路线图分析

乙二醇（EG），又名“甘醇”，化学式为（CH_2OH）$_2$，是最简单的二元醇，也是一种常用的有机溶剂，它的用途广泛，主要用于合成聚酯（聚对苯二甲酸乙二醇酯，PET）和防冻剂，此外还可用于生产不饱和聚酯树脂、润滑剂、增塑剂、非离子表面活性剂以及炸药等。乙二醇是重要的化工原料和战略物资，国内乙二醇需求量远高于消费量，行业对外依赖度较高。为了减少乙二醇对海外资源的高依赖度，近几年，国内煤化工和大炼化装置齐头并进，乙二醇产能快速增长。

煤制乙二醇产业链路线图如附图 5 所示。根据乙二醇制备工艺的不同，乙二醇主要分为煤制乙二醇、油制乙二醇和 MTO 乙二醇。基于我国富煤、贫油、少气的能源资源禀赋，煤制乙二醇成为弥补国内乙二醇供给不足的重要方式。我国是世界煤炭大国，煤炭资源丰富，煤制乙二醇属于新型煤化工产品，是实现煤炭清洁高效利用、提高乙二醇自给率的重要化工生产组成部分。

油制工艺又分为石脑油原料法以及乙烷原料法（天然气制），均是通过生产乙烯经环氧乙烷进而生产乙二醇；煤制工艺包括草酸酯法、甲醇合成法以及直接合成法。油制乙二醇产能最多，且应用最广，但受制于原油的价格；煤制乙二醇流程短，原料来源广泛且价格低廉，但环境负荷大，且装置前期投入金额巨大，成本较高。

4.5.1　国内煤制乙二醇产品的发展现状

截至2023年2月2日，国内乙二醇整体开工负荷在62.40%，其中煤制乙二醇开工负荷在56.19%。对于国内煤制乙二醇装置开工率不高的原因，主要包括其项目投产过多、产品供过于求，并且还和蒸汽消耗高以及无上下游产业链正相关，或是项目建在西部，导致运输费用过高等，同时还受到国家“双碳”目标以及企业安全问题、高成本等因素影响。由于煤制乙二醇在生产过程中，副产了不同于石油路线的醛、酸、醇、酯类微量杂质，可能会对高档纺丝产品染色产生不利影响，因此下游聚酯纺丝企业更倾向于油制乙二醇，大大压缩了煤制乙二醇装置的生存空间。基于我国“煤多油少”的能源结构，我国大力推广煤制乙二醇的生产路线，油制技术和煤制技术已成为我国可以进行规模化制备乙二醇的技术，在“双碳”的大背景下，绿色、环保、节能将成为乙二醇行业的发展方向。

近几年乙二醇行业快速发展，积极响应国家政策目标，绿色化、高端化、智能化是未来行业发展的主旋律，乙二醇行业产能和产量逐年提升。2008年我国乙二醇产能仅有229万吨，2022年增加到2519.5万吨，年平均增速约为19%，产量也从2008年的182万吨增长到2022年的1327.8万吨，年平均增速为15.2%（图4.9）。随着产能逐年扩张，目前我国乙二醇供应稳步抬升，进口依赖格局已发生改变。随着“双碳”政策不断推进，叠加国内新增产能持续释放，我国乙二醇行业正逐步进入挤压进口和淘汰落后产能的阶段。

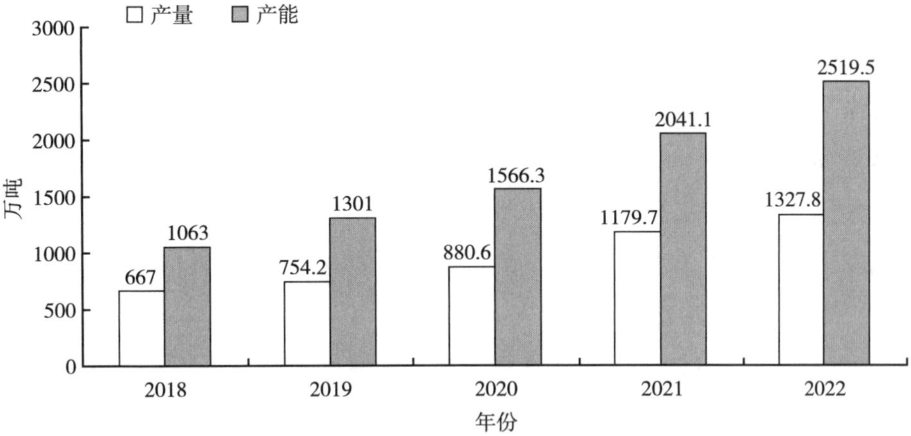

图4.9　2018—2022年中国煤制乙二醇行业产能和产量规模

我国是世界上最大的乙二醇生产国和消费国，乙二醇产量约占全球总产量的50%。近年来，我国乙二醇表观需求量持续增长。2022年，我国乙二醇表观需求量为2074.83万吨，同比增长3.23%。在市场需求驱动下，我国乙二醇产能不断增加，同时随着乙二醇生产技术不断创新升级，我国乙二醇产量持续增长。产量由2018年的667万吨增长至2022年的1327.8万吨，年复合增长率达14.76%。其中，2022年乙二醇产量增速为12.55%，远高于产能增速。

随着国内乙二醇产能和产量双双增长，乙二醇的进口需求逐步减少。2022年，我国进口乙二醇751.07万吨，同比下降10.87%；乙二醇行业对外依赖度随之下降至36%，较2018年的59.49%，减少23.49个百分点。2023年以来，随着国内乙二醇产能和产量继续增加，叠加下游需求增速放缓，我国进口乙二醇337.49万吨，同比下降26.78%；乙二醇出口数量为1.89万吨，同比增长118.74%，乙二醇行业对外依存度进一步下降。

行业自2009年开始起步，企业布局从最早的河南煤业、阳煤集团，发展到后来的新疆天业、内蒙古久泰、内蒙古荣信等，已在河南、新疆、内蒙古、陕西、湖北等多地均有装置。《2023年度重点石化产品产能预警报告》中提到，2022年我国新增煤制乙二醇产能280万吨/年，增幅达34.9%，总产能达到1083万吨/年（未剔除8个合计产能共150万吨/年的长期停产项目），占我国乙二醇总产能的43.2%。2022年，煤制乙二醇产量为405.6万吨，较上年增长25.5%；产能利用率37.5%，同比下降2.7个百分点。2023年5月，陕西榆林能源集团有限公司陕西榆能化学材料有限公司煤制120万吨/年乙二醇一期40万吨/年乙二醇项目已经有多个单元装置展开试车。截至2023年6月，我国煤制乙二醇产能约997万吨/年（剔除8个合计产能共150万吨/年的长期停产项目），约占全国乙二醇总产能的37%。

市场竞争加剧也进一步推动产能增加。长期以来乙二醇装置集中在中石化和中石油两大集团，其技术提供方主要是美国科学设计公司（Halcon–SD）、壳牌（Shell）和陶氏化学（Dow），近年来，随着我国自主研发的煤基合成气制乙二醇技术的推广，民营企业产能占比不断增加。

目前，煤制乙二醇企业主要包括河南煤业、陕西榆林化学、新疆天业、华鲁恒升、红四方等多家企业。从产能分布看，我国煤制乙二醇主要集中在陕西榆林化学、河南煤业、内蒙古久泰、新疆天业等企业。其中，陕西榆林化学、河南煤业、内蒙古久泰煤制乙二醇产能分别为180万吨/年、150万吨/年和100万吨/年，合计占全国煤制乙二醇总产能的43%，行业集中度较高。截至2023年9月底，中国乙二醇总产能为2747.5万吨/年，其中油制和煤制乙二醇产能分别为1834.5万吨/年和913万吨/年。共实现280万吨产能释放，其中包括盛虹炼化、海南炼化和三江化学，随着新产能投产落地，乙二醇产能基数进一步上调。

虽然煤制乙二醇行业发展迅速，但随着“双碳”相关政策推进，环保政策趋严，煤制乙二醇行业环境负荷大，且装置前期投入金额巨大，成本较高。同时由于煤制乙二醇在生产过程中，副产了不同于石油路线的醛、酸、醇、酯类微量杂质，可能会对高档纺丝产品染色产生不利影响，因此下游聚酯纺丝企业更倾向于油制乙二醇，大大压缩了煤制乙二醇装置的生存空间，行业整体开工负荷不高。受国内乙二醇产能及产量逐年递增，下游聚酯市场增速放缓等因素影响，叠加乙二醇进口量仍维持在700万吨以上，导致乙二醇市场出现供大于求局面，行业价格大幅下滑，企业亏损严重。其中，由于煤制乙二醇相较油制乙二醇的成本更高，自2021年10月起，煤制乙二醇行业长期处于亏损状态。目前，煤制乙二醇利润亏损幅度在1438元/吨，但油制乙二醇亏损幅度在1000元/吨附近。2023年以来，随着国内经济恢复向好趋势明显，下游消费逐步回温，煤制乙二醇行业开工负荷率逐步提升，但整体开工负荷仍然偏低。

4.5.2 煤制乙二醇下游行业发展

乙二醇位于聚酯产业链的中间环节，由原油常减压蒸馏得到石脑油，通过石脑油裂解生成乙烯，由乙烯作为原料合成乙二醇，0.855的PTA与0.335的乙二醇聚合得到PET（包括聚酯切片、涤纶长丝、涤纶短纤、聚酯瓶片、聚酯薄膜），最终应用于纺织品服装、包装材料、饮料瓶等终端领域。

乙二醇主要用于制造聚酯涤纶、聚酯树脂、吸湿剂、增塑剂、表面活性剂、化妆品等，其中聚酯领域是乙二醇最主要的应用领域，约占乙二醇消费总量的95%，其余5%的需求来自防冻液、乙二醛、聚氨酯、炸药、增塑剂、溶剂等。乙二醇整体应用范围广泛。

近年来，我国乙二醇的消费量不断增加，2008年我国乙二醇的表观消费量仅为703.6万吨，到2022年增加到了2075万吨，各时期均呈现增长势头。国内乙二醇约90%以上的需求来自聚酯PET，其余不到10%来自防冻液、不饱和树脂、聚氨酯等领域。

PET是由乙二醇与精对苯二甲酸（PTA）直接酯化得到的高聚物，占乙二醇消费的 95% 以上。它主要用于生产涤纶，包括涤纶长丝和涤纶短纤，最终应用到纺织企业；还有一部分用于生产聚酯瓶片，主要用于快消品包装；另有一小部分用于生产聚酯薄膜。近年来我国聚酯产能稳中有增：2018 年，我国有效聚酯产能为 5574 万吨，2022 年聚酯全年产能 7043 万吨，同比增长 5.51%；2022 年计划投产 756.5 万吨 / 年，实际投产 561.5 万吨 / 年，实际产量 5664 万吨，同比增速为 –1.06%。

截至 2023 年 8 月底，我国聚酯新增产能 777 万吨 / 年，已超 2022 年全年新增产能释放量。具体来看，长丝和瓶片新增产能投产较多，其中，长丝共计 377 万吨新增装置投产，瓶片共计 340 万吨新增装置投产，薄膜、短纤和切片分别有 20 万吨、30 万吨、10 万吨新增装置投产落地。整体来看，2023 年聚酯工厂库存压力不大，多数产品装置现金流在 2023 年 4 月前后集中检修之后，均得以不同程度修复，目前处于盈亏平衡点或小幅盈利状态，较 2022 年整体情况明显好转，这也提升了聚酯工厂投产意愿，聚酯新装置集中投产落地。

根据 2023 年聚酯装置投产计划来看，四季度仍有不少聚酯产能计划投产，合计 2023 年约有有 1164 万吨产能计划投产，其中，以长丝和瓶片为主，短纤涉及产能较少，整体来看，随着聚酯新增装置投产落地，对乙二醇需求将进一步增加。

2018—2021 年，我国化学纤维产量整体呈增长态势。2022 年受疫情等因素影响，终端消费需求减少，化学纤维产量同比下降 0.16%，产量小幅回落。2023 年以来，随着国内需求回暖，终端织造行业整体订单有所增加，多数企业开始主动补货，织造行业开工负荷大幅提升。2023 年 1—5 月，我国化学纤维产量为 2726.9 万吨，同比增长 2.7%。2023 年，随着纺织行业市场回暖，聚酯行业开工率逐步提升，将拉动乙二醇需求增长。乙二醇需求量将继续保持稳定增长态势。

从行业环境来看，2024 年中国乙二醇产能仍旧面临供应过剩的局面，乙二醇预计新投装置产能在 170 万吨，新增煤制装置仍需考虑利润问题；进口乙二醇因质量占有一定的优势，短期虽有减少，但体量仍较大，油制乙二醇在聚酯生产中仍占有较大的比重。

从供应面来看，未来乙二醇产能投放市场仍以油制乙二醇为主，作为传统工艺依然占据市场主导地位，纵使煤制乙二醇可以参与到防冻液、不饱和树脂和涂料的生产，但参与聚酯生产还是有一定的限制。目前我国已进入乙二醇的扩能末期，未来供需结构有望改变。

从需求面来看，未来聚酯产能虽有新增，但较上年也有一定下滑，但对乙二醇消耗仍有一定支撑，而前期乙二醇一直处于供应过剩局面，市场或将形成上游对下游的销售模式。未来5年聚酯产能新增在1026万吨/年附近，乙二醇新增产能在494.5万吨/年。

4.6 煤制芳烃产业链路线图分析

芳烃是有机化学工业最基本的原料，芳烃中的苯、甲苯、二甲苯更是石油化工重要的基础原料，其市场规模仅次于乙烯和丙烯。芳烃产品可以广泛用于合成树脂、合成纤维、合成橡胶、洗涤剂、增塑剂、染料、医药、香料、农药等工业，对发展国民经济，改善人民生活起着重要的作用。

芳烃是生产合成纤维的重要原料，其中对二甲苯（PX）和苯分别是现代纺织业使用最广泛的两种合成纤维——聚酯纤维和聚酰胺纤维的主要原料。聚酯纤维（中国商品名为“涤纶”）是市场上最经济、最常用的纤维，目前还没有新的合成或天然纤维可以取代它。聚酰胺纤维（中国商品名为“锦纶”，国外商品名为“尼龙”）用量排在合成纤维的第二位。另外，苯和PX分别是芳纶单体对苯二胺和对苯二甲酰氯的原料，因此，苯和对二甲苯可用于制取芳香族聚酰胺纤维（中国商品名为“芳纶”）。芳纶是一种高强度、低密度和耐磨性好的合成纤维，主要用于生产轮胎帘子线、橡胶补强材料、特种绳索，以及军工和航天材料，广泛应用在汽车、机电、航天航空、军工等重要领域。

煤制芳烃是新兴的芳烃生产技术，是指以煤为原料，通过煤气化技术进行芳烃的合成。煤制芳烃技术能实现资源综合利用最大化和大幅减少污染物排放的目标。中国煤制芳烃是继煤制烯烃、煤制天然气、煤制油等新型煤化工项目之后的第五大产品。煤制芳烃产业链路线图如附图6所示。

中国是PX生产大国，产能居世界第一。“十二五”期间，我国以PX、对苯二甲酸（PTA）、聚酯（PET）、聚酯纤维、聚酯塑料为主的芳烃产业链发展迅速，在我国形成了市场成熟、产业链完整、运营模式灵活等优势，一体化、智能化以及“互联网+”等新业态的出现也给芳烃产业的发展创造了机遇，最近也拥有了自主的大型芳烃联合装置技术。但同时，芳烃产业又面临初级原料缺乏、同质低价竞争、制造成本上涨等劣势。

目前，芳烃产业链的核心是PX。推动和支撑PX发展的力量是需求和技术，其中需求起着至关重要的作用。根据统计，2015 年我国 PX 产量 915 万吨，进口量达到了 1165 万吨，同比增长 16.8%，对外依存度高达 56%，我国 PX 供应缺口巨大，深刻影响到芳烃产业的发展。与此相对，下游 PTA、聚酯纤维产能过剩问题却在加剧。引导和合理规划芳烃产业链，尤其是 PX 的健康发展对纺织、化纤、塑料行业具有重要的意义。

原料煤经过煤气化工序生产合成气（CO、H_2），再合成甲醇，然后经过甲醇制芳香烃（MTA），再经过歧化反应生成对二甲苯（PX），进一步氧化产生对苯二甲酸（PTA）。主要装置包括煤气化装置、净化装置、甲醇合成装置、MTA 装置、PTA 装置。MTA 技术是整个流程的关键技术，是整个煤制 PTA 生产链中尚不成熟部分，最后的 PTA 工艺已相对成熟。

芳烃是大宗基础有机化工的重要原料，被广泛应用于服装面料、航空航天、交通运输、装饰装修、电器产品、移动通信等，目前中国年消费量超过 2000 万吨。近 10 年来，中国工程塑料、橡胶防老剂、染料等行业发展迅猛，对芳烃需求量巨大，芳烃的进口量多年来接近总需求量的 50%。在我国石油对外依存度逐渐增加的背景下，原来的芳烃增产道路变得越来越不可持续。我国芳烃生产主要依赖于石油原料，国内用石油生产的芳烃占到总量的 97% 以上。由于石油资源短缺，对外依存度高达 56.4%，导致近 10 年来一半以上的芳烃依赖进口。而进口价格居高不下，受制于主要进口国韩国和日本。

生产 1 吨芳烃需用 8 ~ 12 吨原油，我国富煤、贫油，用煤替代石油来生产芳烃从技术原理上是可行的，就是把煤先制成甲醇，再以甲醇为原料，在催化剂作用下生产出芳烃。这条技术路线上有三大关键技术，即煤制甲醇、甲醇芳构化和芳烃分离转化。第一和第三项在国内外都已有成熟技术，但甲醇制芳烃的工业化技术尚属空白。

4.7　煤分质清洁高效转化多联产技术

煤的多联产技术是指通过各种煤炭转换、利用技术的有机集成，获得多种洁净的二次能源和多种高附加值的化工副产品，以及用于工艺过程产生的有效能量。多联产的实质是多种产品生产过程的优化耦合，优化耦合之后的产品生产流程更加简洁，从而降低了成本。同时，通过对合成气的集中净化，SO_2、NO_x、粉尘等传统污染物接近零排放，温室气体 CO_2 的排放大大减少。煤炭多联产系统是煤气化、动力生产、燃料生产系统的集成，是跨行业、跨学科的巨大复杂系统，其复杂程度远远超过单个产品的生产。

煤的多联产对我国可持续发展意义重大，该技术具有以下优点：①实现煤炭资源的分级利用，实现煤炭资源的最大利用效率；②高效低污染地利用多样性煤炭资源（甚至也可以利用高灰、高硫和低热值的劣质煤）；③实现很高的煤炭利用经济效益；④实现系统稳定的优化运行（多联产系统的高度灵活性）；⑤实现煤炭资源利用对环境的极低污染（容易实现以废治废、废物利用、变废为宝）；⑥一个具有自身更新能力的开放系统（包括很多新型技术发展热点和行业）。

煤的多联产技术有煤 – 化工 – 建材 – 电力 – 冶金多联产（多联产方案路线图见附图 9）、煤 – 油 – 电 – 化多联产（多联产方案路线图见附图 10）、煤制乙二醇 – 芳烃 – 聚酯一体化多联产（多联产方案路线图见附图 11）、石油 – 煤 – 化工产品 – 高分子材料多联产（多联产方案路线图见附图 12）、煤 – 盐化工多联产（多联产方案路线图见附图 13）、煤 – 盐 – 油 – 化多联产（多联产方案路线图见附图 14）、煤干馏 – 半焦气化多联产（多联产方案路线图见附图 15）、煤 – 甲醇 – 醋酸 – 电多联产（多联产方案路线图见附图 16）、煤 – 二甲醚 – 电（一步法）多联产（多联产方案路线图见附图 17）、煤 – 二甲醚 – 电（两步法）多联产（多联产方案路线图见附图 18）、煤炭 – 钢铁 – 甲醇 – 电力多联产（多联产方案路线图见附图 19）、IGCC– 甲醇、醋酸多联产（多联产方案路线图见附图 20）、煤 – 电 – 水回用 – 油气多联产（多联产方案路线图见附图 21）、煤低温热解多联产（多联产方案路线图见附图 22）、煤 – 焦 – 化 – 电多联产（多联产方案路线图见附图 23）、煤炭深加工多联产（多联产方案路线图见附图 24）等。下文重点介绍煤分质清洁高效转化多联产技术。

煤分质清洁高效转化多联产技术是指在煤炭开采利用过程中，结合不同区域各类资源的禀赋，以及周边相关项目情况，以低阶煤的中低温热解产物与包括合成气、煤层气在内的各类生产和资源要素进行组合和优化配置，结合电力、化工、能源、冶金、合成纤维等生产路线的优越性，使各个生产过程耦合，取长补短，组成各具地域的、行业特色的、节能减排效果明显的循环经济产业多联产技术，从而达到能源高利用效率、低能耗、低投资、低运行成本以及最少的全生命周期污染物排放。

4.7.1 煤分质清洁高效转化多联产技术的开发系统

为更好开发煤分质清洁高效转化多联产技术，需建立其相关开发系统，如图 4.10

所示，即以低阶煤为原料，对其进行热解分质，焦油分质，热解气分质，半焦分质，三废、余热、余压循环利用技术研发，再进行系统耦合集成技术开发，最终建立完整的煤分质清洁高效转化多联产技术的开发系统。具体内容如下。

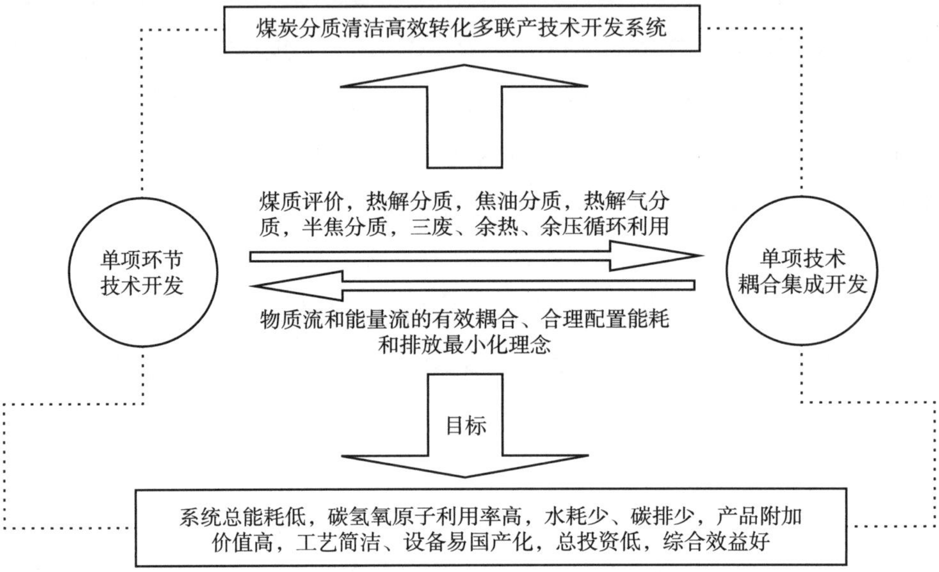

图 4.10　煤分质清洁高效转化多联产技术开发系统

（1）煤质评价

对可以代表矿区产品稳定性质的典型煤样进行分质利用相关的全面煤质分析，包括粒度、工业分析、元素分析、有害元素分析、发热量、可磨性、黏结性、灰熔融温度、灰成分、格金低温干馏试验、CO_2 反应性等指标。该环节可明确测试煤种是否适合热解，若有黏结性，一般用作炼焦煤种；若挥发分过低，一般用作动力煤、气化用煤；挥发分高，格金焦油产率高，是优良的热解用煤。

（2）热解分质

“粗线条”式确定适于热解的原料煤后，下一步需对其“细线条”热解分质。目前热解已形成多种技术，在考虑技术成熟度的基础上，粒径是甄选技术的重要因素。如块煤热解可选择已有数千万吨产能的立式炉，混煤、碎煤热解可选择煤气热载体分段多层低阶煤热解（SM-GF）工艺，粉煤热解可选择低阶粉煤气固热载体双循环快速热解（SM-SP）工艺。经热解，煤分质为半焦、焦油、热解气三态产物，后续分别分质加工。

（3）半焦分质

半焦具有含水率低、挥发分低、热值高、燃烧无烟等特点。根据半焦粒径及实际需求，粉焦或粒焦经研磨后可用于成型、气化、烧结、喷吹、制浆和燃烧发电，块焦或成型焦可用于制备电石、散烧、固定床气化等。

（4）焦油分质

以立式炉生产的煤焦油为原料，采用延迟焦化、全馏分加氢、悬浮床加氢等工艺生产汽油、柴油、溶剂油等的示范装置已建成多年并稳定运行。但随着全球能源消费格局的转变，制汽柴油技术的经济性逐渐降低。煤焦油中硫元素含量很低，H/C 比介于煤和石油之间，酚含量 35% 甚至更高，在制备航空煤油、橡胶油、变压器油、润滑油基础油等特种油品方面竞争力逐渐提升，陕煤集团和中国航天科技集团共同研制的煤基航天煤油已成功应用于火箭发动机。近年来，实现了煤焦油的分段采出，不同阶段采出的煤焦油馏分、组成不同，可用于提取、加工不同化产品。其中，优先采出的煤焦油芳潜含量高，是制备芳烃的优良原料，重质煤焦油可制备针状焦。

（5）热解气分质

热解气品质与热解工艺密切相关。当前成熟工艺立式炉热解的热解气品质较差，氮气体积分数接近50%，热值7560千焦/立方米左右，大多用于发电以及供金属镁厂、铁合金厂作为燃料。SM-GF 工艺热解气有效成分大于 85%，氢体积分数大于 35%。相较于传统兰炭煤气制氢，此类高品质热解气制氢的经济效益更显著。高品质热解煤气可进一步用于提甲烷、制合成气及相关下游技术。

（6）三废、余热、余压循环利用技术

分质利用过程中，单项技术可能会产生高污染物浓度，难处理的废气、废渣、废水以及低品位难以直接利用的余热、余压。而低阶煤分质利用系统以逐级分质转化高效利用为核心，以大型项目为载体，组成一个对低变质煤充分利用的完整产业链。在转化过程中的各种物料条件及废弃物逐级分质优化利用，构建“上游产品为下游原料，上游副产物、排放物作为下游原料资源化利用，余热余压物尽其用，下游产品延伸发展”的物流链，变废为宝，节约能源，减少排放，保护环境。如热解废水具有高化学需氧量（COD）、高酚的特点，处理成本很高，但可将其与半焦粉制浆、水焦浆气化制合成气，实现高效处置；热解干法熄焦过程中常产生 200℃左右的循环气，这部分低品质热量难以直接应用于热解技术，但可以干化污水处理系统所产污泥。

（7）系统耦合集成技术开发

当前研究大多专注于热解、焦油加氢、热解气提氢等单项技术。随着单项技术的突破，分质利用系统耦合集成技术必将成为突破整体工艺系统节能减排瓶颈的关键。

系统耦合集成技术是将一个生产工艺与另一生产工艺进行优化集成，在化学反应、催化剂、传热、传质和动量传递等方面进行匹配，从而实现物质流和能量流的有效耦合，并以合理配置能耗和排放最小化为理念，实现系统总能耗低，碳氢原子利用率高，水耗少、碳排少，产品附加值高的目标，进而研发出新技术、新装置和新工艺。

4.7.2 煤分质清洁高效转化多联产技术的模式

煤分质清洁高效转化多联产技术是一个非常复杂的系统工程，不是多种技术的任意简单叠加，而是以资源合理利用为前提，建立在相关技术发展水平之上，以提高资源利用价值、利用过程效率、经济效益及减少环境污染等综合目标函数的多个子系统的优化集成。重点以陕西煤业化工集团在煤分质利用领域的基础研究、技术探索和工业实践为例，基于陕北的资源禀赋，目前煤分质清洁高效转化多联产技术的模式主要有煤 - 油 - 电 - 化多联产模式和煤 - 盐 - 油 - 化多联产模式。

4.7.2.1 煤 - 油 - 电 - 化多联产模式

在陕西已查明的1700多亿吨煤炭中，富油煤（根据煤田地质学对富油煤的定义，格金焦油产率大于7%为富油煤）占比超过85%，达1500多亿吨，居全国之首。通过以煤热解为龙头的煤分质利用技术，可将富油煤中国家紧缺的油气资源优先进行提取，实现富油煤从燃料向燃料 + 原料的转化，从而充分发挥资源优势、实现多元化补充油气短缺、保障能源的安全稳定供给。煤 - 油 - 电 - 化多联产模式方案如附图10所示。工业化试验结果表明，1吨煤热解后可得到100～180千克煤焦油、60～100立方米纯热解煤气以及约600千克洁净高热值半焦。煤焦油中含有多种难以通过经济的石油化工路线获得的酚类、芳烃、环烷基特种油品及精细化学品；热解煤气中的 H_2、CH_4 和 CO 体积分数占到85%以上，可以进一步与 H_2 和 CH_4 制成纯氢和液化天然气，或催化转化成化学品；块煤生产的半焦可作电石、铁合金等，粉煤可与煤分选过程中的煤矸石一起用于发电，同时也可气化进一步催化转化为油品或者其他化学品，粉焦本身也可作为高炉喷吹料和无烟燃料。全过程产生的水分经简单处理即可利用，热解过程只有煤中化合水进入焦油，熄焦能量回收用于原料预热。因此煤炭热解能效根据工艺不同可达80%～93%，几乎不消耗新鲜水，CO_2 排放极低，1吨原料煤仅产生废水约50千克，该废水还可耦合煤气化进行资源化利用。

4.7.2.2 煤 - 盐 - 油 - 化多联产模式

陕北盐田是国内罕见的巨型岩盐矿田，具有分布面积广、含盐层稳定、存量大、品位高、盐质好和埋藏深等特点，储量约占全国岩盐总储量的28%。陕北地区集“一白（盐）一黑（煤）”2种资源于一体，发展煤－盐－油－化多联产模式的条件得天独厚。立足于陕北地区的煤炭和岩盐资源优势，以新型粉煤中低温热解和传统氯碱化工为龙头，下游初步设想发展清洁能源、碳一化工和新型盐化工等特色支柱产业，打造“资源优化配置、技术先进环保、产品高端化延伸”、具备核心竞争力和陕北地域特色的煤、盐清洁高效综合利用产业。煤－盐－油－化多联产模式方案，如附图14所示。丰富了煤化工和盐化工产业各自领域的产品链，提高了产品附加值，能耗指标和经济指标均明显优于单一的煤气化利用模式和单一的盐化工产业。

4.7.3　煤分质清洁高效转化多联产技术在陕煤集团的实践

陕煤集团自成立近20年以来，致力于中国煤炭分质利用领域的基础研究、技术探索和工业实践，在煤炭中低温热解、煤焦油加工、半焦利用、热解气利用、制化学品、节能环保等领域开展了大量技术研究和工业探索工作。经技术积累和工业化探索，在煤炭热解和焦油加氢方面均取得了重大突破，且已初步形成了低阶煤的分质利用技术体系，技术体系如图4.11所示。

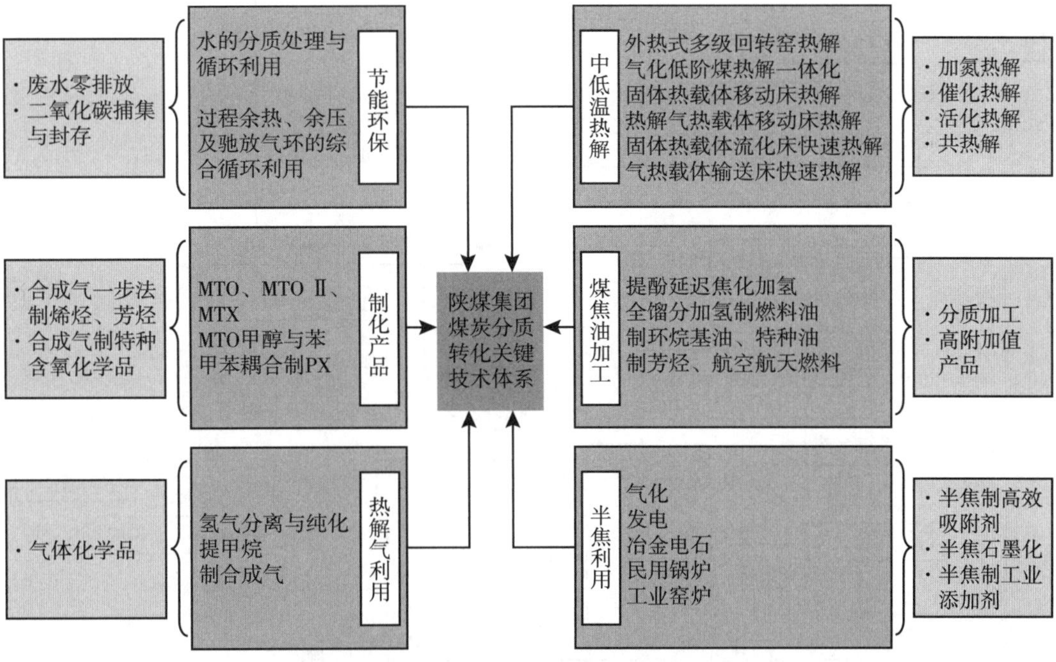

图4.11　陕煤集团煤炭分质利用关键技术体系

目前，4 项煤炭热解技术已通过国家鉴定，2 项热解技术已完成大型工业化示范，1 项粉煤快速热解技术百万吨级示范装置即将建成投产，2 项煤制烯烃技术已实现工业化，2 项煤制 PX 技术已完成工业化试验，2 项煤焦油加氢技术已实现工业化，1 项煤焦油制环烷基油及火箭煤油技术、1 项煤焦油制芳烃及军用油品技术已建成投产。

陕煤集团“十四五”期间将着力推进榆林化学 1500 万吨 / 年煤炭分质清洁高效转化示范项目，围绕该项目打造国家级煤炭分质利用工业试验基地，促进陕北能源化工产业的转型升级。建设1350万吨/年煤热解、粉焦气化、甲醇制烯烃、煤焦油加氢、芳烃联合和烯烃 / 芳烃深加工工程等主装置。生产以树脂材料、化工新材料为主的 30 余种能化产品，总产品量 860.36 万吨 / 年。目前项目已完成工程建设方案的优化及全系统物质能量循环利用设计，并开工建设，预计 2024 年全部建成投产。

陕煤集团榆林化学 1500 万吨 / 年煤炭分质利用多联产技术方案如图 4.12 所示。该方案主要通过煤热解、气化等系列深加工技术的系统集成，生产包括聚烯烃、聚酯、聚碳、聚苯乙烯、丙烯酸酯等各类产品，建设内容主要为煤热解、气化、甲醇制

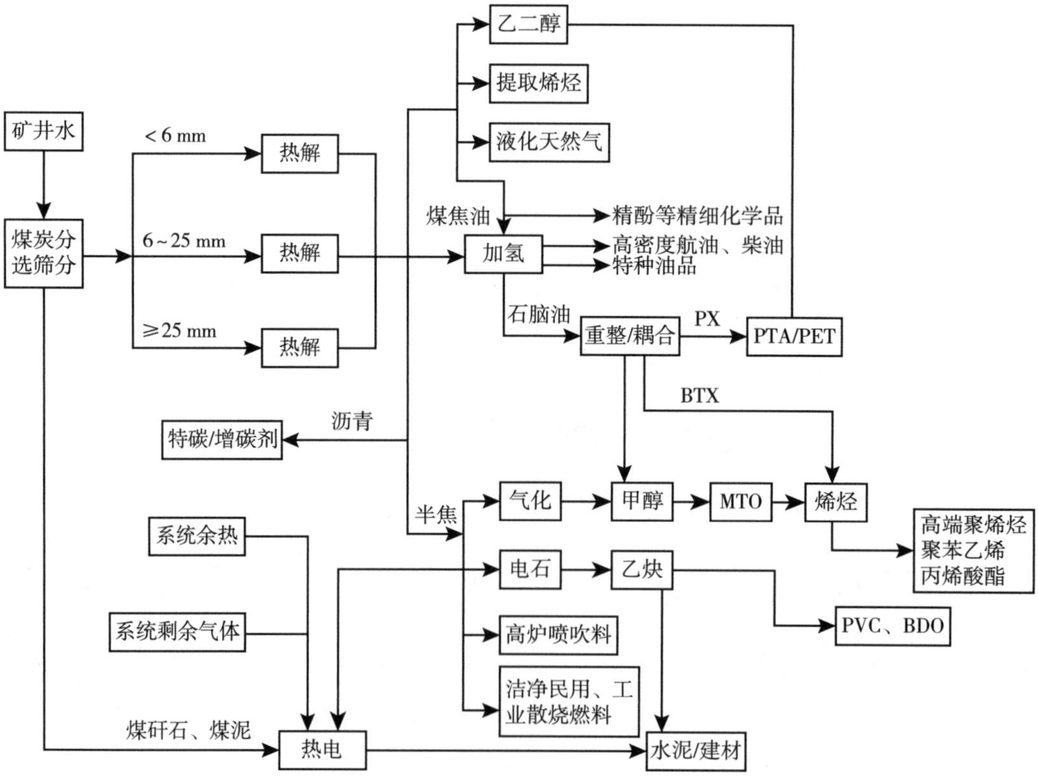

图 4.12　陕煤集团榆林化学煤炭分质利用多联产技术方案

烯烃、柴油加氢、芳烃深加工、可降解塑料及电池电解液产品装置，项目最终产品为包括高吸水性树脂、聚酯、聚碳酸酯、丁苯橡胶等在内的高端聚烯烃、高端工程塑料、特种橡胶和高性能纤维等化工新材料产品，以及航空煤油、环烷基油等高端油品和 LNG 等。

主要装置包括 1350 万吨 / 年煤热解（含临氢热解）装置、560 万吨 / 年甲醇装置、148 万吨 / 年甲醇制烯烃装置、31500 标准立方米 / 时电解水制氢装置、190 万吨 / 年柴油加氢、150 万吨 / 年重整芳烃联合、70 万吨 / 年轻烃芳构化、220 万吨 / 年精对苯二甲酸装置、240 万吨 / 年聚酯装置、26 万吨 / 年聚碳酸酯、30 万吨 / 年聚丙烯（PP）、30 万吨 / 年聚乙烯（FDPE）、40 万吨 / 年聚乙烯 – 醋酸乙烯（EVA）、5 万吨 / 年聚烯烃弹性体（POE）、100 万吨 / 年碳酸二甲酯（DMC）、22 万吨 / 年高吸水性树脂、30 万吨 / 年聚对苯二甲酸 – 己二酸丁二醇酯（PBAT）、6.78 万吨 / 年可生物降解生物材料（PBS）、3 万吨 / 年四氢呋喃均聚醚（PTMEG）、21 万吨 / 年碳酸乙烯酯（EC）、8 万吨 / 年聚 3– 羟基丙酸（PPL）、33 万吨 / 年聚醚多元醇、70 万吨 / 年环氧丙烷、15 万吨 / 年碳酸甲乙酯（EMC）、60 万吨 / 年碳酸二乙酯（DEC）、60 万吨 / 年聚碳酸亚丙酯（PPC）等装置及配套公用工程和辅助设施，生产以树脂材料、化工新材料、可降解树脂、电池电解液为主的 30 余种产品，总产品量 875.56 万吨 / 年，主要产品量为 831.72 万吨 / 年。

4.8　现代煤化工高端发展案例

现阶段现代煤化工产业链短、上下游联系缺乏、布局分散等弊端日趋凸显，产业仍以单项技术示范为主，多数产品存在交叉和重叠，且同类产品的水耗、能耗、碳排放更高，但在生产特种燃料、高碳低氢化学品、高碳高氧化学品等更符合煤炭原料组成结构和煤化学反应特性产品方面具有市场竞争力和发展潜力，在面对大型炼化一体化基地时缺乏竞争力。在“双碳”目标下，现代煤化工在延链、补链、强链和清洁低碳化生产的基础上，现代煤化工产业应加快从“替代石化产品”的高碳排放产业向“发挥煤炭原料特性”的绿色低碳产业转型升级，构建具有比较优势的高端化差异化产品体系，坚持清洁低碳化生产，推进与清洁低碳能源、石油化工等多产业的耦合协同，打造具有竞争力的“煤、油、化、新材料、新能源”一体化的高端化、多元化、低碳化基地，以原料煤为基础，多种原料、多种能源深度耦合制备高端化差异化产品，推动现代煤化工产业高质量可持续发展，具体实施路径如图 4.13 所示。

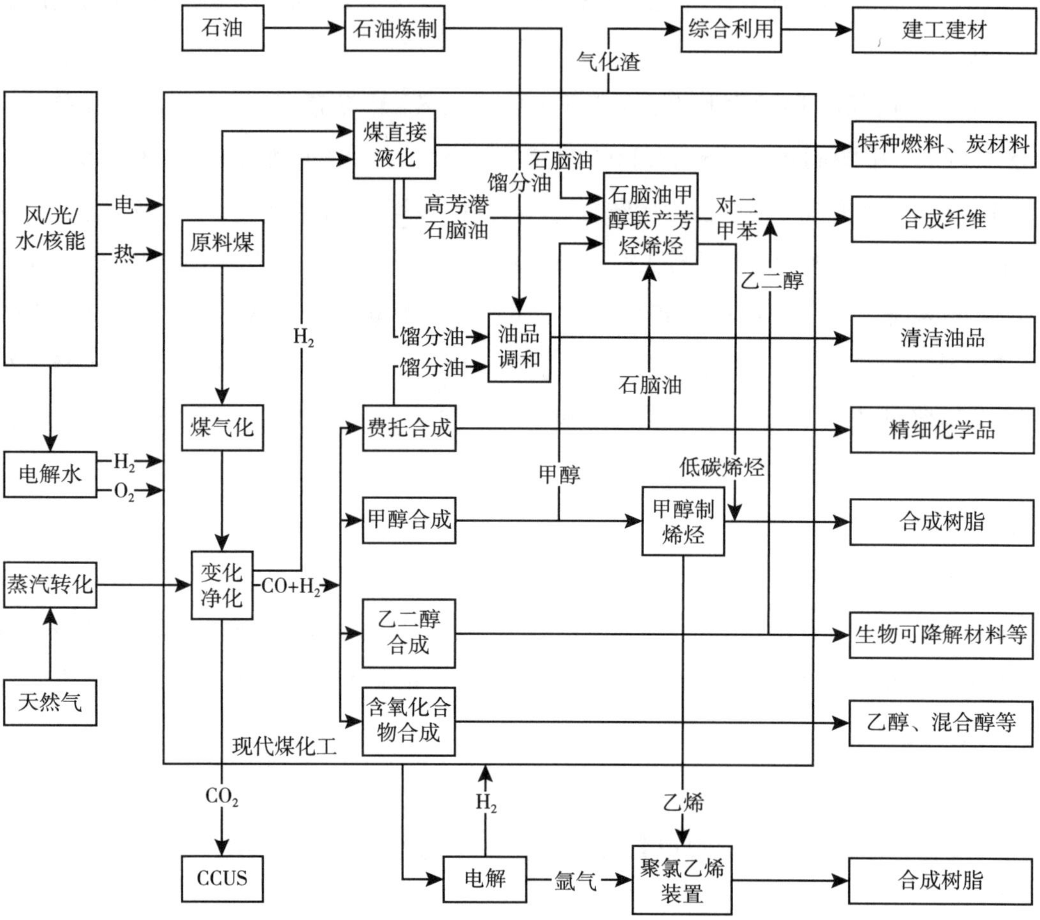

图 4.13　现代煤化工与其他产业耦合协同发展示意图

现代煤化工产业在提升国家能源安全保障能力、拓宽石化原料渠道、推动煤炭清洁高效利用领域取得了长足进步，在“双碳”目标下，应加快推进产业融合和一体化循环经济建设，探索形成以现代煤化工为核心的油气化电多联产新模式（图 4.14）；探索与煤炭、冶金、电力、纺织等产业融合发展，提高煤炭转化整体效益和清洁高效利用水平。

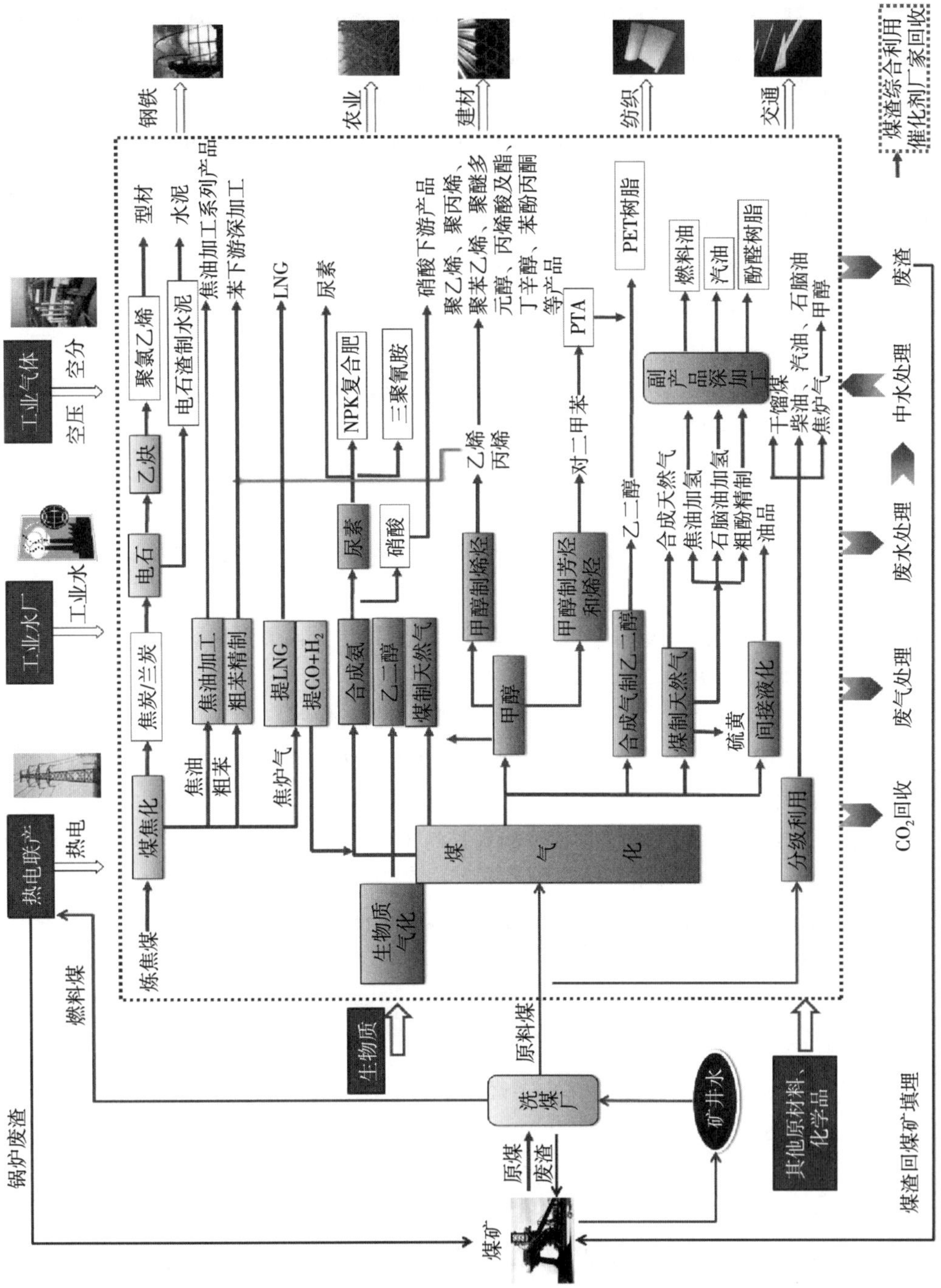

图 4.14　现代煤化工高端发展示例

参考文献

[1] BEHERENS M，STUDT F，SCHLOEGL R，et al. The active site of methanol synthesis over Cu/ZnO/Al_2O_3 industrial catalysts [J]. Science，2012，336：893-897.

[2] CHEN M J，FEDER H M，RATHKE J W. A General homogeneous catalytic method for the homologation of methanol to ethanol [J]. Journal of the American Chemical Society，1982，104（25）：7346-7347.

[3] XU X Y，LIU Y，ZHANG Y L，et al. Clean coal technologies in China base on methanol platform [J]. Catalysis Today，2017，298：62-64.

[4] 安高军，熊春华，鲁长波. 煤基合成柴油的性质与发动机试验研究 [C]//2011 中国汽车工程学会年会论文集. 2011.

[5] 常鸿雁，张元新，李克健，等. 煤液化沥青制备针状焦的试验研究 [J]. 煤炭技术，2017，36（8）：274-276.

[6] 陈洪派，商辉，孔志媛. 甲醇制烯烃工艺技术发展现状 [J]. 现代化工，2022，42（8）：80-84，88.

[7] 公磊，吴秀章，卢卫民，等. 煤基高温费托合成技术进展 [J]. 化工进展，2016，35（增刊1）：122-128.

[8] 宫晓颐，张胜振，盛英，等. 一种从煤直接液化残渣中分离芳烃树脂的多组分芳烃熔混剂：CN103254921A [P]. 2013-08-21.

[9] 国家能源局和科学技术部. "十四五"能源领域科技创新规划 [R]. 2022.

[10] 韩洪军，麻微微，方芳，等. 煤制烯烃废水处理与回用技术解析 [J]. 环境工程，2017，35（2）：24-27.

[11] 黄格省，胡杰，李锦山，等. 我国煤制烯烃技术发展现状与趋势分析 [J]. 化工进展，2020，39（10）：3966-3974.

[12] 黄戒介，房倚天，王洋. 现代煤气化技术的开发与进展 [J]. 燃料化学学报，2002，30（5）：385-391.

[13] 霍鹏举. 低阶煤的分质利用技术现状及发展前景 [J]. 应用化工，2018，47（10）：2287-2291.

[14] 赖先熔，黎园，陈仕萍，等. 甲醇制芳烃技术的发展现状 [J]. 石化技术与应用，2014，32（1）：80-85.

[15] 李晨，李继霞，于海斌，等. 甲醇制烯烃工业化发展进程及现状 [J]. 化工进展，2010，29（增刊1）：317.

[16] 李辉，朴英，曹文杰，等. 高热安定性煤基喷气燃料理化性能的试验研究 [J]. 煤炭学报，2016，41（9）：2348-2351.

[17] 李江兵. 提高费托合成低碳烯烃含量的研究 [D]. 上海：华东理工大学，2014.

[18] 梁鹏，巩志坚，田原宇，等. 固体热载体煤热解工艺的开发与进展 [J]. 山东科技大学

学报（自然科学版），2007，26（3）：32-36.
[19] 刘兵，彭宝仔，方薪晖，等. 水煤浆气流床的气化能效比较［J］. 煤炭转化，2018，41（4）：62-66.
[20] 刘均庆，宫晓颐，郑冬芳，等. 煤直接液化残渣制备中间相沥青炭纤维［J］. 功能材料，2015，46（增刊2）：176-180.
[21] 刘明亮，韩勇，栗波. 航天炉粉煤气化系统氯元素迁移规律的研究［J］. 煤化工，2018，45（1）：10-12.
[22] 刘团会. 煤间接液化制油的研究［D］. 西安：西北大学，2007.
[23] 鲁野. 费托合成催化剂制备及工艺研究［D］. 北京：北京化工大学，2018.
[24] 倪建军，崔洁. 气流床煤气化高位热能分级回收技术研究［J］. 锅炉技术，2020，51（5）：11-15.
[25] 全翠，王惠惠，高宁博. 煤热解影响因素与油品提质研究进展［J］. 煤炭科学技术，2020，48（增刊1）：187-193.
[26] 沙兴中，杨南星. 煤的气化与应用［M］. 上海：华东理工大学出版社，1995.
[27] 尚建选. 低阶煤分质利用［M］. 北京：化学工业出版社，2021.
[28] 尚建选，马宝岐，张秋民，等. 低阶煤分质转化多联产技术［M］. 北京：煤炭工业出版社，2013.
[29] 尚建选，牛犇，牛梦龙，等. 以煤热解为龙头的煤分质利用技术：回顾与展望［J］. 洁净煤技术，2023，29（7）：1-20.
[30] 宋子阳，刘建忠，王明霞，等. 煤化工废水对水煤浆气化合成气影响模拟计算［J］. 热力发电，2019，48（12）：82-86.
[31] 孙启文，吴建民，张宗森，等. 煤间接液化技术及其研究进展［J］. 化工进展，2013，32（1）：1-12.
[32] 王青. 带式炉褐煤提质工艺及经济性分析［J］. 煤化工，2013，41（6）：16-18，48.
[33] 烯烃及高端下游. 一文了解国内 MTO 产能及发展趋势［EB/OL］.（2023-06-13）. https://chem.vogel.com.cn/c1302436.shtml.
[34] 谢克昌，王永刚，田亚峻，等. 碳约束条件下我国煤炭转化优化研究报告［R］. 2018.
[35] 解娅男，李复. 基于 Aspen Plus 的煤气化黑水处理方案对比［J］. 煤炭技术，2019，38（12）：147-149.
[36] 邢爱华，孙琦. 甲醇制芳烃催化剂开发进展［J］. 现代化工，2013，33（3）：29-32.
[37] 熊春华，安高军，鲁长波，等. 煤基直接液化低凝点柴油试验研究［J］. 中国石油大学学报（自然科学版），2017，41（5）：182-186.
[38] 许祥静，刘军. 煤炭气化工艺［M］. 北京：化学工业出版社，2008.
[39] 张德祥. 煤制油技术基础与应用研究［M］. 上海：上海科学技术出版社，2013.
[40] 张胜振，盛英，刘均庆，等. 中间相沥青及其制备方法：CN104004536A［P］. 2014-08-27.

[41] 赵海坤. 年产100万吨煤间接液化合成油过程模拟及分析 [D]. 太原：太原理工大学，2012.
[42] 赵旭，张一昕，苗泽凯，等. 气化飞灰精准分离及资源化利用 [J]. 洁净煤技术，2019，25（1）：41-46.
[43] 郑妍妍，唐强，王金福，等. 聚甲氧基二甲醚的研究进展及前景 [J]. 化工进展，2016，35（8）：2412-2419.
[44] 周琦. 低阶煤提质技术现状及完善途径 [J]. 洁净煤技术，2016，22（2）：23-30.

附　图

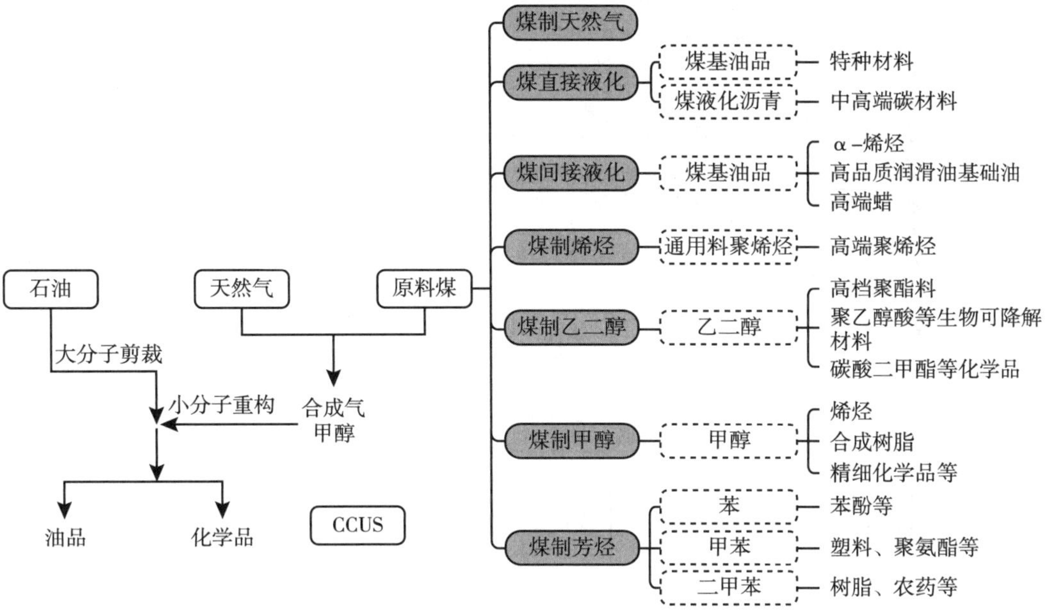

附图 1　煤炭清洁高效转化产业技术路线图

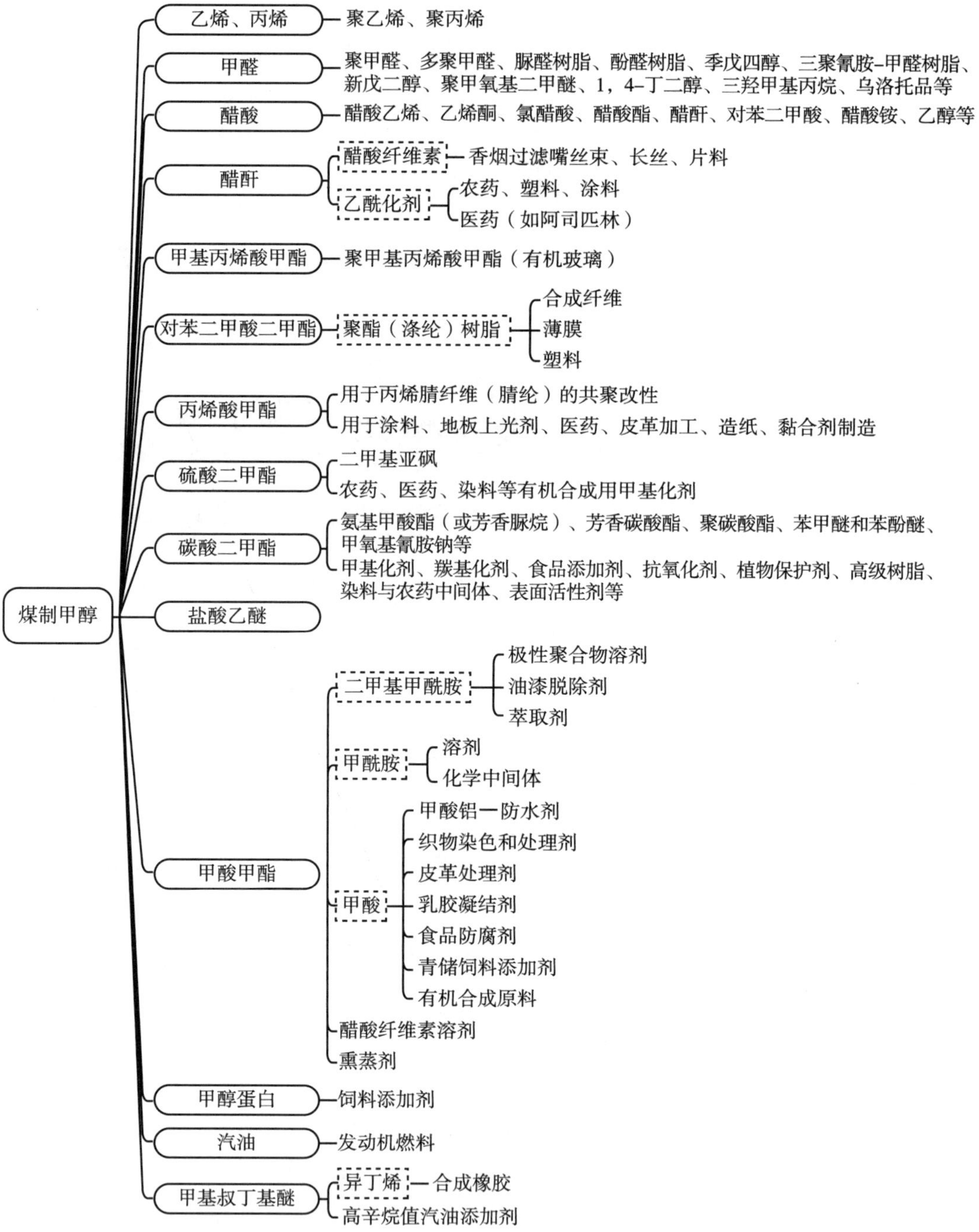

（1）

附图2　煤制甲醇产业链路线图

- 煤制甲醇
  - 甲胺
    - 甲胺
      - 表面活性剂
      - 显影剂
      - 医药、燃料、杀虫剂中间体
      - 萃取剂
    - 三甲胺
      - 胆碱——饲料添加剂
      - 杀菌剂
    - 二甲胺
      - 二甲基甲酰胺
        - 萃取剂
        - 合成纤维溶剂
      - 浮选剂
      - 抗氧剂
      - 二甲基烷基胺
        - 叔胺氧化物
        - 表面活性剂
        - 苄基季铵化合物
        - 杀菌剂
      - 染料
      - 生皮脱毛剂
      - 3,4–二氯苯氧基乙酸盐——除锈剂
  - 草酸二甲酯
    - 增塑剂
    - 医药有机合成中间体
    - 医药中间体
  - 磷酸三甲酯——主要用作农药、医药的溶剂及萃取剂
  - 亚磷酸三酯
    - 农药（如磷胺、久效磷、速效磷、敌敌灵、二溴磷、杀虫畏等）
    - 塑料和木材的阻燃剂、聚合催化剂、涂料添加剂
  - 丙酸甲酯——用作硝酸纤维素、涂料、清漆、喷漆溶剂及皂用香料
  - 邻苯二甲酸二甲酯
    - 醋酸纤维素增塑剂
    - 驱虫剂
  - 环氧乙酰篦麻油酸甲酯——聚氯乙烯用耐寒性增塑剂
  - 甘氨酸——食品（调味剂、合成酒、酿造制品、奶油、人造奶油和干酪的延长保质期添加剂）；医药（氨基酸制剂、金霉素缓冲剂、L–多巴）；有机合成、生物化学试剂和溶剂
  - 二甲基硫醚
    - 二甲基亚砜——合成纤维溶剂、液压流体
    - 城市煤气赋臭剂、工业净化剂、药物渗透剂、有机合成及聚核反应溶剂
  - 氯甲酸甲酯——农药（灭草灵、多菌灵）、医药、催泪性毒气
  - 氯乙酸甲酯——农药（乐果、氧乐果）、医药、溶剂、表面活性剂、黏结剂
  - 芳烃（见煤制芳烃产业链路线图）
  - *O,O*–二甲基二硫代磷酸酯——农药（乐果、马拉硫磷等）
  - 二氯乙酸甲酯——医药（合霉素、氯霉素等）
  - 邻苯二甲酸二甲氧基乙酯——增塑剂（用于醋酸纤维），电缆涂料、层压塑料黏合剂、电线用高强度漆
  - *N*–甲基苯胺——有机合成中间体、溶剂、酸接受体
  - 对茴香胺——染料（枣红色基GP、蓝色盐VB、色酚AS–RL等冰染染料）；医药（阿的平等）
  - 邻茴香胺——偶氮染料、冰染染料、色酚AS–OL等；医药（愈创木酚、安痢平等）、香兰素

（2）

附图 2　煤制甲醇产业链路线图

- 煤制甲醇
  - 溶剂、防冻剂
  - 红色基RC
    - 冰染染料的色基（用于棉、麻、黏胶）
  - 磷羟基苯甲酸甲酯
    - 医药（牙齿防腐、消毒、消炎、镇痛）、杀虫剂、杀菌剂、香料、化妆品、油墨、涂料、合成纤维助染剂
  - 三氟氯乙烯
    - 氟塑料、氟橡胶、氟氯润滑油
    - 吸入麻醉剂、防腐剂（以氟取代甾体、碳水化合物中的羟基）
  - 2–甲基–4–氨基–5–（乙酰氨基甲基）嘧啶
    - 维生素B_1的中间体
  - *N*,*N*–二甲基甲酰胺
    - 农药（杀虫脒）
    - 医药（合成磺胺嘧啶、可的松、维生素B_6等）
    - 抽提丁二烯溶剂（用于制聚氨酯、聚丙烯腈、聚氨乙烯等）
  - *N*,*N*–二甲基苯胺
    - 碱性染料重要中间体，也用于香料、橡胶促进剂、炸药、农药、医药等
  - *O*,*O*–二甲基硫代磷酰一氯
    - 农药中间体，可制杀螟松、杀螟腈、1605、甲基1605、甲胺磷等
  - 二甲醚
    - 硫酸二甲酯、乙酸甲酯、乙烯
    - 特殊燃料、制冷剂、麻醉剂
  - 甲硫醇
    - 用于染料、农药、医药的合成
    - 甲烷磺酰氯、甲硫基丙醇
  - 氯甲醚
    - 氯甲基化剂，主要用于生产阴离子交换树脂
  - 四氯化碳
    - 溶剂、谷物熏蒸剂、灭火剂、有机物氯化剂、香料浸出剂、纤维脱脂剂、药物萃取剂、氟利昂、杀钩虫剂
  - 发动机燃料
  - 氯甲烷
    - 氟里昂
    - 发泡剂、氟硅烷化合物
  - 10–十一碳烯酸
    - 合成香料的原料（如桃醛、聚环十五内酯等）;抗生素、皮肤霉菌药的原料
  - 苯磺酸甲酯
    - 烷基化剂、染料（艳绿FFB）辅助原料
  - 月桂醇
    - 增塑剂、表面活性剂、矿物浮选剂、植物生长调节剂、润滑油添加剂、特种化学品
  - 聚乙烯醇
    - 纺织经纱浆料
    - 聚乙烯醇缩甲醛纤维（维尼纶）
    - 聚乙烯醇缩丁醛
    - 胶黏剂、纸张浆、涂料、聚合辅料等
  - 乙二醇单甲醚
    - 溶剂、试剂、涂层稀释剂、染料渗透剂和均染剂、密封剂
  - 1,2–丙二醇–1–单甲醚
    - 溶剂、分散剂、稀释剂（用于涂料、油墨、印染、农药、纤维素、丙烯酸酯等工业）、燃料抗冻剂、清洗剂、萃取剂、有色金属选矿剂等
  - 一缩二丙二醇单甲醚
    - 溶剂（涂料、染料）、刹车油
  - 甲醇钠
    - 缩合剂、强碱性催化剂及医药（VB_1、VA、磺胺嘧啶）、农药、食用脂肪处理催化剂
  - 甲缩醛
    - 阴离子交换树脂、溶剂、特种燃料、香料、格利尼亚反应和雷帕反应的反应介质
  - 溴甲烷
    - 杀虫剂、杀菌剂、谷物熏蒸剂、木材防腐剂、制冷剂、低沸点溶剂、增湿剂等

（3）

附图 2 煤制甲醇产业链路线图

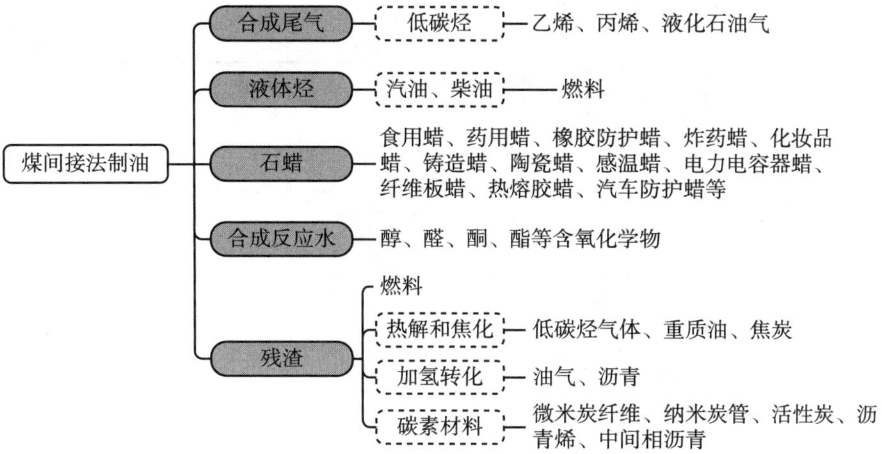

附图 3 煤间接制油产业链路线图

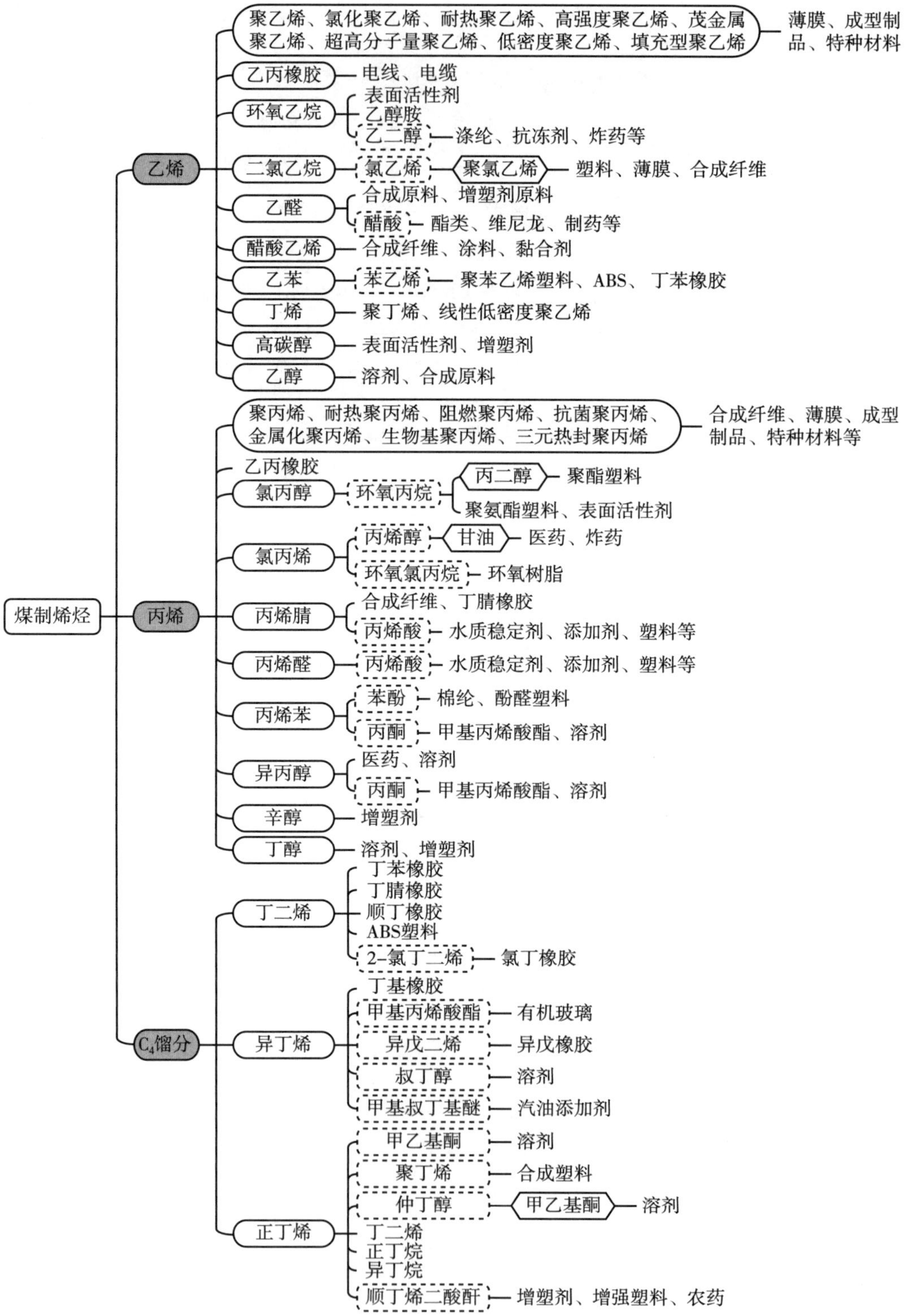

附图 4　煤制烯烃产业链路线图

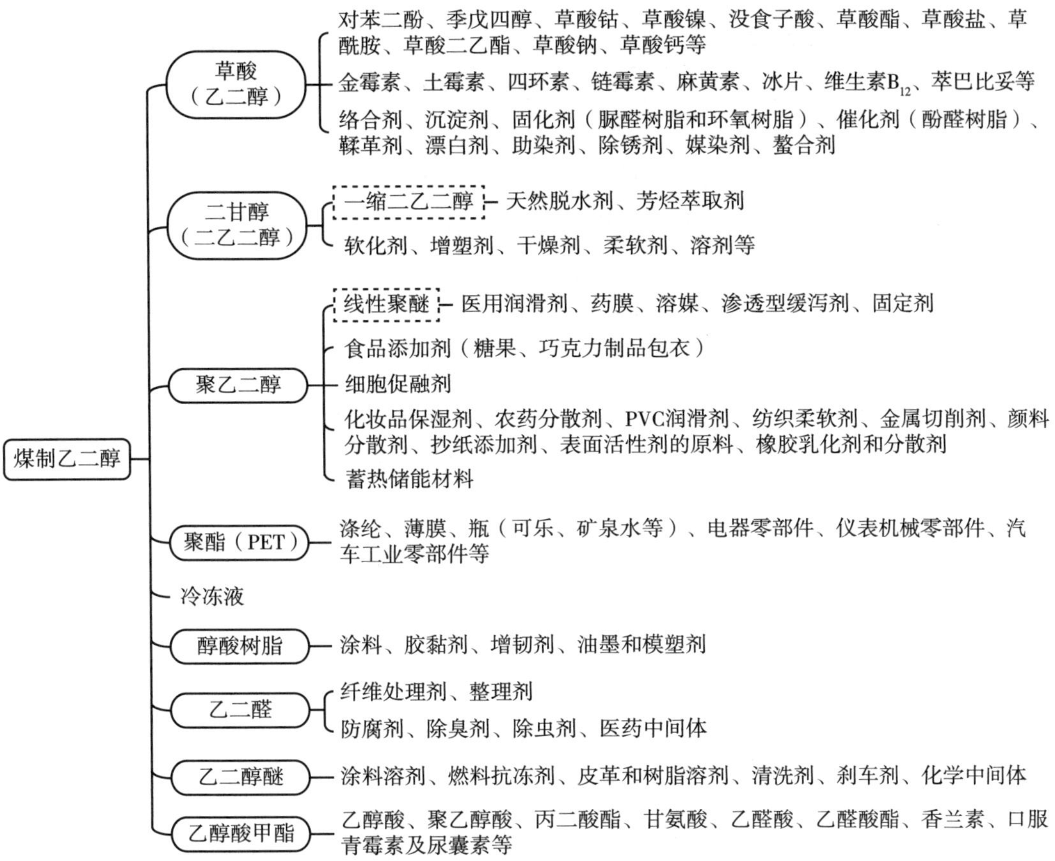

附图 5　煤制乙二醇产业链路线图

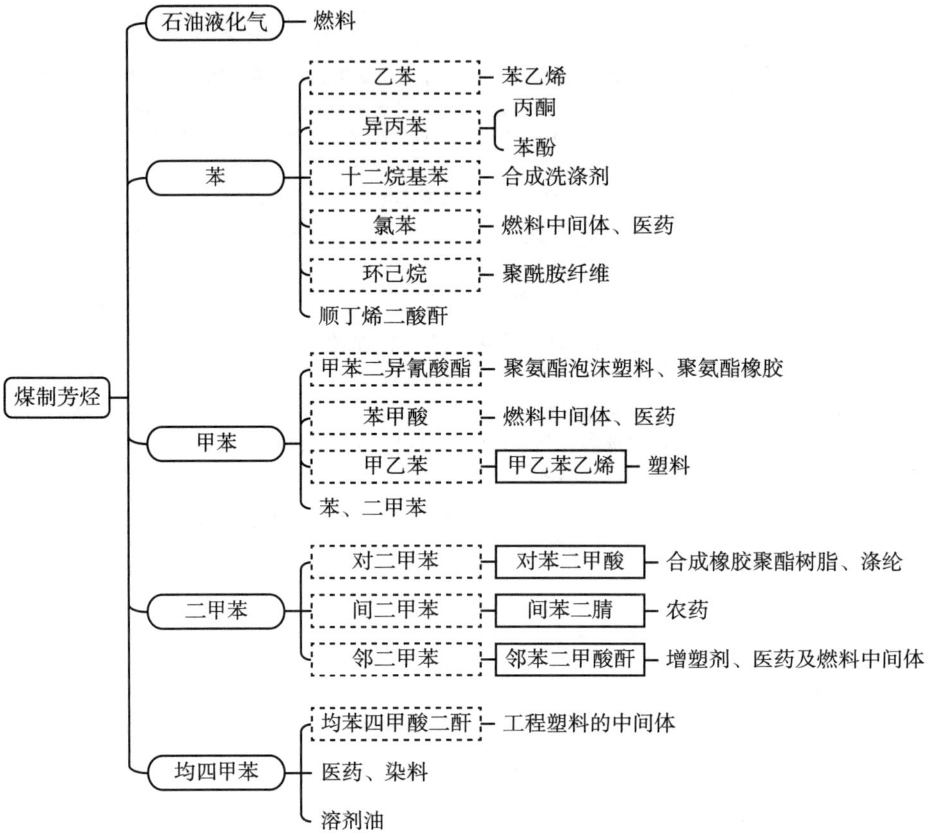

附图 6　煤制芳烃产业链路线图

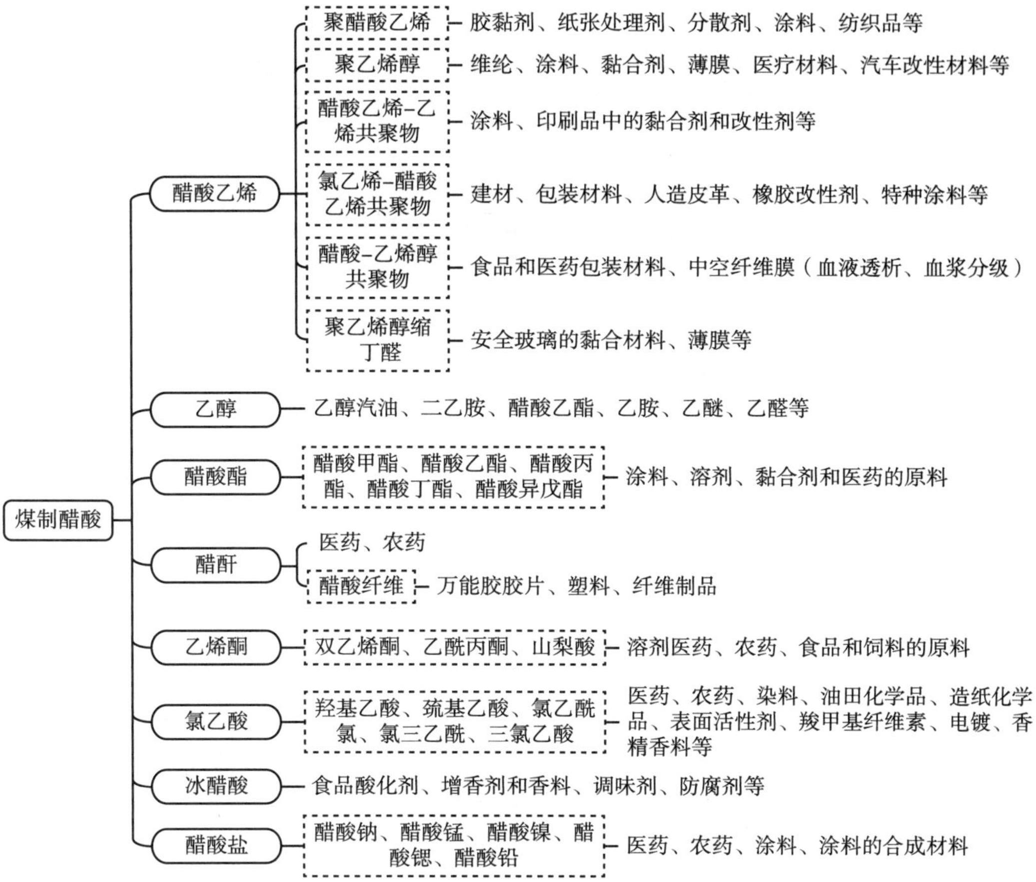

附图 7　煤制醋酸产业链路线图

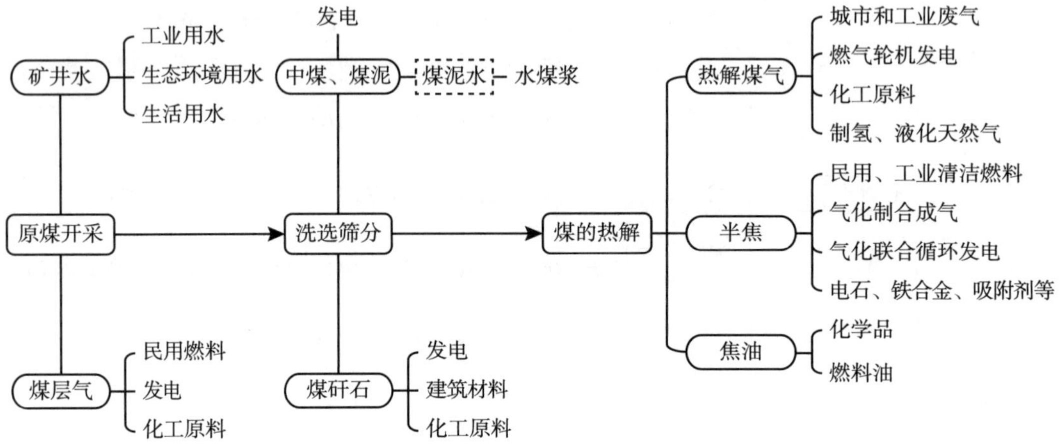

附图 8　低阶煤四级分质清洁高效转化产业链路线图

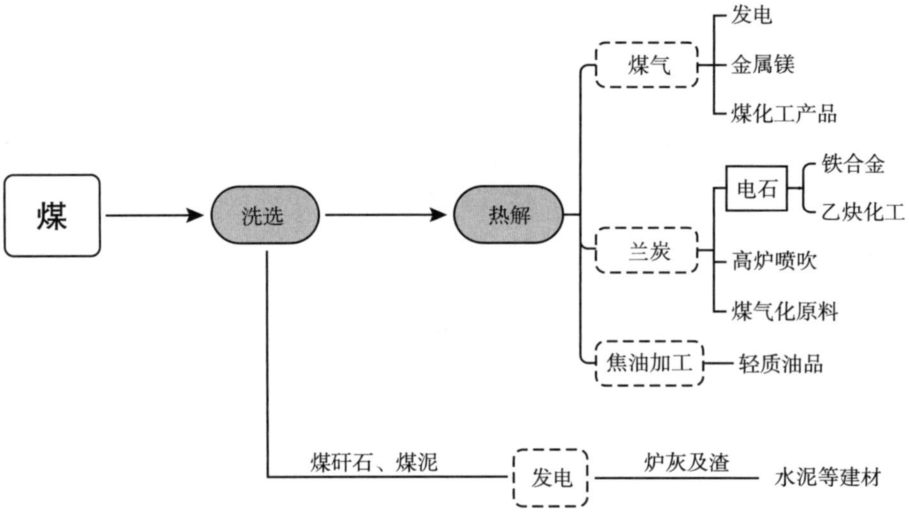

附图 9　煤－化工－建材－电力－冶金多联产方案路线图

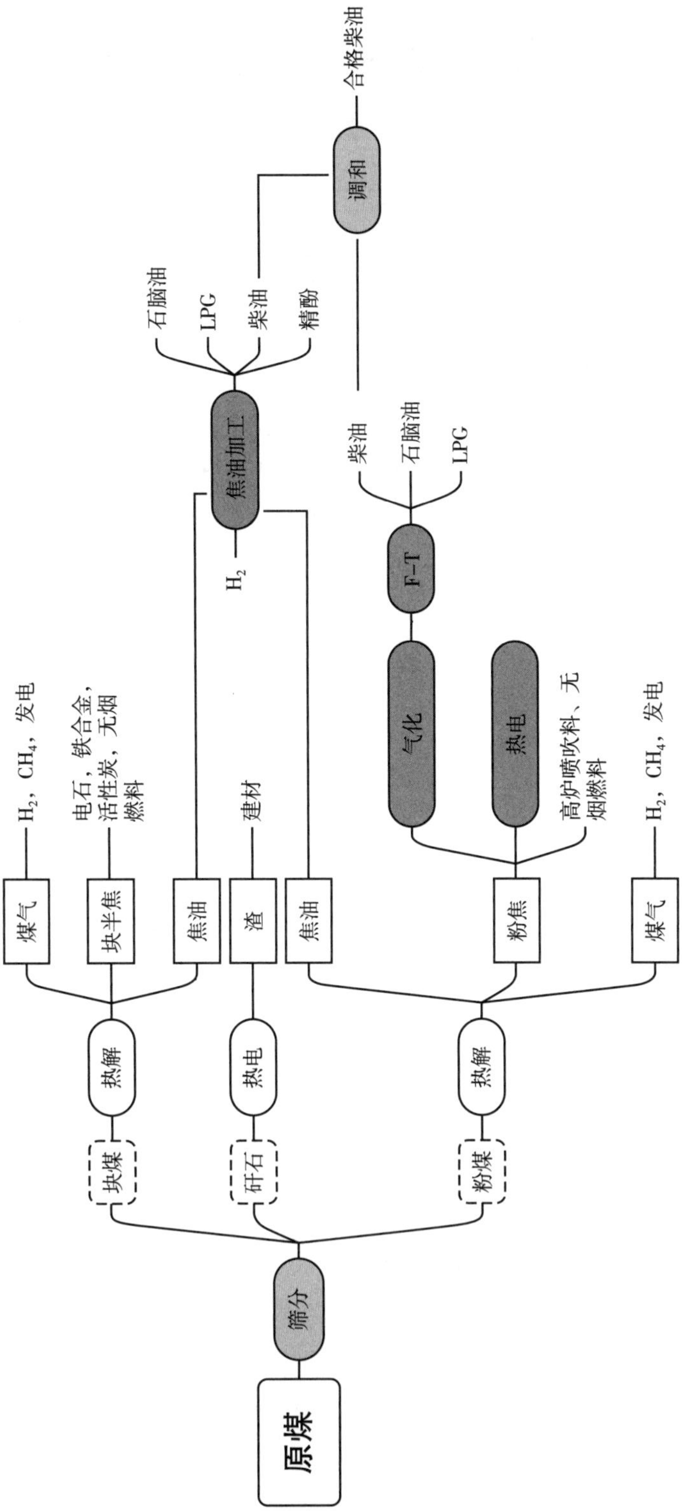

附图10 煤－油－电－化多联产方案路线图

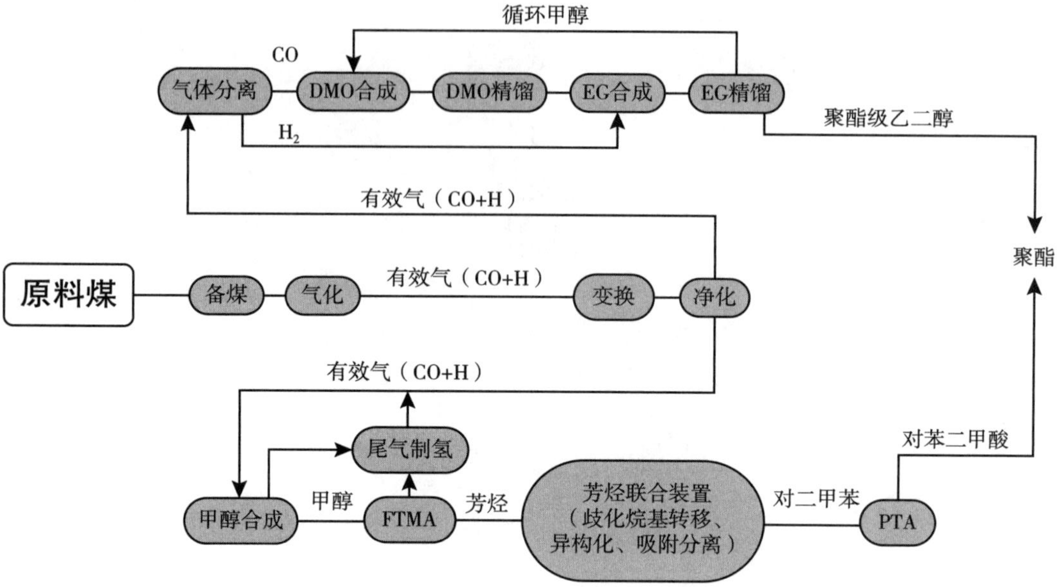

附图 11　煤制乙二醇 - 芳烃 - 聚酯一体化多联产方案路线图

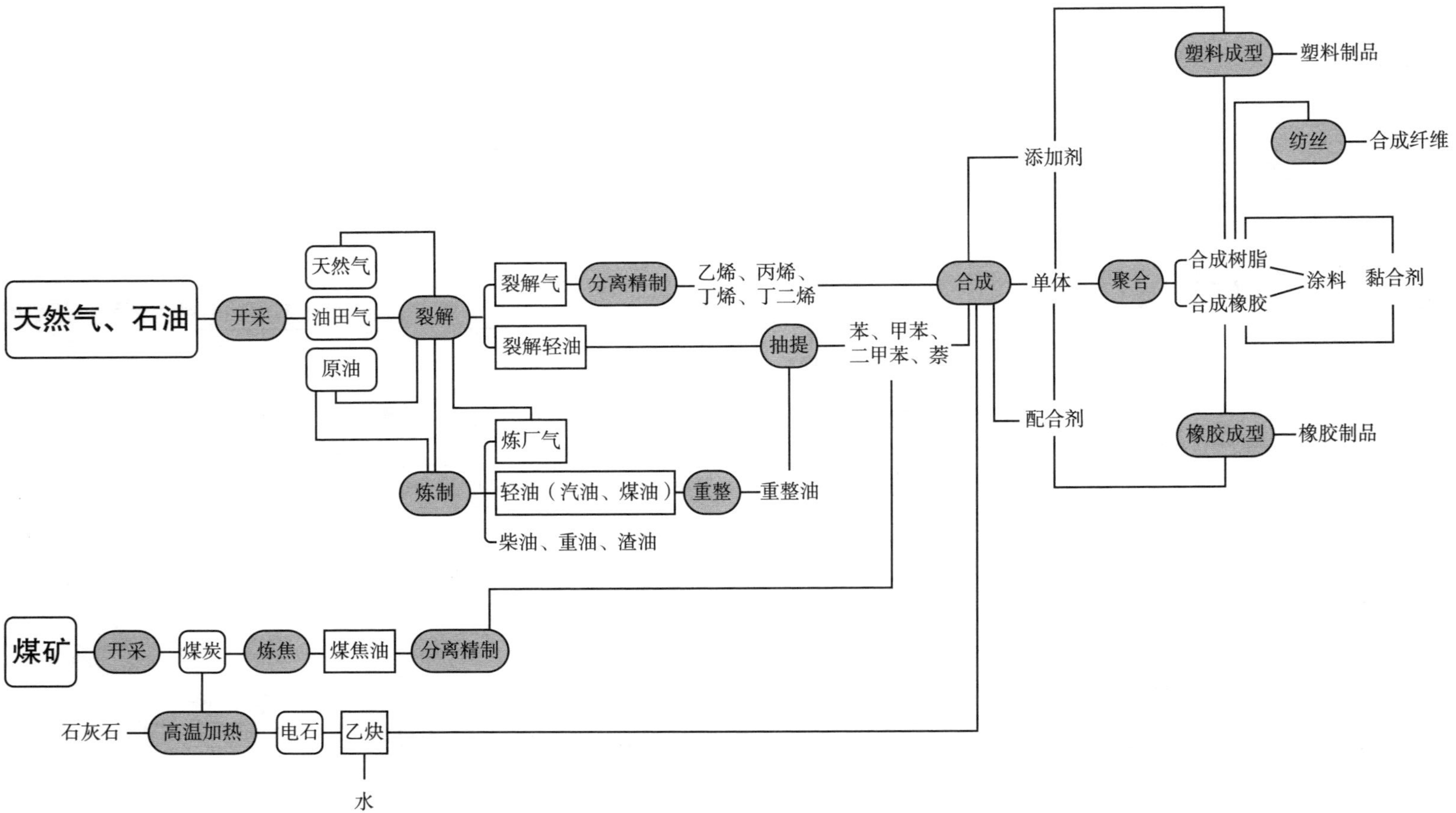

附图 12　石油 - 煤 - 化工产品 - 高分子材料多联产方案路线图

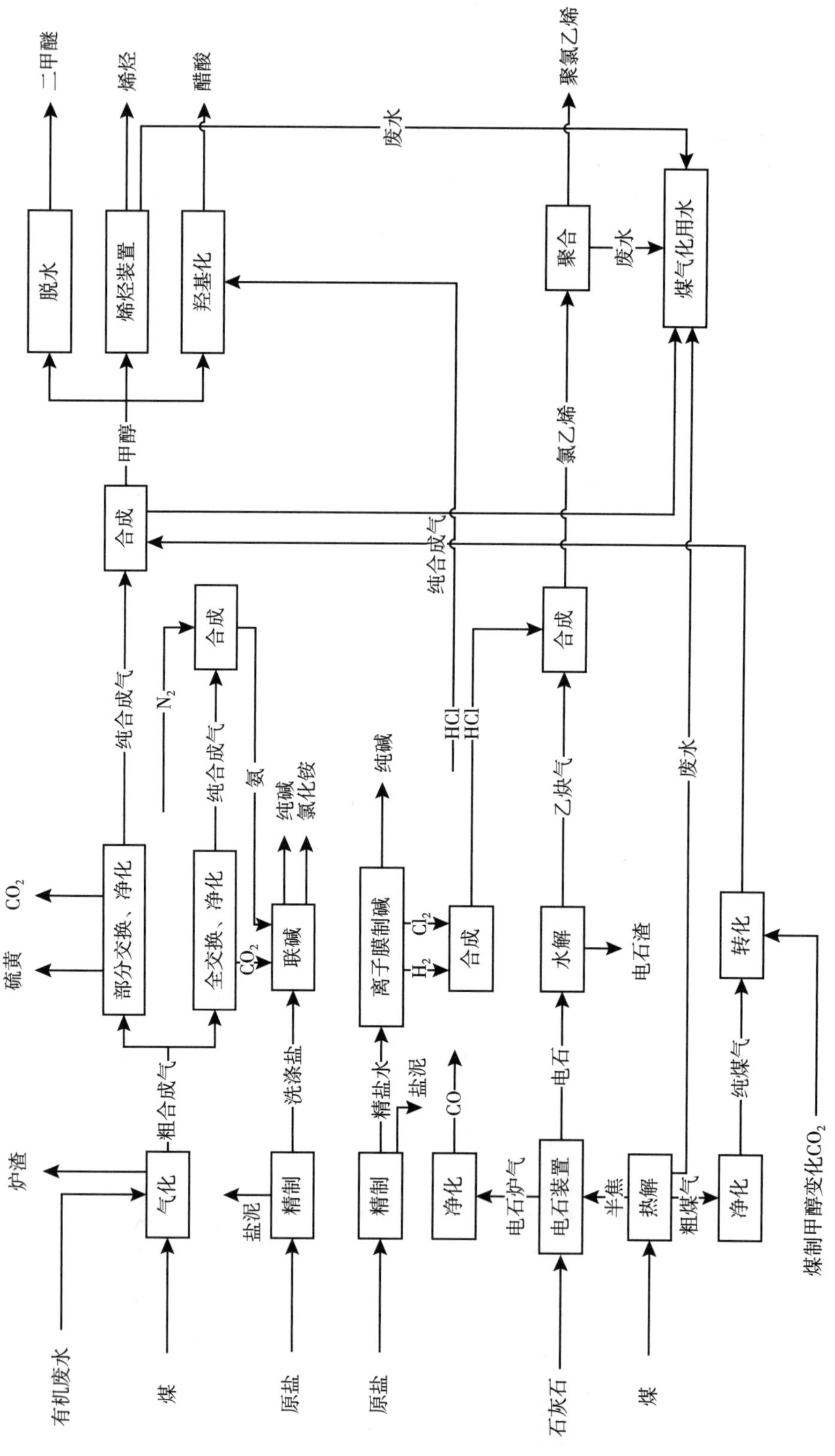

附图 13 煤－盐化工多联产方案路线图

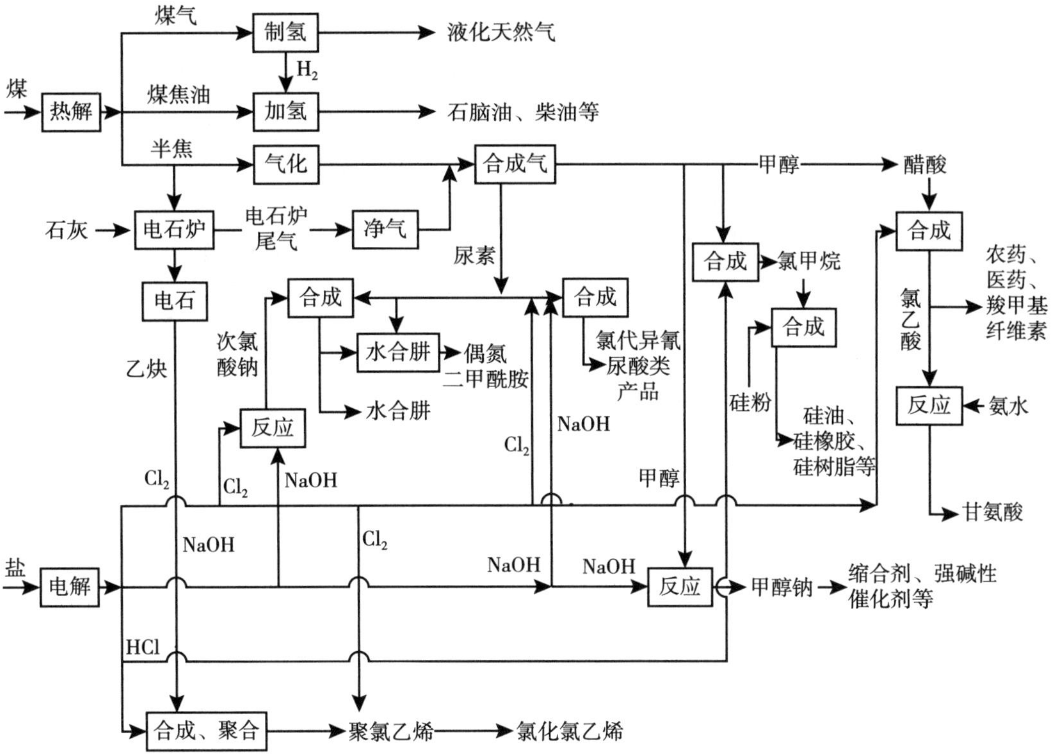

附图 14 煤－盐－油－化多联产方案路线图

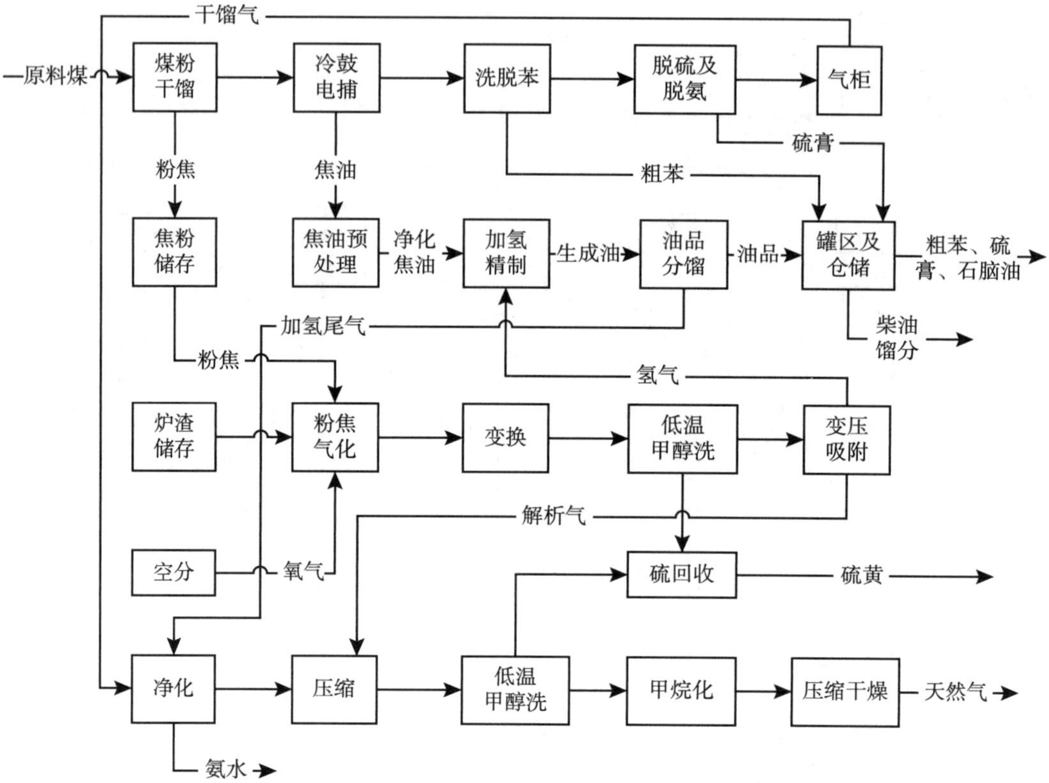

附图 15 煤干馏 - 半焦气化多联产方案路线图

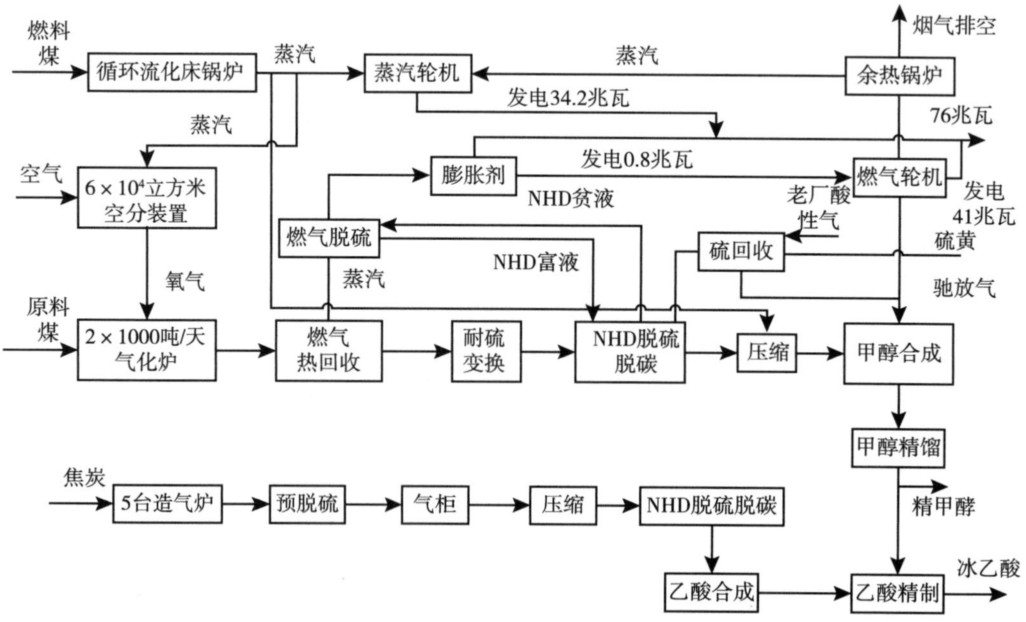

附图 16 煤 - 甲醇 - 醋酸 - 电多联产方案路线图

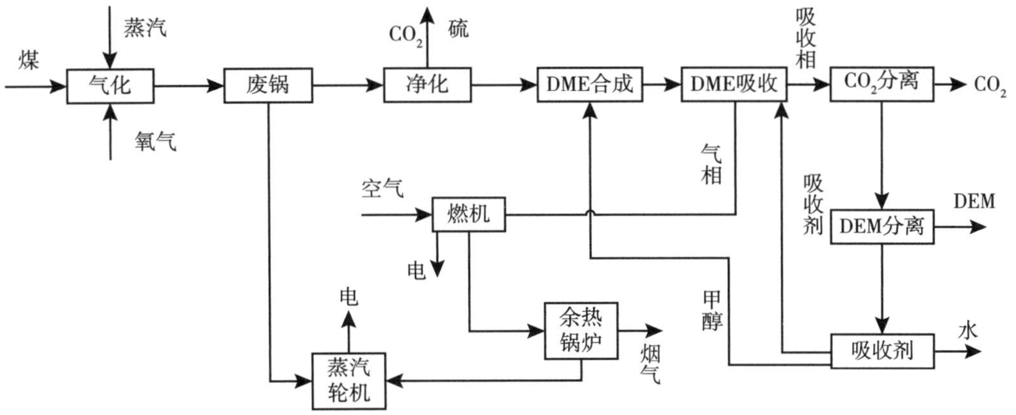

附图 17 煤－二甲醚－电（一步法）多联产方案路线图

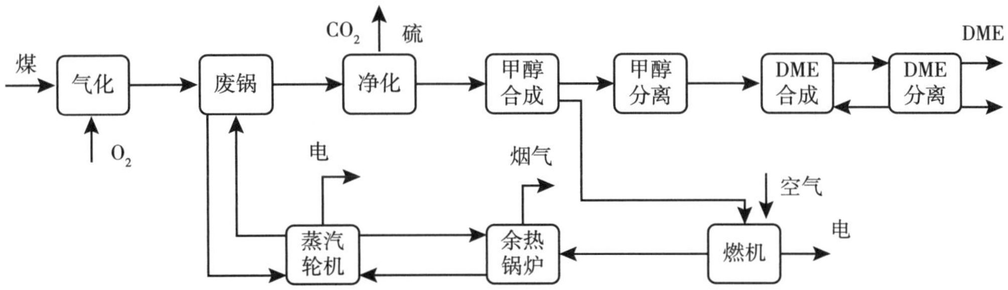

附图 18 煤－二甲醚－电（两步法）多联产方案路线图

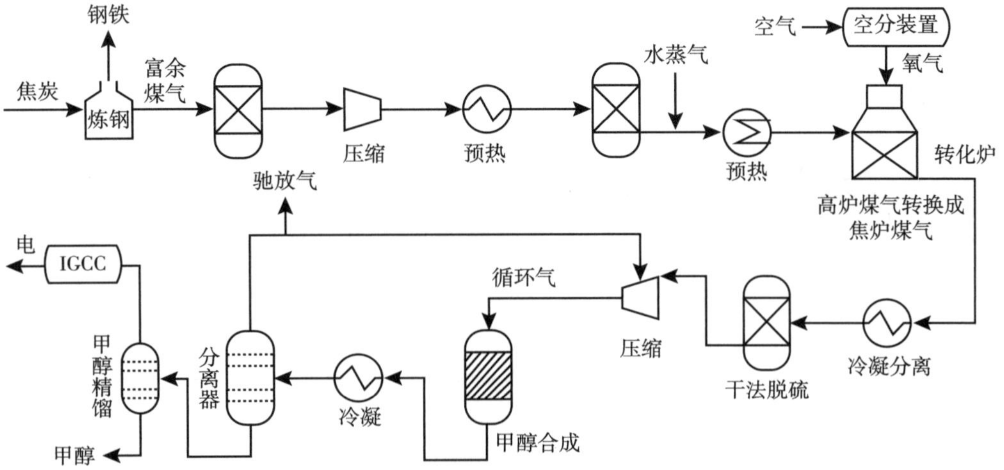

附图 19 煤炭－钢铁－甲醇－电力多联产方案路线图

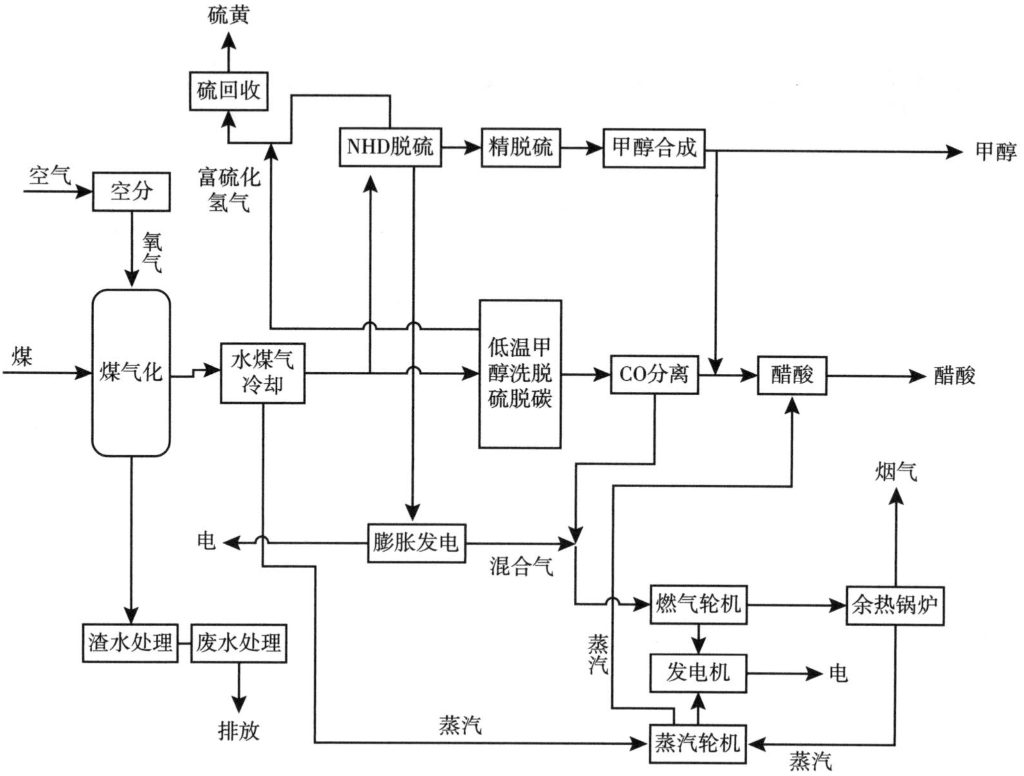

附图 20　IGCC- 甲醇、醋酸多联产方案路线图

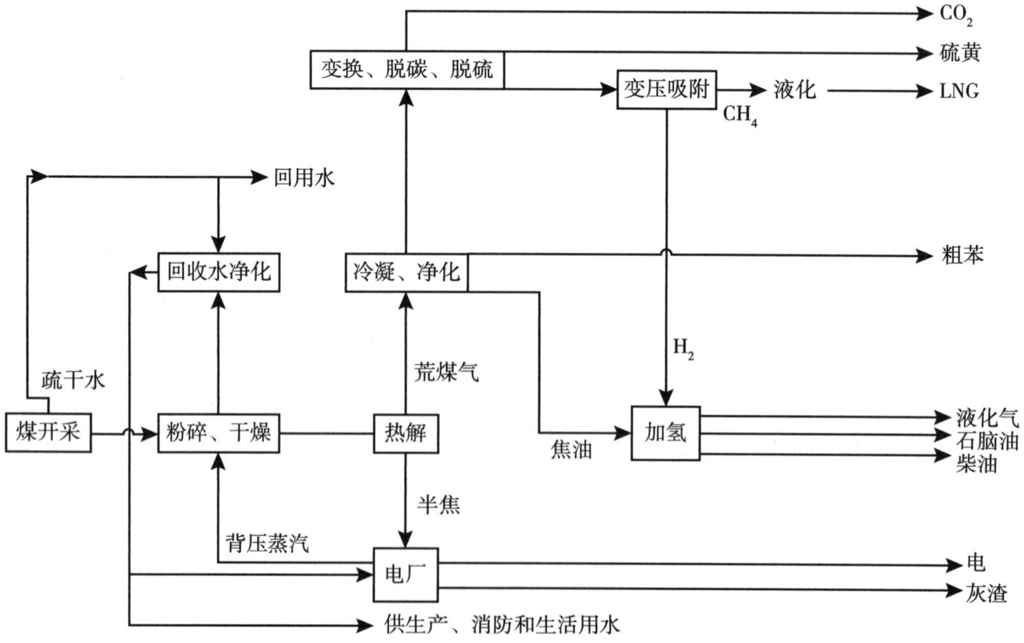

附图 21　煤 - 电 - 水回用 - 油气多联产方案路线图

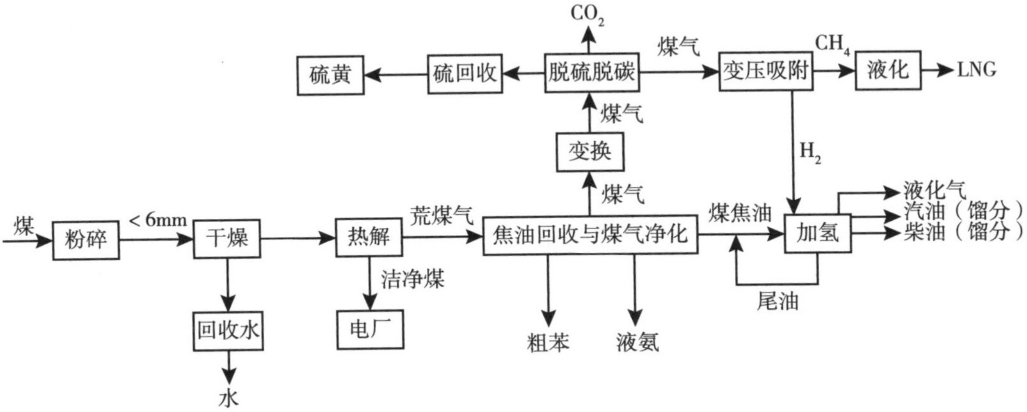

附图 22 煤低温热解多联产方案路线图

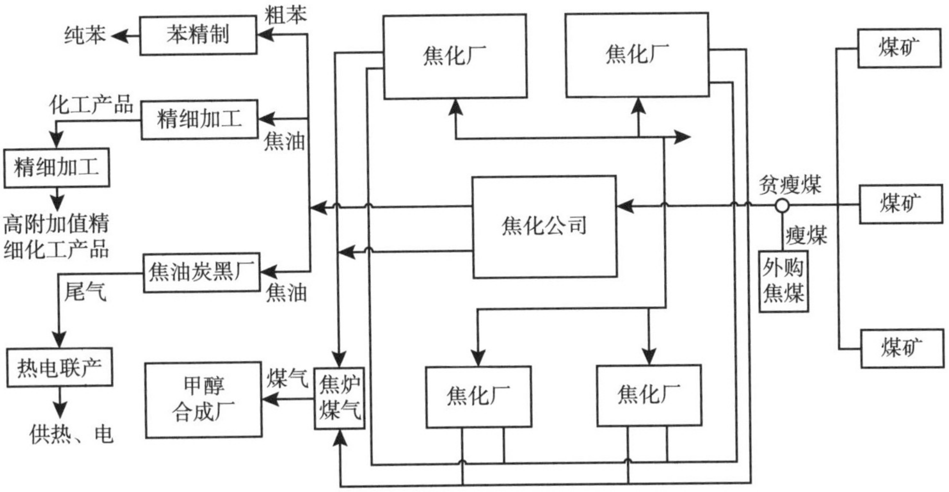

附图 23 煤－焦－化－电多联产方案路线图

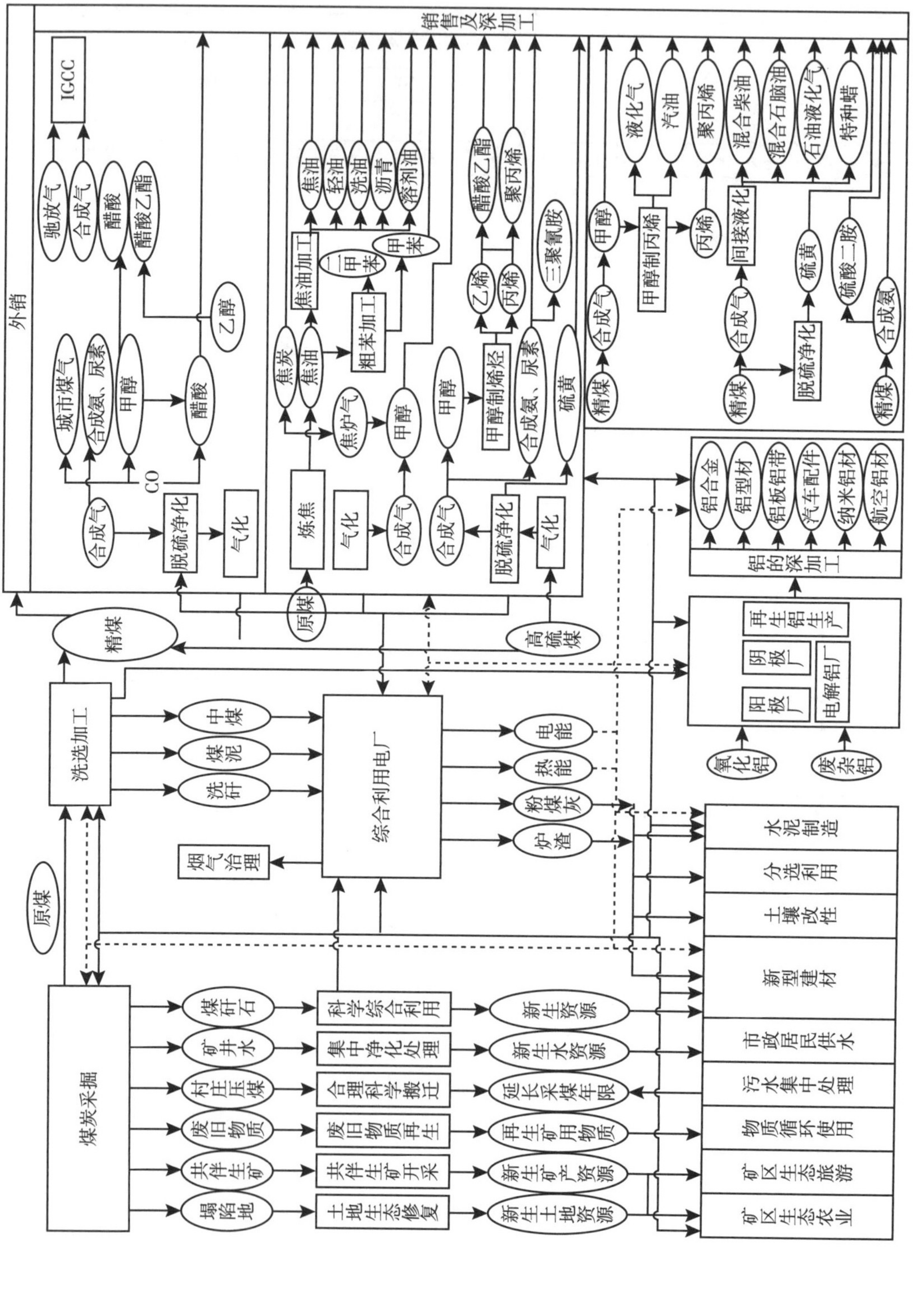

附图 24 煤炭深加工多联产方案路线图